特种建（构）筑物建造安全控制技术丛书

在役大跨度钢结构 安全性检测与评定

李慧民　贾丽欣　裴兴旺　孟　海　著

U0314972

北　京
冶 金 工 业 出 版 社
2019

内 容 提 要

本书以实际工程案例为依托，系统阐述了在役大跨度钢结构安全性检测与评定的基本原理与方法。全书共分6章，第1章论述了在役大跨度钢结构安全性检测与评定的基本内涵；第2、3章分别探讨了在役大跨度钢结构安全性检测技术及评定技术；第4~6章分别研究了在役大跨度钢结构安全性检测方法、数值模拟方法及评定方法，并以工程实例进行了验证。

本书可供从事钢结构安全性检测与评定工作的技术人员阅读，也可作为高等院校土木工程与安全工程等专业的教学用书。

图书在版编目（CIP）数据

在役大跨度钢结构安全性检测与评定/李慧民等著 . —北京：
冶金工业出版社，2019.8
（特种建（构）筑物建造安全控制技术丛书）
ISBN 978-7-5024-8147-6

Ⅰ.①在… Ⅱ.①李… Ⅲ.①大跨度结构—钢结构—建筑物—安全性—评定 Ⅳ.①TU745.2

中国版本图书馆 CIP 数据核字（2019）第 147686 号

出 版 人 谭学余
地 址 北京市东城区嵩祝院北巷 39 号 邮编 100009 电话 （010）64027926
网 址 www.cnmip.com.cn 电子信箱 yjcbs@cnmip.com.cn
责任编辑 杨 敏 美术编辑 彭子赫 版式设计 禹 蕊
责任校对 卿文春 责任印制 牛晓波
ISBN 978-7-5024-8147-6
冶金工业出版社出版发行；各地新华书店经销；三河市双峰印刷装订有限公司印刷
2019 年 8 月第 1 版，2019 年 8 月第 1 次印刷
169mm×239mm；15 印张；293 千字；232 页
75.00 元

冶金工业出版社 投稿电话 （010）64027932 投稿信箱 tougao@cnmip.com.cn
冶金工业出版社营销中心 电话 （010）64044283 传真 （010）64027893
冶金工业出版社天猫旗舰店 yjgycbs.tmall.com
（本书如有印装质量问题，本社营销中心负责退换）

前　言

本书围绕钢结构安全性检测与评定的基本理论与方法进行撰写，以"在役大跨度钢结构安全问题"为研究对象，系统阐述了在役大跨度钢结构安全性检测与评定的理论、内涵、技术和方法，并结合工程实例进行了论证。全书共分为6章，第1章论述了在役大跨度钢结构安全性检测与评定的基础知识与内涵；第2、3章分别探讨了在役大跨度钢结构安全性检测技术及评定技术；第4~6章分别研究了在役大跨度钢结构安全性检测方法、数值模拟方法及评定方法，并以工程实例进行了验证。本书内容紧密结合工程实际，具有较强的实用性。

本书主要由李慧民、贾丽欣、裴兴旺、孟海撰写。各章分工为：第1章由李慧民、贾丽欣撰写；第2章由贾丽欣、裴兴旺、杨战军撰写；第3章由孟海、贾丽欣、段品生撰写；第4章由贾丽欣、董美美撰写；第5章由李慧民、贾丽欣、熊雄撰写；第6章由裴兴旺、李文龙撰写。

本书的撰写得到了西安建筑科技大学、中冶建筑研究总院有限公司、北京建筑大学、中天西北建设投资集团有限公司、西安市住房保障和房屋管理局、西安华清科教产业（集团）有限公司、乌海市抗震办公室、百盛联合建设集团等单位的技术与管理人员的大力支持与帮助，同时在撰写过程中还参考了许多专家和学者的有关研究成果及文献资料，在此一并向他们表示衷心的感谢！

由于作者水平有限，书中不足之处，敬请广大读者批评指正。

作　者
2019 年 3 月

目 录

1 绪　　论

大跨屋盖的结构形式多样，新形式也不断出现，常用结构形式主要包括拱、平面桁架、立体桁架、网架、网壳、张弦梁和弦支穹顶等七类基本形式以及由这些基本形式组合而成的结构。本书主要讲解大跨度网架、钢桁架（钢管桁架）、弦支穹顶三种结构形式。

1.1　大跨度钢结构类型

1.1.1　大跨度网架结构

网架是由许多杆件按照一定规律组成的网状结构。网架结构可分为平板网架和曲面网架。它改变了平面桁架的受力状态，是高次超静定的空间结构。平板网架采用较多，其优点是：空间受力体系，杆件主要承受轴向力；受力合理，节约材料；整体性能好；刚度大，抗震性能好；杆件类型较少，适于工业化生产。

我国首次采用大跨网架结构的工程是 1964 年修建的上海师范学院球类房，具体结构形式为平板网架结构，整体屋盖结构尺寸达到 31.5m×40.5m。之后，于 1973 年修建的上海体育馆为圆形平面三向网架屋盖，网架直径 110m，高度为 6m。以上这两个实际工程开启了我国在平板网架应用的先河，为以后一系列的工程应用提供了借鉴，从此各种工程实例和典型建筑在我国不断出现，其工程应用范围得到了不断的扩展。广州白云机场机库、成都双流机场、首都机场的机库等都是典型的工程实例，如图 1-1、图 1-2 所示。

图 1-1　成都双流机场

图 1-2　首都机场机库

一般而言，土木建筑业水平取决于对广泛应用的建筑形式的研究与应用水平，因此，空间钢结构作为一种被广泛应用的前沿结构体系，其研究的深入与否成为一国土建行业的重要评判标准，同时也在一定层面反映了一个国家的经济投入能力的大小，意义重大。因此，空间结构方面的研究也为各国所追捧。我国在空间结构方面的研究，随着经济发展以及工业、农业、交通运输业的不断需求与不断促进，目前已在此行业内处于国际先进行列，尤其是随着我国不断参与组织许多国际事务，其场馆的建设大大促进了我国空间结构技术的发展，比如北京奥运会体育竞赛场所及其配套设施结构的建设，上海世博会各个国家场馆的筹建等，如图1-3、图1-4所示。

图1-3　国家体育馆

图1-4　上海世博会博物馆

1.1.1.1　网架结构的特点

网架结构作为一种新的结构形式，研究与应用时间不长但迅速并广泛进入工程实用领域，其自身区别于传统形式的特点如下：

（1）自身的荷载支撑由其组成的杆件相互传递，构成整体，虽然杆件复杂，但单结构整体性能优越，具有较高的抗震性能。

（2）与理论假设相一致，杆件主要应力为轴力，由杆件与节点构成的整体共同承担所有应力路径传递的荷载。

（3）自重轻，构件的横截面积比较小，充分发挥了钢材的力学性能，因此杆件自重轻，整体重量亦得到良好的优化。

（4）适应性强，结构形式的实际应用范围广，普遍使用于不同跨度的厂房、展厅等实用性工业、民用建筑。

（5）取材方便，结构的构成单元体即杆件的来源广，可采用各种型号的型钢、钢管。

（6）随着空间网架设计与施工行业的大力发展，其制作过程已趋于成熟，实现了构件生产标准化、规模化，设计施工一体化、效率优化的特点。

（7）相应的计算机数值分析计算软件、结构设计软件不断推出和完善，进一步推动了行业的发展。

1.1.1.2 网架结构的分类

按照结构组成的不同，网架结构可分为双层网架、三层网架和组合网架，见表 1-1。

表 1-1 网架结构形式

名 称	组成方式	刚度特性	受力特性
两向正交正放网架	两个分别平行于建筑物边界方向的平面桁架交叉组成，交角 90°	基本单元几何可变，为增加刚度应沿支撑周边的上下弦平面设置斜杆	受平面尺寸及支撑情况影响极大，周边支撑接近正方形平面，受力均匀
两向正交斜放网架	同上，只是将它在建筑平面放置时转 45° 角	角部短桁架刚度较大，减少桁架中部弯矩	矩形平面结构受力比较均匀，四角处的支座产生向上拉力
两向斜交斜放网架	两个方向平面桁架斜交组成，根据下部两个方向支撑间距成任意交角	角部短桁架刚度较大，减少桁架中部弯矩	受力性能不理想
三向网架	三个方向平面桁架交叉组成，60° 交角	基本单元几何不变，空间刚度较大，适用于大跨度工程	所有杆件均受力，力的传递较均匀，受力性能好
单向折线形网架	一系列平面桁架斜交成 V 形而成	比单纯平面桁架刚度大，周边应增设上弦杆	只有沿跨度方向上下弦杆，单向受力
正放四角锥网架	组成单元为倒置四角锥，上下弦杆均正放	空间刚度较大	受力较均匀
正放抽空四角锥网架	同上，周边网格不变，其余部分抽掉一些锥体	空间刚度比正放四角锥网架小	下弦杆内力增大，均匀性较差
棋盘形四角锥网架	将斜放四角锥网架转动 45° 而成	同上，周边布置成满锥时刚度较好	受压上弦杆短，受拉下弦杆长，受力合理
斜放四角锥网架	倒置四角锥基本单元，椎体底边角与角相连	空间刚度比正放四角锥网架小	受压上弦杆短，受拉下弦杆长，受力合理
星形四角锥网架	两个倒置三角形桁架正交而成，星体顶点连接成网架下弦，单元体上弦连接成网架上弦	刚度稍差，不如正放四角锥网架	同上，竖杆受压，内力等于上弦节点荷载
三角锥网架	倒置三角锥为组成单元，底边相连为上弦，锥顶相连为下弦，三条棱为斜腹杆	基本单元几何不变，整体抗扭和抗弯性能好，适用于大跨度结构中	受力均匀
抽空三角锥网架	同上，适当抽掉一些三角锥单元腹杆和下弦杆，三条棱为斜腹杆	刚度较三角锥网架较差，为增大刚度，周边应为满锥	下弦杆内力增大且均匀性稍差
蜂窝形三角锥网架	倒置三角锥地面角角相连成上弦，锥顶杆杆相连成下弦	刚度较三角锥网架较差，为增大刚度，周边应为满锥	受压上弦杆短，受拉下弦杆长，受力合理

（1）双层网架由上弦杆、腹杆和下弦杆组成，构造较为简单，是应用最广的一种结构形式，主要分为三大类：平面桁架体系双层网架、三角锥体系双层网架和四角锥体系双层网架。

1）平面桁架体系双层网架。这种形式的构造方式由两两交叉的两层平面桁架构成。其应用方式灵活多变，根据实际工程对建筑形式与造型等方面的不同需求，可以灵活地进行安排布置，在平面内可以设置为双向或者三向。这种网架形式在构造空间上为三种类型的杆件在同一垂直的平面内，且上弦杆与下弦杆等长，公用的竖向腹杆位于各杆件交汇的节点处起连接作用。斜向腹杆与弦杆间的角度为 $40°\sim60°$，此杆件结构安放使得腹杆为拉杆，符合钢材的受力性能。

2）三角锥体双层网架。此类网架的具体构造形式是以杆件构造而成的三角锥体为基本构造单位构造而成的稳定的结构形式，由每个倒置的构造单位三角锥体构成，且位于底面三角形三边的三根杆件成为整体网架的上弦杆，锥体的三根棱处的钢杆成为整体网架的腹杆，处于连接部位的连接锥顶的钢杆则在整体中视为下弦杆。由结构力学概念可知，此种构造方法是在稳定的钢片上增加单元体，所以其稳定性极好。常见的三角锥体双层网架的具体表现形式有三角锥双层网架、蜂窝形双层网架与抽空三角锥双层网架。

3）四角锥体系双层网架。此类网架的具体构造形式按其名称可知，是以四角锥体为基本的结构构造单元体，按照其空间构造要求构成整体。由于为四角锥，其上下弦网格平面为正方形，而且位于下部的节点正好位于上部的正方形网格的形心往下部投影的投影线上，下部的节点与上弦正方形的四个角点节点通过腹杆连接，这就形成了一个完整的单元体构造四角锥。每个单元四角锥可以通过不同的连接方式进行连接，在此不同的节点连接基础上可构造出多种不同的双层网架结构。

（2）三层网架结构根据组成网架的基本单元体的不同，可以分为平面桁架体系三层网架、四角锥体系三层网架、混合型三层网架三大类。

1）平面桁架体系三层网架是由平面网片单元按照一定规律组成的空间三层网架，包括两向正交正放三层网架及两向正交斜放三层网架。

2）四角锥体系三层网架是由四角锥体单元按一定规律组成的空间三层网架，其上层为倒置四角锥，下层为正置四角锥，根据锥体的布置方法不同又可分为正放四角锥三层网架、正放抽空四角锥三层网架、斜放四角锥三层网架、上正放四角锥下正放抽空四角锥三层网架、上斜放四角锥下正放四角锥三层网架。

3）混合型三层网架是由平面桁架体系和四角锥体系组成，包括上正放四角锥下正交正放三层网架、上棋盘形四角锥下正交斜放三层网架两种形式。

（3）组合网架。组合网架是一种钢网架和钢筋混凝土结构组合的新型空间结构，以钢筋混凝土平板代替普通钢网架的上弦杆，是一种杆系、梁系和板系共同作用的空间结构体系。组合网架可使结构的承重功能和维护功能合二为一，可充分发挥钢材和混凝土两种不同材料的强度优势，结构整体刚度较大，且降低了结构的工程造价。

网架结构具体可选用下列网格形式：

（1）由交叉桁架体系组成的两向正交正放网架、两向正交斜放网架、两向斜交斜放网架、三向网架、单向折线形网架，如图1-5所示。

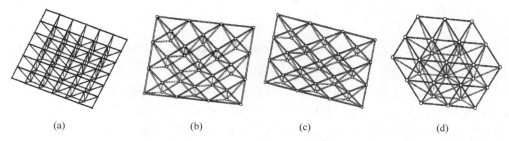

（a）　　　　　　　（b）　　　　　　　（c）　　　　　　　（d）

图1-5　交叉两向桁架体系

（a）两向正交正放网架；（b）两向正交斜放网架；（c）两向斜交斜放网架；（d）三向网架

（2）由四角锥体系组成的正放四角锥网架、正放抽空四角锥网架、棋盘形四角锥网架、斜放四角锥网架、星形四角锥网架，如图1-6所示。

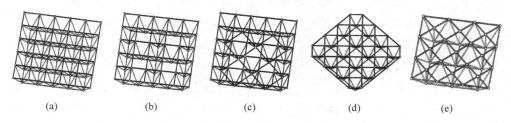

（a）　　　　　（b）　　　　　（c）　　　　　（d）　　　　　（e）

图1-6　四角锥体系网架

（a）正放四角锥网架；（b）正放抽空四角锥网架；（c）棋盘形四角锥网架；
（d）斜放四角锥网架；（e）星形四角锥网架

（3）由三角锥体系组成的三角锥网架、抽空三角锥网架、蜂窝形三角锥网架，如图1-7所示。

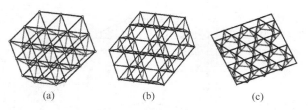

（a）　　　　　　　（b）　　　　　　　（c）

图1-7　三角锥体系网架

（a）三角锥网架；（b）抽空三角锥网架；（c）蜂窝形三角锥网架

1.1.2 大跨度钢桁架结构

桁架是指由直杆在端部相互连接而组成的以抗弯为主的格构式结构。桁架主要承受横向荷载，其杆件在大部分情况下只受轴力。桁架结构常应用于跨度较大的承重结构、高耸结构，比如厂房、体育馆、展览馆、收费站、航站楼、海洋平台和大跨度桥梁等公共建筑中。

桁架结构按空间形式可分成：平面桁架和空间桁架。平面桁架是指各杆轴线和所受外力都在同一平面内的桁架，空间桁架是指桁架中各杆件不都在同一平面内的桁架结构。通常，我们将平面桁架的计算按理想的平面桁架来处理。即假定：各节点都是无摩擦的理想铰；各杆件轴线为直线，平面内过铰中心；全部外力作用于铰接点上，且在桁架的平面内。在以上3个假定的前提下，桁架杆是二力杆，杆件的内力都是轴力。对理想状态下的静定桁架求解问题，可依据静力学的数解法或图解法求得已知荷载作用下各个杆件的轴力。空间桁架由若干个平面桁架所构成。当取平面单元进行分析能表示整个结构的分析时，一般可取平面桁架求解，按平面桁架进行计算要简单得多，且结果满足工程需求。也可按空间铰接杆系，采用有限元法计算。目前，大多数的桁架体系应用都是通过三维桁架体系来实现的，如桁架梁、桁架支撑体系以及网架、网壳等。如桁架梁被应用于桥梁，桁架支撑体系用于大型基坑等，网架与网壳结构广泛应用于大型厂房建筑、体育馆等。

1.1.2.1 钢桁架体系

桁架结构的内力以轴力为主，各杆件内力分布不均匀。上弦杆件的内力为轴向压力，下弦杆件的内力为轴向受拉，形成力偶抵抗弯矩作用。竖腹杆和斜腹杆的内力可能为轴向拉力也可能为轴向压力（由杆件布置决定），抵抗剪力作用。常见桁架的外形可分为三角形、梯形、平行弦和多边形，见表1-2。

表 1-2 钢桁架选型表

桁架外形	用 途	外形简图	实 例
三角形	屋盖结构 （较陡坡面）		
梯形	屋盖结构 （较平缓坡面）		

续表 1-2

桁架外形	用　途	外形简图	实　例
平行弦	单坡屋架、吊车制动桁架、栈桥和支撑构件等		
多边形	大跨度较重荷载桁架		

1.1.2.2　钢桁架结构

钢桁架一般由上弦、下弦和腹杆组成。其受力与普通梁是有区别的：上弦受压、下弦受拉，形成力偶来平衡外荷载产生的弯矩；斜腹杆轴力的竖向分量来平衡外荷载产生的剪力。各杆单元均为轴向受拉或轴向受压构件，而没有弯矩和剪力，这一特点可以使材料的强度得到充分发挥。但在实际结构中，由于节点的非理想铰接等原因，还同时存在较小的弯矩和剪力，对轴力有很小的影响（因节点刚性和桁架杆横截面积与惯性矩比值的大小而不同，一般减小 0.1%～5%），称为次内力。

当跨度在 30m 以上时建议采用钢桁架，这样可以取得较好的经济效果。钢桁架的高度由应力比、刚度、使用、运输和经济等要求确定。增加高度可以减小弦杆截面和挠度，但是增加了腹杆的用钢量和建筑物的高度。钢桁架的高跨比通常为 1/15～1/8，钢材强度高、刚度要求严的钢桁架应采用相对偏高值。

对于空间钢桁架，为了保证其横向整体稳定性，钢桁架的宽度也是选型时需考虑的一个要素。为了提高空间钢桁架的横刚度，保障其横向稳定性，一般情况下，钢桁架的宽跨比控制在 1/20 以上，但是，如果钢桁架是全封闭的，横向受到的风荷载较大，其空间稳定性主要是以风荷载控制，因此，需要通过空间分析再确定合理的宽度。由于钢桁架的外形与其内力之间存在密切的联系，因此，建议将斜腹杆对弦杆的倾斜角控制在 30°～60°范围内，合理的外形（如抛物型钢桁架）可以使材料强度得到充分发挥，从而节约用钢量。下弦下沉式重心降低，提高了稳定性，可有效地减少支撑体系。

由于钢材对温度变化较敏感，因此，在温差较大的地区，尚应考虑温度升降引起的内力和支座变位，采用合适的支座形式予以释放，如滚轴支座、转轴支座等。由于钢材耐火、耐酸性能较差，因此，对于需要考虑防火的和处在酸性环境中的钢桁架须采取必要的防火和防腐涂装以确保钢桁架的耐久性。

鉴于钢桁架的受力特点、自身的优点，钢桁架广泛应用于一些公共建筑、工业生产辅助建筑、港口工程中的货物输送栈桥等，如图1-8~图1-10所示。

图1-8 在公共建筑中的应用

图1-9 在工业建筑中的应用

1.1.2.3 管桁架结构

近年来，管桁架结构在大跨空间结构中得到了广泛应用。管桁架是指杆件均为圆钢管（或方钢管）杆件的桁架结构。管桁架与一般桁架的重要区别就在于杆件的连接方式不同，管桁架结构采用杆件直接相贯连接形式，而常见空间网格结构杆件则通过螺栓球或焊接球连接。管桁架一般都

图1-10 在港口桥中的应用

是由主管贯通，支管则在端部经过工厂加工，切割为相贯线，通过焊接方式与主管相连。空间管桁架结构的断面通常为正三角形与倒三角形，在实际工程中倒三角形使用居多。与平面桁架相比，空间管桁架结构节点构造简单，传力路径明确，同时管桁架结构本身抗扭刚度较大，空间几何特性良好，结构外形流畅，特别适用于要求空间造型的大跨空间结构。

在一些局部受限制的建筑造型中，例如不能提供侧向支撑或面外支撑的建筑，空间管桁架可充分发挥其侧向稳定性及抗扭刚度大的性能，从而更加适合于大跨度空间结构。

由于采用了相贯节点连接形式，管桁架同空间网格结构相比，空间造型更为轻巧灵动。网架或网壳结构中的球节点重量一般会占到结构总重的20%~30%左右，因此采用空间管桁架结构可以更好地减少结构自重。管桁架结构杆件大部分情况只受轴向拉压力作用，应力分布均匀，因而可更好地发挥钢材的特性，从而使桁架结构用料经济，可建造出各种体态轻盈的大跨度空间结构。

管桁架结构摒弃了一般空间杆系结构中的球节点连接方式，节省了工厂加工

时间与单位造价,同时使安装施工过程更为简单,由于具有以上所述优点,近年来,空间管桁架在大跨度建筑中得到了广泛应用,特别是近年来在一些标志性的体育场馆、会展中心、航站楼等大跨度结构中更是屡屡出现。南京国际展览中心、陕西咸阳国际机场航站楼、广州新白云机场航站楼、南京奥体中心游泳馆、西安国际会展中心、广州国际会议展览中心等项目中都用到了管桁架结构,如图1-11~图1-16所示。

图 1-11 南京国际展览中心

图 1-12 陕西咸阳国际机场航站楼

图 1-13 新白云机场航站楼

图 1-14 南京奥体中心游泳馆

图 1-15 西安国际会展中心

图 1-16 广州国际会议展览中心

1.1.3 大跨度弦支穹顶结构

按照弦支结构组成要素、受力机理及传力机制的不同,将弦支结构分为平面型弦支结构、可分解型空间弦支结构、不可分解型空间弦支结构。

1.1.3.1 弦支结构体系

（1）平面型弦支结构。平面型弦支结构通常包括张弦梁、张弦桁架和弦支刚架结构等，如图 1-17 所示。弦支梁或桁架（张弦梁或张弦桁架）是出现最早的弦支结构形式。平面型弦支结构形态根据自身受力和施工特点，分为零状态、初始态和荷载态三种。

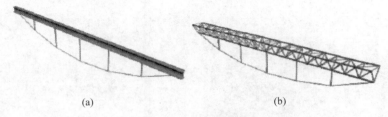

图 1-17　平面型弦支结构

（a）张弦梁；（b）张弦桁架

（2）平面组合的可分解型空间弦支结构。其是由平面型弦支结构组合而成的一种空间弦支结构，受力机理具有空间特性。这种结构在提高结构承载能力的同时，有效地解决了平面型弦支结构平面外稳定问题，其典型的结构形式有双向弦支结构、多向弦支结构和辐射式弦支结构，如图 1-18 所示。

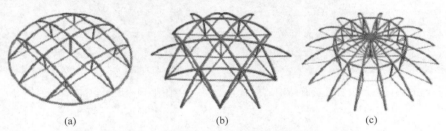

图 1-18　可分解的空间型弦支结构形式

（a）双向弦支结构；（b）多向弦支结构；（c）辐射式弦支结构

（3）不可分解型空间弦支结构。不可分解型空间弦支结构不能分解为单榀平面型弦支结构，撑杆通过斜索和环索连接上部结构，成为整体空间受力体系，受力性能更好，刚度更大。随着弦支结构的发展，弦支筒壳结构、弦支网架结构相继被提出及应用，如图 1-19 所示。

1.1.3.2 弦支穹顶结构

弦支结构的本质是用撑杆（"支"）连接上层受压构件（"结构"）和下层受拉构件（"弦"），通过张拉结构的"弦"（通常是拉索），在抗拉构件上施加预应力，使结构产生反挠度，从而减小荷载作用下结构的最终挠度，减轻上层构件的负担，并且通过调整受拉构件中预应力，减小结构对支座产生的水平推力，

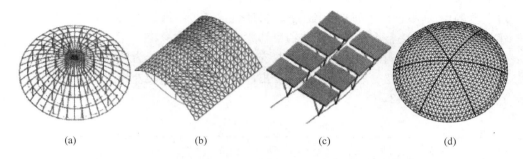

图 1-19 不可分解型空间弦支结构

（a）弦支穹顶；（b）弦支筒壳结构；（c）弦支混凝土楼盖结构；（d）弦支拱壳结构

使之成为自平衡体系。弦支穹顶结构体系如图 1-20 所示。

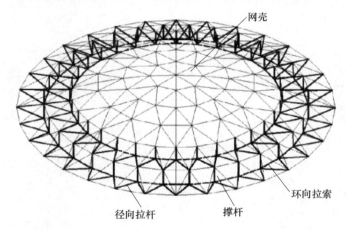

图 1-20 弦支穹顶结构三维结构示意图

    典型的弦支穹顶结构是由网壳结构、撑杆、径向拉杆、环向拉索组成，如图 1-21 所示。各环撑杆的上端与网壳对应的各环节点铰接连接；撑杆下端用径向拉索与单层网壳的下一环节点连接；同一环的撑杆下端由环向索连接在一起，使整个结构形成一个完整的结构体系，同时，由于撑杆的作用，使得上部单层网壳各

图 1-21 弦支穹顶结构剖面示意图

环节点的竖向位移明显减小。结构传力路径比较明确，在外荷载作用下，荷载通过上端的单层网壳传到下端的撑杆上；再通过撑杆传给索；索受力后，产生对支座的反向拉力，使整个结构对下端约束环梁的推力大为减小。

　　在上述弦支结构体系的类型中，弦支穹顶结构是应用较为广泛和成功的弦支结构形式之一。自弦支穹顶结构概念提出以来，其已在国内外许多大型工程中得到了应用，见表 1-3。

表 1-3　弦支穹顶工程实例

项目名称	地点和跨度	上部网壳结构形式	环索圈数/张拉方式	撑杆上节点/撑杆下节点	备注	工程项目实例
光丘穹顶	日本 35m	球面，联方型网格	1 圈/顶升撑杆	连续型	世界第一个弦支穹顶工程	
聚会穹顶	日本 46m		1 圈/顶升撑杆	连续型	国外跨度最大弦支穹顶	
天津保税区国际商务交流中心	中国 35.4m	球面，凯威特-联方型网格	5 圈/顶升撑杆	径向释放型/连续型	国内首个中大跨弦支穹顶	
昆明柏联商厦采光顶	中国 15m	肋环型	5 圈/张拉环索	径向释放型/连续型		
天津博物馆贵宾厅	中国 18.5m	球面，凯威特-联方型网格	5 圈	连续型		

项目名称	地点和跨度	上部网壳结构形式	环索圈数/张拉方式	撑杆上节点/撑杆下节点	备注	工程项目实例
武汉市体育文化中心体育馆	中国 130m×110m 椭球形	三向网格	3圈/顶升撑杆	径向释放型/连续型	第一个椭球形弦支穹顶	
常州市体育馆	中国 119.9m×79.9m	椭球形,凯威特-联方型网格	6圈/张拉环索	铰接型/连续型		
2008年北京奥运会羽毛球馆	中国 93m	球面,联方型网格	5圈/张拉环索	铰接型/连续型	首次张拉环索施加预应力	
济南市奥体中心体育馆	中国 122m	球面,凯威特-联方型网格	3圈/张拉径索	径向释放型/连续型		
安徽大学体育馆	中国 87.18m	正六边形,肋环型网格	5圈/张拉径索	径向释放型/间断性	第一个正六边形弦支穹顶	
连云港体育中心体育馆	中国 94m	球面肋环型网格	6圈	连续型		

续表 1-3

项目名称	地点和跨度	上部网壳结构形式	环索圈数/张拉方式	撑杆上节点/撑杆下节点	备注	工程项目实例
辽宁营口奥体中心体育馆	中国 133m×82m	椭球形，双层网壳	2 圈	顶升撑杆/连续型		
山东茌平体育馆	中国 108m	球面，凯威特-联方型网格	7 圈/张拉环索	铰接型/连续型	首次与其他结构组合使用	
三亚市体育中心体育馆	中国 76m	球面，凯威特-联方型网格	3 圈/张拉环索	连续型		
渝北体育馆	中国 81m	近似三角形、肋环型网格	5 圈		首个近似三角形弦支穹顶	
深圳坪山体育馆	中国 72m					
大连市体育馆	中国 145m×116m	椭球面、辐射式桁架	3 圈	张拉径索/连续型	世界跨度最大的弦支穹顶	

续表 1-3

项目名称	地点和跨度	上部网壳结构形式	环索圈数/张拉方式	撑杆上节点/撑杆下节点	备注	工程项目实例
南沙体育馆	中国93m	球面，肋环型网格	2圈			
山西煤炭交易中心	中国58m	球面	1圈/张拉径索	径向释放型/连续型		
天津宝坻体育馆	中国103m×97m	椭球形	5圈	铰接型/连续型		

1.2 在役钢结构安全性评定基础知识

此类标志性建筑多为人员聚集的地方，一旦发生倒塌事故，将对人民生命造成巨大的威胁，并伴随财产损失及恶劣的社会影响。因此，在设计年限及其后续若干使用年限内，必须保证其结构拥有不发生失效或最大限度地降低危险系数。同时，应积极采用先进的检测技术，对其运营状态进行科学检测和安全性评定，并及时预警。对受损结构及时维修加固，减轻结构可能因人为因素和自然因素造成的损伤，减轻工程设施的破坏程度，尽可能地提高结构防灾能力及使用寿命。

在役结构的事故分析、检测鉴定、安全性评估、加固设计、寿命评估和长期检测理论与技术的研究及开发，在国内外已经成为一门研究学科，大跨度结构因其应用历史长久、既有结构量大面广，在国内外均有较多的研究与应用成果，在役钢结构因其特殊的重要性，其检测技术和安全性评定等方面研究也已广泛开展起来。但空间结构作为一种新型结构体系，近三十年来在国内外才得到迅速发展，虽然国内外专家学者在这些方面进行了针对性的研究，成绩斐然，但是迄今为止，在役大跨度钢结构安全性检测与评定尚有诸多问题需要解决。因此，进一步加强在役大跨度钢结构安全性检测、评定方面的研究，具有重要的理论意义及现实意义。

1.2.1　大跨度钢结构的特点

近二十年来，国内外各种类型的大跨空间结构发展迅速，如图 1-22 所示，建筑物的跨度和规模也越来越大，大跨空间结构的发展也成为了衡量一个国家建筑科学水平的重要标志之一。特别是在 2008 年奥运会、2009 年全运会大量场馆建设的促进下，我国大跨度空间结构形式得到了极大的丰富，出现了许多新型结构形式，如空间索桁结构、多面体空间钢架、膜结构及弦支结构等。大跨钢结构除了具备普通钢结构强度高、质量轻、制作及施工周期短、节能环保、有效空间大的优点外，还因其跨度大、造型丰富优美等诸多优点，在一些文化交流、体育娱乐等公共设施建设中得到了广泛应用，如图 1-23、图 1-24 所示。同时由于这类结构具有很高的社会效益和经济效益，使之安全、顺利地建造成型并投入正常使用就具有极其重要的意义。

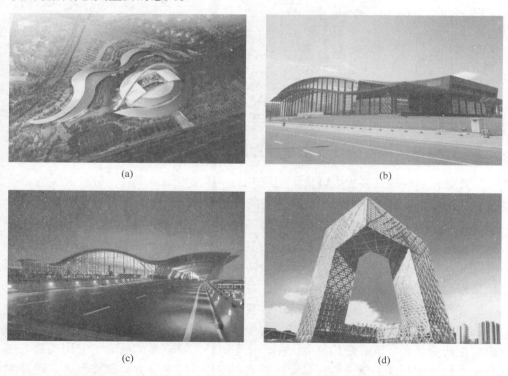

图 1-22　国内典型大跨度钢结构建筑

（a）鄂尔多斯体育馆；（b）北京演艺中心；（c）上海浦东国际机场；（d）中央电视台总部大楼

图 1-23 北京奥运会羽毛球馆　　　　图 1-24 济南奥体中心体育馆

目前，尺度达 150m 以上的超大规模建筑已非个例，空间结构丰富多彩，新材料和新技术的应用十分广泛。这些大空间、超大空间的钢结构建筑投资巨大，往往是人群集合或配置重要设施的场所，其安全不仅维系着成千上万人的生命安全，而且还具有重大的国际国内影响。因而，该类结构的安全性和抗灾变能力研究尤为重要。然而，建筑结构在服役期间，会遭受地震、火灾、强风和洪水等自然因素以及如建筑材料老化、地基不均匀沉降、复杂荷载的长期效应与疲劳效应、突变效应以及几种因素耦合作用的影响，结构会不可避免地产生性能劣化，甚至引起结构倒塌等灾难性突发事故。空间结构具有结构复杂性和受力特殊性，致使其不利于克服自身损伤所产生的结构劣化。多年来，国内外类似安全事故发生很多，如图 1-25、图 1-26 所示。

图 1-25 鄂尔多斯那达慕大会钢结构垮塌　　　图 1-26 巴西世界杯开幕球场坍塌

例如：1963 年，罗马尼亚布加勒斯特市某单层穹顶网壳结构因下大雪导致部分构件破坏致使结构整体失稳而坍塌。

1978 年 1 月，美国纽约州布鲁库维尔市会堂空间网架穹顶被大雪压垮。

1978 年 1 月，美国康涅狄格州哈特福特中心体育馆在雪荷载作用下，导致一些杆件压曲破坏引起连锁反应，导致整个屋顶突然倒塌。

1985 年 8 月，新疆克孜靳苏自治州乌恰县影剧院网架结构因连续发生 7.4 级和 6.8 级地震导致部分杆件及支座发生一定程度的破坏。

1992 年 9 月，中国深圳国际展览中心，螺栓球节点网架结构由于暴雨造成屋面积水过多荷载加大，造成展厅整体倒塌。

2002 年 4 月，中国湖南耒阳电厂大型空间结构储煤库发生破坏，该厂房建成后使用过程中由于使用和环境腐蚀等原因造成倒坍。

2004 年 2 月，莫斯科某水上乐园玻璃屋顶由于堆积冰雪过重、玻璃幕屋顶结构强度不够、室内外温差太大等原因造成坍塌，造成 40 多人死亡，110 多人受伤。

2004 年 5 月，巴黎戴高乐机场 2E 候机厅因金属支柱连接处出现穿孔、结构布置发生改变后应力增加、温度作用导致混凝土构件磨损而致使屋顶坍塌，6 人遇难。

2008 年，四川绵阳某大学逸夫楼周边混凝土悬臂支承柱由于汶川地震作用产生过大变形，支座螺栓剪断，最终造成屋盖垮塌。

2009 年 4 月 14 日位于重庆市经开区的一个在建厂房钢架垮塌。该厂房钢架结构由九根直径 30cm 左右的钢柱和 9 条约百米长的钢梁组成，在施工中发生坍塌，对工地现场造成了严重的损坏。

2014 年 8 月 3 日，黑龙江省绥化市第七中学艺体馆工程施工现场，屋面钢结构网架在安装过程中发生坍塌，造成 3 名施工人员死亡。

2016 年 10 月 21 日，位于银海大道 825 号的南宁市港港汽车销售有限公司内发生一起钢架结构棚倒塌事故，3 人被埋压。

2017 年 5 月 16 日，西安户县沣京工业园一在建项目工地发生吊装钢结构倒塌事故，致使 5 名操作工人坠落，造成 2 死 3 伤。

1.2.2　大跨度钢结构建筑分类

1.2.2.1　按应用领域分类

（1）民用建筑钢结构。民用建筑钢结构以房屋钢结构为主要对象。按传统的耗钢量的大小来区分，大致可以分为普通钢结构、轻型钢结构、重型钢结构。其中重型钢结构是指采用大截面和厚板的结构，如高层钢结构、重型厂房、某些公共建筑等；轻型钢结构是指采用轻型屋面和墙面的门式刚架房屋、网架、网壳等。代表工程如表 1-4 所示。

表 1-4　大跨度钢结构民用建筑

工程名称	简　述	展　示
梅溪湖国际文化艺术中心	长沙梅溪湖国际文化艺术中心由大剧场、小剧场和艺术馆三部分组成。大剧场两个主轴方向的跨度分别为 223m 和 166m，高 52.5m，艺术馆两个方向的最大跨度分别为 176m 和 90m，高 41.4m，属大跨超限结构	

工程名称	简　述	展　示
国家大剧院	国家大剧院总建筑面积近 15 万平方米，工程外部围护结构为钢结构网壳，整体结构用钢量达 6750t（195kg/m）	
香港大球场	香港大球场为桁架结构，纵向跨度为 240m，顶部高 55m，拱形骨架有 12°的倾角，其截面为 3.5m²	

（2）一般工业钢结构。一般工业钢结构主要包括单层厂房（见图 1-27）、双层厂房、多层厂房（见图 1-28）等，用于重型车间的承重骨架，以及其他工业跨度较小的车间屋架、吊车梁等。

图 1-27　单层厂房

图 1-28　多层厂房

（3）桥梁钢结构。钢桥建造简洁、快捷且易于修复，因此钢结构广泛应用于中等跨度和大跨度桥梁，著名的杭州钱塘江大桥是我国自行设计、制作、安装的钢桥，如图 1-29 所示。

明石海峡大桥是日本神户市与淡路岛之间跨越明石海峡的一座特大跨径的悬索桥，大桥主桥全长 3910m，

图 1-29　杭州钱塘江大桥

主跨 1990m，是目前世界上主跨最长的悬索桥，钢桥塔高 297m，也是世界上最高的桥塔，如图 1-30 所示。

（4）塔桅钢结构。塔桅钢结构是指高度较大的无线电桅杆、微波塔、广播和电视发射塔、高压输电线路塔架、火箭发射塔、大气监测塔等。这些结构除了自重轻、便于组装外，还因构件截面积小而大大减小了风荷载，因此取得了很好的经济效益。

东方明珠广播电视塔高 468m，由三根直径为 9m 的擎天立柱、太空舱、上球体、下球体、五个小球、塔座和广场组成，如图 1-31 所示。

图 1-30　明石海峡大桥

图 1-31　东方明珠塔

（5）密闭压力容器钢结构。密闭压力容器钢结构主要用于要求密闭的容器，如大型储油库、煤气库等，要求能承受很大的内力，另外温度急剧变化的高炉结构、大直径高压输油和输气管道等均采用钢结构。

（6）船舶海洋钢结构。船舶海洋钢结构基本上可分为舰船和海洋工程装置两大类。

（7）水利钢结构。我国近年大力发展水利建设，钢结构在其中得到了广泛应用，如钢制闸门、拦污栅、升船机、输水压力管道等。某水利工程钢结构渡槽如图 1-32 所示。

（8）其他结构（地下钢结构、货架、脚手架）。

图 1-32　某钢结构渡槽

1.2.2.2　按结构体系工作特点分类

（1）梁状结构。梁状结构是指由梁组成的结构。

（2）刚架结构。刚架结构是指由受压、弯曲工作的梁和柱组成的框架结构。

（3）拱架结构。拱架结构是指由单向弯曲形构件组成的平面结构。

（4）桁架结构。桁架结构是指由受拉或受压的杆件组成的结构。

（5）网架结构。网架结构是指由受拉或受压的杆件组成的空间平板形网格结构。

（6）网壳结构。网壳结构是指由受拉或受压的杆件组成的空间曲面形网格结构。

（7）预应力结构。预应力结构是指由张力索（或链杆）和受压杆件组成的结构。

（8）悬索结构。悬索结构是指由张拉索为主组成的结构。

（9）复合结构。复合结构是指由以上 8 种类型中的两种或以上的结构构件组成的新型结构。

1.2.3 大跨度钢结构破坏种类及原因

钢结构事故分类简单分有整体事故和局部事故两种，按破坏类型划分，可以分为下列几种：构件的承载力和刚度失效；结构或构件的整体和局部失稳；结构的塑性破坏，结构的脆性破坏，疲劳破坏；腐蚀破坏；温度作用破坏。

（1）结构的承载力失效。结构承载力失效是指在正常使用状态下结构构件或连接因材料强度被超越而导致的破坏，主要原因有：1）钢材的强度指标不合格。2）连接件承载力不满足要求。焊接连接件的承载力取决于焊接材料强度及其与母材的匹配、焊接工艺、焊缝质量和缺陷及其检查和控制，焊接对母材热影响区的影响，或螺栓缺失连接不牢固等。3）使用荷载和条件的改变，超过原设计安全冗余度。其包括计算荷载的超越、部分构件退出工作引起其他构件增载、意外冲击荷载、温度变化引起的附加应力、基础不均匀沉降引起的附加应力等。

（2）刚度失效。结构刚度失效是指产生影响其继续承载或正常使用的塑性变形或振动。其主要原因是：1）结构支撑体系不够，支撑体系是保证结构整体和局部刚度的重要组成部分，它不仅对抵抗水平荷载和抗地震作用、抗振动有利，而且直接影响结构正常使用。2）结构或构件的构造措施等不足，导致刚度不满足设计要求，如轴压构件不满足长细比要求，受弯构件不满足允许挠度要求，压弯构件不满足上述两方面要求。

（3）整体失稳和局部失稳。其主要发生在轴压、压弯和受弯构件中，它包括钢结构丧失整体稳定性和局部稳定性，影响结构构件整体稳定性的主要因素有：构件的长细比、构件的各种初始缺陷、构件受力条件的改变、临时支撑体系不够；影响构件局部稳定性的因素主要有：局部受力加劲肋构造措施不合理，当构件局部受力部位，如支座、较大集中荷载作用点没有设支撑加劲肋，外力就会直接传给较薄的腹板从而产生局部失稳。吊装时，吊点的位置选择不当或者在截面设计中，构件的局部稳定不满足要求，都能影响构件的局部稳定性。

（4）塑性破坏和脆性破坏。钢结构具有塑性好的显著特点，有时发生塑性破坏，有时也产生脆性破坏，当结构因抗拉强度不足而破坏时，破坏前有先兆，呈现出较大的变形和裂缝等，显现出塑性破坏特征。但当结构因受压稳定性不足而破坏时，可能失稳前变形很小，显现出脆性破坏的特征，而且脆性破坏的突发性也使得失稳破坏更具危险性。

（5）疲劳破坏。承受反复荷载作用的结构会发生疲劳破坏，如钢结构构件的实际循环应力值、最大与最小应力差和实际循环次数超过设计时所采取的参数，就可能发生疲劳破坏。产生原因如下：1）结构构件中有较大应力集中区域；2）所用钢材的抗疲劳性能差；3）钢结构构件制作时有缺陷，其中裂纹缺陷对钢材疲劳强度的影响比较大，不裂不疲是指如果没有裂缝产生，不会发生疲劳破坏；4）钢材的冷热加工、焊接工艺所产生的残余应力和残余变形对钢材疲劳强度也会产生较大影响。

（6）腐蚀破坏。腐蚀使钢结构杆件净截面减损从而降低结构承载力和可靠度，使钢结构脆性破坏的可能性增大，尤其是抗冷脆性能下降。经常干湿交替又未包混凝土的构件、埋入地下的地面附近部位、可能存积水或遭受水蒸气侵蚀部位等都容易发生锈蚀。由于钢结构以钢板和型钢为主要材料，必须使用物理化学性能合格的钢材，并对钢板型钢间的连接加以严格的控制，轻钢结构对腐蚀更敏感，截面尺寸越小的构件越容易发生腐蚀破坏。

钢材如果长时间暴露在室外受到风雨等自然力的侵蚀，必然会生锈老化，其自身承载力会下降，甚至结构破坏。

（7）温度作用引起的破坏和损伤。钢结构构件遇到火灾或安装在热源附近时，会因温度作用而受到损伤，严重时将会引起破坏。在设计中已明确规定，当物件表面温度超过 150℃ 时，在结构防护处理中就要采取隔热措施。一般钢结构构件表面温度达到 200~250℃ 时，油漆层破坏，达到 300~400℃ 时，构件因温度作用而发生扭曲变形，超过 400℃ 时，钢材的强度特征和结构的承载能力急剧下降。

在高温车间温度变化大时，会出现相当大的温度变形，形成的温度位移将使结构实际位置与设计位置出现偏差。当有阻碍自由变形的约束作用，如支撑、嵌固等作用时，由此在结构件内产生有周期特征的附加应力，在这些应力的作用下也会导致构件的扭曲或出现裂缝。在负温作用下，特别是在有应力集中的钢结构构件中，可产生冷脆裂纹，这种冷脆可以在工作应力不变的条件下发生和发展，导致破坏。

1.2.4 在役大跨度钢结构安全性影响因素

1.2.4.1 钢结构地震作用下的损坏特征

与传统结构体系相比，钢结构具有材料强度高，塑性、韧性好，钢结构建筑物在地震作用下能充分发挥钢材的强度高、延性好、塑性变形能力强等优点，在地震中的表现优于砖混结构和钢筋混凝土结构，但是在强烈地震作用下也会发生钢结构破坏甚至倒塌现象，如图 1-33～图 1-35 所示。

图 1-33　日本阪神地震中　　　图 1-34　汶川地震中　　　图 1-35　四川什邡穿心店
　　钢结构节点破坏　　　　　　工业厂房破坏　　　　　　地震中厂房破坏

A　钢结构震害特征

（1）节点连接破坏。节点连接破坏包括支撑连接及梁柱节点连接处发生明显变形、裂缝，连接构造处有裂缝，节点处等发生明显变形、滑移、拉脱、剪坏或裂缝；焊缝开裂；螺栓、铆钉被剪坏脱落；支撑连接处埋件被拔出等。

（2）构件破坏。构件破坏包括构件裂缝；构件受拉断裂；受压失稳、弯曲。网架结构常发生屋面整体失稳坍塌、屋架构件屈服或产生过大变形。

（3）结构倒塌。钢结构抗震性能虽好，在大地震中也存在倒塌现象，我国地震灾区钢结构建筑物较少，国外有类似倒塌实例，如 1995 年日本阪神地震有钢结构倒塌现象，1985 年 9 月 19 日墨西哥首都墨西哥城 M8.1 地震中有 10 栋钢结构房屋倒塌。

（4）非结构构件破坏。由于自重较轻和强度较大，钢结构抵御地震的能力比较强，震害比较轻，大部分震害主要发生在围护结构。

B　钢结构震害特点

（1）房屋的层数越多、高度越高，破坏越严重。

（2）不同烈度时的破坏部位变化不大，破坏程度有显著差别。

（3）建筑物的底层角部破坏最严重，框架结构角柱的震害常比边柱和中柱更为严重。

（4）梁、柱节点及支撑连接节点破坏严重。

（5）地震时钢屋架易塌落，突出屋顶的局部建筑（如水箱间、电梯机房等）破坏严重。

1.2.4.2　钢结构火灾损坏特征

钢材虽然是高温热轧等形成，为非燃烧材料，但是由于截面尺寸较小，热传导快，并不耐火。火灾发生后，钢结构在高温条件下，材料强度显著降低，首先构件本身有内力重分布现象，构件之间温度不同，部分构件承载力和刚度降低后，周围构件帮助该构件受力；其次，在热应力影响下，构件伸长，温度降低时构件长度收缩，这些变形都会受到其他构件的约束，产生温度应力，防火涂层脱落，强度和刚度迅速下降，构件和结构产生较大变形、屈曲等。钢结构火灾破坏特征如下：

（1）构件破坏。轻者防火涂料脱落，重者构件变形、弯曲，进一步杆件丧失承载力。

（2）节点连接破坏。节点受温度影响，发生明显变形、滑移、错位、拉脱；节点连接开裂。

（3）结构倒塌。火灾严重时局部倒塌，甚至结构整体倒塌。

1.2.4.3 钢结构雪灾损坏形式及原因

雪荷载常会引起屋面结构破坏，雪在一定温度变化下会结冰，冰雪荷载作用下的钢结构屋面，尤其是大跨度钢结构常因构件受力较大而屈服、破坏，结构构件与构件连接节点变形过大，节点连接件、螺栓、螺钉被剪断或埋件被剪坏，螺栓孔受挤压屈服；焊缝及附近钢材开裂或拉断，甚至发生局部失稳倒塌或整体倾斜、倒塌，如图 1-36、图 1-37 所示。

图 1-36 雪灾损坏电力传输设施

图 1-37 山东临沂雪灾压毁工厂

屋架破坏造成屋盖塌落的事故较多，主要原因有：

（1）由于缺乏完善的屋盖支撑系统，在大雪等作用下失稳倒塌，有的影剧院、礼堂采用钢屋架、钢木组合屋架，在这种空旷建筑中，很多因支撑系统不完善而倒塌。

（2）钢屋架施工焊接质量低劣或焊接方法错误和选材不当造成倒塌，如有的双铰拱屋架，因下弦接头采用单面绑条焊接，产生应力集中，绑条钢筋被拉断而倒塌。

（3）钢屋架因失稳倒塌事故很多，由于钢屋架的特点是强度高、杆件截面小，最容易发生屋架的整体失稳或屋架内上弦、端杆、腹杆的受压失稳破坏。

（4）屋面严重超载造成倒塌，主要发生在简易钢屋架结构中，很多简易轻钢屋架，轻钢结构屋面对超载很敏感，加上雪荷载的较大作用，致使压型钢板和檩条大变形。当一侧檩条失效，另一侧檩条将使钢梁平面外受力加大，梁将产生侧向弯曲和扭转，发生整体失稳。

1.2.4.4 钢结构风灾损坏形式及原因

风灾常会引起钢结构屋面结构破坏，如图 1-38、图 1-39 所示。

图 1-38 国外某钢结构建筑风灾中倒塌　　　　图 1-39 国内某工厂因风灾倒塌

风灾破坏也经常发生在屋面，尤其是轻钢屋面最容易损坏，有时屋面装饰保温防水层破坏，而网架或屋架结构未坏，原因是屋面板被风吹掉，卸掉一部分荷载，减轻了屋架或网架的应力。一般屋面破坏首先从角部开始，美国规范中角部风荷载体型系数大于中间。

风荷载作用下，高层、超高层钢结构的维护结构及各种幕墙、外窗等易损坏，沿海的一些国家和地区，砖混结构及混凝土结构的建筑经常采用钢屋架和压型钢板等屋面，当大的台风过后，大部分屋面被风吹落，围护结构、外窗、幕墙以及悬挑结构被风刮坏。

1.3 在役大跨度钢结构安全性评定依据

1.3.1 已有钢结构安全性评定标准

目前，国内现行的鉴定标准有：《民用建筑可靠性鉴定标准》（GB/T 50292—1999）、《工业建筑可靠性鉴定标准》（GB/T 50144—2008）、《危险房屋鉴定标准》（JGJ 125—99）、《建筑抗震鉴定标准》（GB 50023—2009）、《火灾后建筑结构鉴定标准》（CECS 252：2009）。其中《民用建筑可靠性鉴定标准》（GB/T 50292—1999）和《工业建筑可靠性鉴定标准》（GB 50144—2009）是不含建筑物抗震能力鉴定的，主要是建筑物的安全性鉴定和使用性鉴定，耐久性鉴定的内容也较少；《建筑抗震鉴定标准》（GB 50023—2009）不含钢结构建筑，抗震鉴定适用于对未采取抗震设防或设防烈度低于国家标准规定的建筑进行抗震性能评价；《危险房屋鉴定标准》（JGJ 125—99）适用于对既有房屋的危险性进行鉴定，主要是适用于住宅类建筑。

现行的各个鉴定标准都是在鉴定工作中常用的，它们之间有共同点，也有不同点，甚至个别地方有矛盾，下面进行简要分析。

（1）共同点都是三个层次，将建筑物分为地基基础、上部承重结构和围护结构三个组成部分，安全性分为四个等级。

《危险房屋鉴定标准》（JGJ 125—99）是对危险房屋进行鉴定，判断是否已构成危险房屋，有时简称为危房，标准是按三个层次进行评定。

第一层次：构件危险性鉴定，分危险构件和非危险性构件两种，按承载力、构造连接、裂缝和变形四项进行评定，任何一项达到即为危险构件。

第二层次：地基基础、上部承重结构、围护结构三个组成部分鉴定，分别计算其 a、b、c、d 四个等级的隶属函数。

第三层次：房屋危险性鉴定，分为 A、B、C、D 四个等级。

《民用建筑可靠性鉴定标准》和《工业建筑可靠性鉴定标准》主要是对建筑物的安全性鉴定和使用性鉴定，也是分为三个层次。

第一层次：构件等级评定，安全性鉴定以承载能力、连接构造两个检查项目的检测结果，分 a、b、c、d 四个等级，然后取两个项目其中最低一级作为该构件的安全性等级；使用性鉴定以裂缝、变形、位移、损伤、腐蚀等项目的检测结果，分 a、b、c 三个等级，然后取所有项目其中最低一级作为该构件的使用性等级。

第二层次：结构系统（又称子单元）等级评定，结构系统也是地基基础、上部承重结构、围护结构三部分组成，每个系统安全性分为 A、B、C、D 四个等级，使用性分为 A、B、C 三个等级。

第三层次：鉴定单元可靠性评定，也就是整栋房屋或建筑物的可靠性鉴定，分为一、二、三、四，四个等级。

（2）危险性的确定基本相同。《危险房屋鉴定标准》中对危房的定义是：结构已严重损坏，或承重构件已属危险构件，随时可能丧失稳定和承载能力，不能保证居住和使用安全的房屋。《民用建筑可靠性鉴定标准》和《工业建筑可靠性鉴定标准》的第四级和危房相近，属于极不符合国家现行标准规范的可靠性要求，已严重影响整体安全，必须立即采取措施的建筑物。

（3）后续使用年限的确定。《建筑抗震鉴定标准》（GB 50023—2009）首次明确引入了后续使用年限的概念，并冠以强制性条文，后续使用年限是对现有建筑经抗震鉴定后继续使用所约定的一个时期，在这个时期内，建筑不需重新鉴定和相应加固就能按预期目的使用，完成预定的功能。后续使用年限主要依据建筑物的建设年代确定，分为 30 年、40 年和 50 年三种，不同的后续使用年限有不同的鉴定标准。

《工业建筑可靠性鉴定标准》（GB/T 50144）则根据使用历史、当前技术状况和今后使用维修计划，由委托方和鉴定方共同商定后续使用年限。

《危险房屋鉴定标准》（JGJ 125）按建设部 129 号令规定，鉴定为危房的应停止使用，采取措施处理，非危房时，第二年还需要进行鉴定。

（4）对地基基础评定都是依据地基基础的设计规范。《危险房屋鉴定标准》（JGJ 125）中分地基危险状态和基础危险状态评定。地基危险状态从三个指标分别评定，任何一个达到了都可以评定为地基危险：

1）地基沉降速度。连续 2 个月大于 4mm/月，并且短期内无收敛趋向。

2）地基不均匀沉降。沉降量大于现行国家标准《建筑地基基础设计规范》（GB 50007）允许值，上部墙体产生沉降裂缝宽度大于 10mm，房屋倾斜率大于 1%。

3）地基滑移。地基不稳产生滑移，水平位移量大于 10mm，并对上部结构有显著影响，且仍有继续滑动的迹象。

基础危险状态也从三个指标分别评定，任何一个达到了为基础危险：

1）承载能力。基础承载力小于作用效应的 85%（$R/yS<0.85$）。

2）耐久性。基础出现老化、腐蚀、酥碎、折断，导致结构明显倾斜、位移、裂缝、扭曲等。

3）基础滑动。基础已有滑动，水平位移速度连续 2 个月大于 2mm/月，并在短期内无终止趋向。

《工业建筑可靠性鉴定标准》（GB/T 50144）对地基基础评定是根据地基变形的观测资料和地上结构的反应进行评定，地基变形与《建筑地基基础设计规范》（GB 50007）允许值进行比较，沉降速度按 0.001mm/d 和 0.005mm/d 进行评定，地上结构的反应是指是否有地基不均匀沉降产生的裂缝、变形和位移等。

（5）评定项目的差异。《危险房屋鉴定标准》（JGJ 125）和《民用建筑可靠性鉴定标准》（GB/T 50292）对结构整体的体系合理性、构件布置是否连续、规则及构造连接等评定内容较少，对结构出现的裂缝宽度、挠度、倾斜率，损伤等现象进行了分析评定，对构件的裂缝和变形指标评定非常详细。例如，《危险房屋鉴定标准》（JGJ 125）规定砌体结构出现下列情况为危险构件：受压墙、柱受力方向裂缝宽>2mm、缝长>1/2 层高，或缝长>1/3 层高的多条竖向裂缝；支撑梁或屋架的局部墙体或柱截面产生多条竖向裂缝，或裂缝宽度>1mm；墙、柱偏心受压产生水平裂缝，裂缝宽度>0.5mm。混凝土结构构件出现下列裂缝为危险构件：简支梁、连续梁跨中受拉裂缝宽>0.5mm、支座附近剪切裂缝宽>0.4mm，板受拉裂缝宽>0.4mm，墙中间部位产生交叉裂缝宽>0.4mm，柱产生竖向裂缝或一侧产生水平裂缝宽>1mm、另一侧混凝土压碎，梁、板主筋锈蚀，产生顺筋裂缝宽>1mm，保护层剥落、主筋外露锈蚀。危房鉴定标准中设有对钢结构构件裂缝的评定。《民用建筑可靠性鉴定标准》（GB/T 50292）规定简支梁、连续梁支座附近剪切裂缝即为 D 级，而不是等到裂缝宽度达到 0.4mm。《建筑抗震鉴定标准》（GB 50023）对结构体系、构件布置、抗震构造、地震作用下的承载力有要求，裂缝宽度、变形、倾斜率、截面损伤等对抗震性能的影响没有评定。

（6）构件的评定操作性很强。现行标准中构件的评定操作性较强，有科学依据，如危房标准中构件裂缝和变形的评定比较详细和明确，利用检测结果可以简捷判断。

危房标准中对各种结构形式的构件变形均有明确的规定，而在实际工程中对危险构件的判断也起到了主要作用。如砌体结构危险构件：墙、柱倾斜率 > 0.7%；木结构危险构件：主梁挠度 > $L_0/150$，屋架挠度 > $L_0/120$，出平面倾斜量 $\gg h/120$，檩条、隔栅挠度 > $L_0/120$，木柱侧弯矢高 > $h/150$，柱脚腐朽截面面积 > 1/5；混凝土结构：墙、柱倾斜率 > 1.0%，侧向位移量 > $h/150$，侧向变形 > $h/250$ 或 > 30mm，屋架挠度 > $L_0/200$，倾斜率 > 2.0%；钢结构构件：梁、板 > $L_0/250$ 或 > 45mm，实腹梁侧弯矢高 > $L_0/600$，钢柱顶位移平面内 > $h/150$；平面外 > $h/500$ 或 > 40mm，屋架挠度 > $L_0/250$ 或 > 40mm，倾斜量 > $h/150$。

工业和民用可靠性鉴定标准中构件的安全性、使用性评定也都有具体的可操作的指标，鉴定人员很好掌握。

（7）房屋组成部分的评定方法：

1）《危险房屋鉴定标准》（JGJ 125）以房屋组成部分为单元，计算各部分危险构件数占总数的百分比，地基基础中危险构件百分数计算和围护结构中危险构件百分数计算按式 $P_{fdm}=n_d/n=100\%$ 和 $P_{esdm}=n_d/n=100\%$。上部承重结构中危险构件百分数计算，根据构件的重要程度，分别乘以加权系数（重要性系数），其中柱、墙为 2.4，梁、屋架为 1.9，次梁为 1.4，楼板为基数 1.0。房屋组成部分危险性等级 a、b、c、d 与原危险构件所占百分数直接相关，采用隶属函数 $u = f(p)$ 表示，值越大表示隶属某级的可能性越大，最大值为 1，最小值为 0，相应于等于 1 的 a、b、c、d 级四个标准点认定为 p=0%、5%、30% 和 100%，那么，中间状态按模糊（Fuzzy）数学原理，近似采用最简单的线性关系表示。

2）工业和民用可靠性鉴定标准中，结构系统的可靠性鉴定评级，由安全性等级和使用性等级评定，也与地基基础、上部承重结构和围护结构三个结构系统的安全性等级和使用性等级有关。

民用建筑和工业建筑可靠性鉴定评级的层次、等级划分以及工作步骤和内容规定如下：

①安全性和正常使用性鉴定评级，应该按照构件、子单元和鉴定单元各分三

个层次。每个层次分为四个安全性等级和三个使用性等级，按照以下步骤进行检查：根据构件的检查项目评定结果，确定单个构件等级；根据子单元各个检查项目以及各种构件的评定结果确定子单元的等级；根据各子单元的评定结果，确定鉴定单元等级。

②各层次可靠性鉴定评级，应该以该层次安全性和正常使用性的评定结果为依据综合确定，每个层次的可靠性等级分为 4 级。

③当仅要求鉴定某层次的安全性或正常使用性时，检查和评定工作可只进行到该层次相应程序规定的步骤。

现行结构鉴定规程将建筑结构的安全性、适用性和耐久性混在一起进行评定，称为可靠性等级。结构系统的可靠性等级综合评定方法是，分别根据每个结构系统的安全性等级和使用性等级评定结果，按下列原则确定：①当系统的使用性等级为 C 级、安全性等级不低于 B 级时，定为 C 级；②位于生产工艺流程关键部位的结构系统，可按其安全性等级和使用性等级中的较低等级确定；③除前两种情况外，应按其安全性等级确定。

1.3.2　钢结构安全性评定目的和内容

1.3.2.1　安全性评定目的和工作流程

评定的目的是为了给采取处理措施提供依据，是建筑物加固改造工作中的一个环节。检测、检查及工程图纸资料的核查是第一步，各项性能的评定或鉴定以检测结果为依据，同时鉴定结果又是加固改造设计的依据。因此鉴定结果或鉴定结论满足加固改造设计即可。有时不必给出 ABCD 四个级，只给出够不够就行，不够加固，够了不用处理，继续使用。

建筑结构是由多道工序和众多构件建成的，但总体上可将建筑物结构划分为三部分：地基基础、上部承重结构、上部围护结构。组成各部分的基本构件有梁、板、柱、墙。对既有建筑物的检测是对建筑物的结构或构件的材料性能、几何尺寸、构造连接、变形、荷载作用等进行检查、测试；鉴定需要根据现场检测和调查的结果，对结构或构件的各项性能进行评定，对检测数据进行分析，建立结构整体分析模型，并将检测结果在结构安全性等分析中应用，对结构出现的损伤及损害现象的影响及危害性进行分析，得出结构可靠性等各项性能的鉴定结论；鉴定结果是加固、改造设计的依据，如果鉴定的结论符合规范、标准的要求，建筑物可不经处理，继续使用，如果鉴定的结果不符合要求，应进行加固或改造设计，然后进行施工及工程施工质量的验收。

1.3.2.2　安全性评定内容

说到建筑物的结构功能，可以用可靠性这个指标来评定，可靠性是指结构在规定的时间内，在规定的条件下，完成预定功能的能力。规定的时间是建筑物的设计基准期，一般的工业与民用建筑为 50 年，重要的建筑物可以是 100 年，次要的建筑物为 25 年，临时性的建筑物为 5 年；规定的条件是指在正常设计、正常施工、正常使用的情况下。

可靠性包括安全性、适用性、耐久性三个方面。安全性是很重要的方面，在既有建筑物鉴定中 95% 是针对安全性的评定，约 5% 是使用性评定。

安全性是指结构在正常施工和正常使用条件下，结构能承受可能出现的各种作用，如楼面各类活荷载、立面的风荷载、屋顶的雪荷载等作用，以及在偶然事件发生时和发生后，仍能保持必要的整体稳定性。具体的是指结构的承载能力、构造措施、结构体系等。

根据《工程结构可靠度设计统一标准》（GB 50153—2008）附录 G，对既有钢结构安全评估主要内容有：

（1）结构体系结构和构件布置；（2）连接与构造措施；（3）构件的承载能力；（4）必要时包括抗灾害能力。

结构体系和构件布置是建筑结构安全性评定中最重要的评定项目，应以现行结构设计标准的要求为依据进行评定；由于现行结构设计规范对于结构体系和构件布置并没有系统和完善的规定，在实施结构体系和构件布置评定工作时，需要鉴定人员具有相应的知识和经验。

构造和连接是建筑结构安全性评定中另一个重要的评定项目。《工程结构可靠性设计统一标准》（GB 50153）附录 G 关于构造和连接的评定也只有一条规定：与承载力相关的构造和连接应当以现行结构设计规范的规定为基准进行评定。

构件承载能力评定是在结构体系和构件布置、连接和构造评定满足要求的情况下，可采用下面五种方法评定：（1）基于结构状态的评定方法；（2）基于分项系数或安全系数的评定方法；（3）基于可靠指标的评定方法；（4）荷载检验的评定方法；（5）其他适用的评定方法，如失效概率评定等。通常主要采用承载力验算分析或构件载荷试验的方法进行评定，采用构件承载力验算分析时，通过构件的受弯、受剪等承载能力与荷载作用下的作用效应进行比较，承载能力大于作用效应时评定为承载能力满足要求；采用构件荷载检验时，现场对钢结构构件施加检验荷载，在达到检验荷载并持荷一段时间内，观测每级荷载和检验荷载下构件的变形和应力等，评定其承载能力。

抗灾害能力评定包括抗震、抗火灾、防撞击等评定，防止灾害发生时造成人员伤亡及财产破坏。

1.3.3　钢结构安全性检测与评定程序

安全性评估要以现场检测结果作为依据，既有结构经过多年的使用，与原设计和结构竣工验收时的状况会有较大出入，不能凭借原设计图纸等资料就进行鉴定评估，鉴定人员也要到现场了解结构的实际情况，考虑各种因素综合分析，得出科学、合理、可靠、准确的鉴定结论和处理意见。

工作程序如下：

（1）接受委托，确定鉴定目的，搜集资料、现场调查、查阅原设计图纸等。

（2）制定检测方案，方案包括检验项目、检验方法、抽样数量、检验依据等，主要依据国家现行的有关标准，如《建筑结构检测技术标准》（GB/T 50344）和《钢结构现场检测技术标准》（GB/T 50621）等。

（3）进行现场数据采集，并对结构的外观质量、构件损伤、裂缝、锈蚀情况和结构变形等进行全面检测，检测使用环境与荷载，以及结构在使用中的温度、湿度变化，是否存在有害介质作用，以及实际荷载是否超标等。

（4）按有关规定对检测数据进行统计分析、处理和评定。

（5）对承载力、稳定性等分析验算。

（6）对结构安全性进行综合分析判断。

（7）评定结论及处理建议。

2 结构安全性检测基础

2.1 在役大跨度钢结构安全性检测内涵

2.1.1 安全性检测的内容

为了评定钢结构安全性及防灾害能力，应进行现场检测，得到工程现场实测的结果，然后进行结构体系、构件布置及构造连接的评定以及承载能力验算等，一般情况下现场检测内容如下：

（1）结构体系、构件布置及支撑系统布置核查。

（2）钢结构和构件外观质量检查。检查内容包括对钢材结构损伤和裂纹检测等。

（3）材料强度及性能检测。检测内容包括钢材的力学性能（强度、伸长率、冷弯性能、冲击韧性）和化学成分。

（4）连接与构造检测。检测内容包括焊缝等级的探伤；高强度扭剪型螺栓连接的梅花头是否已拧掉；高强度螺栓连接外露螺栓丝扣数；节点连接面顶紧与否（这直接影响节点荷载的传递和受力）。

（5）防护措施检测。检测内容包括防火、防腐涂装厚度。

（6）整体变形和局部变形检测。检测内容包括结构整体沉降或倾斜变形，水平构件挠度和竖向构件的垂直度等，支座及杆件交点位置是否有偏差等。

（7）构件的尺寸及锈蚀损伤检测。检测内容包括杆件截面尺寸、钢管壁厚和直径，锈蚀情况及锈蚀后剩余截面尺寸。

（8）结构上的荷载和作用环境等检测，以及有无振动影响等。

2.1.2 安全性检测的方法

2.1.2.1 检测方法的选择

（1）在役钢结构的安全性检测，应以检测目的、钢结构状况和现场条件选择适宜的检测方法。

（2）在役钢结构的检测，可选用下列检测方法：

1）有相应标准的检测方法。

2）有关规范、标准规定或建议的检测方法。

3）参照1）的检测标准，扩大其适用范围的检测方法。

4）检测单位自行开发或引进的检测方法。

（3）选用有相关标准的检测方法时，应遵循下列规定：

1）对于通用的检测项目，应选用国家标准或行业标准。

2）对于有地区特点的检测项目，可选用地方标准。

3）对同一种方法，地方标准与国家标准和行业标准不一致时，有地区特点的部分宜按地方标准执行，检测的基本原则和基本操作要求应按国家标准或行业标准执行。

4）当国家标准、行业标准或地方标准的规定与实际情况确有差异或存在明显不适用的问题时，可对相关规定做适当调整和修正，但调整与修正应有充分的依据；调整与修正的内容在检测方案中予以说明，必要时应向委托方提供调整与修正的检测细则。

（4）采用相关规范、标准规定或建议检测方法时，应遵循下列规定：

1）当检测方法有相应的检测标准时，应按上述第3）条执行。

2）当检测方法没有相应的检测标准时，检测单位应有相应的检测细则；检测细则应对检测仪器设备，操作要求，数据处理等做出规定。

2.1.2.2 检测方法选择原则

（1）现场检测宜采用对结构或构件无损伤的检测方法。当选用局部破损的取样检测方法或原位检测方法时，宜选择结构构件受力较小的部位，不得损害结构的安全性。

（2）重要和大型公共建筑的结构动力测试时，应根据结构的特点和检测的目的，分别采用环境振动和激振等方法。

（3）重要大型工程和新型结构体系的安全性检测，应根据结构的受力特点制定检测方案，并应对检测方案进行论证。

2.1.2.3 现场检测抽样方法

为了评定既有钢结构的质量或性能进行的现场检验，除外观质量全部检查外，没有必要对所有的构件材料性能和截面尺寸等都进行检测，而是抽取某些构件，对抽样检测的结果进行评定，评定结果也代表未被抽取的构件，因此抽取的样本应具有代表性，数量也不能太少，抽样方法应科学合理，根据检测和质量评定相关规范标准，不同的检验项目有不同的抽样方法。

A　全数检测项目

（1）外观质量缺陷或表面损伤。外观质量和裂缝等是全数检测项目，具体的钢结构工程检测时，首先分析容易出现外观质量问题的部位，作为重点检查的对象，如存在渗漏现象的屋顶，易受到潮湿环境影响的柱脚，受到动荷载和疲劳荷载影响部位，梁柱节点以及支撑连接部位，受到磨损、冲撞损伤的构件，室外挑檐、悬挑构件等。

（2）钢结构建筑物灾害后检测。受到灾害影响的区域应全数检测，对灾害影响程度进行分级，通常从无影响到有严重影响分为四个等级，按梁、板、柱、墙构件类型划分出各级的范围和区域。

B 抽样检测项目

抽样检验又分为计数抽样和计量抽样，尺寸及尺寸偏差项目属于计数抽样检测和评定项目，材料强度属于计量抽样检测和评定项目。

（1）尺寸及尺寸偏差检测。有竣工图时可以少量抽查，与图纸尺寸进行核查。没有图纸时，现场进行跨度高度等测绘，根据测绘结果，划分检验批，同一类型的构件作为一个检验批，抽检一定数量检测钢材截面尺寸和规格型号。

（2）材料强度检测。钢材强度等级有竣工图时可以少量抽查，没有图纸时首先根据现场测绘结果，划分检验批，每批构件中根据取样试验方法或非破损方法（如硬度法）检验确定其强度等级，通常以非破损检测方法为主，少量取样采用实验等破损方法验证。

（3）焊缝质量可以根据焊缝条数划分检验批，也可以根据构件数划分检验批。螺栓连接可以根据螺栓连接的节点数或螺栓总数划分检验批。

（4）连接挠度变形和倾斜变形，通过现场观察，检验出现变形的构件，测量构件的变形，掌握变形的规律，为分析变形的原因提供依据。

（5）涂装厚度可按构件数量划分检验批，按批抽样检验，不符合要求时提出处理意见。

2.1.2.4 抽样数量

既有钢结构建筑物的检测不同于施工质量评定和对施工质量进行验收，没有必要评定合格与否，而是通过抽样检验，确定检测项目的参数，为承载力验算、变形验算、稳定验算和安全性评定提供数据支持即可。

检验批的定义是检测项目相同、质量要求和生产工艺等基本相同，由一定数量构件等构成的检测对象。

对于既有钢结构工程，首先对检测项目划分检验批，划分检验批需要明确单个构件，单个构件的划分可参见《工业建筑可靠性鉴定标准》（GB 50144）附录A和《危险房屋鉴定标准》（JGJ 125）第4.1.2条。

划分检验批后，确定每批构件总数，然后抽取一定的样本容量，通常检验项目的抽样数量可按通用技术标准《建筑结构检测技术标准》（GB 50344）的规定，在检测批中抽取最小样本容量，见表2-1。表2-1中给出的是最小样本容量，并不是最佳样本数量。检验类别分为三种，A类别适用于图纸齐全，资料完整的工程，现场抽取少量的构件进行检验，B类适用于结构质量或性能的检测，C类适用于结构质量或性能的严格检测。根据检验类别确定抽样数量，样品的位置应随机选取，选择具备现场操作条件的构件，原则上选取的位置应均匀分布、对称、有代表性。既有钢结构检测一般采用A、B类即可。

表 2-1 建筑结构抽样检测的最小容量

检测批的容量	检测类别和样本最小容量			检测批的容量	检测类别和样本最小容量		
	A	B	C		A	B	C
2~8	2	2	3	501~1200	32	80	125
9~15	2	3	5	1201~3200	50	125	200
16~25	3	5	8	3201~10000	80	200	315
26~50	5	8	13	10001~35000	125	315	500
51~90	5	13	20	35001~150000	200	500	800
91~150	8	20	32	150001~500000	315	800	1250
151~280	13	32	50	>500000	500	1250	2000
281~500	20	50	80				

2.1.3 安全性检测的程序

安全性检测是评定的数据基础。既有结构经过多年的使用，与原设计和结构竣工验收时的状况会有较大出入，检测人员应该通过现场结构实际情况的检测，对其数据进行合理分析，才能为安全性评定提供依据。安全性检测程序如图 2-1 所示。

（1）现场和有关资料的调查，应包括下列工作内容：

1）收集被检测结构的设计图纸、设计变更、施工记录、施工验收和工程地质勘查等资料。

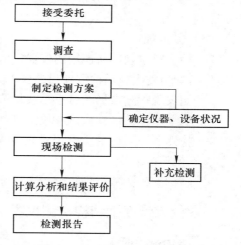

图 2-1 安全性检测程序流程图

2）调查被检测结构现状缺陷、环境条件、使用期间的加固与维修情况，以及用途与荷载等变更情况。

3）向有关人员进行调查。

4）进一步明确委托方的检测目的和具体要求，并了解是否已经进行过检测。

（2）检测方案的制定及内容：

1）结构的检测应有完备的检测方案，检测方案应征求委托方的意见，并应经过审定。

2）结构的检测方案宜包括下列主要内容：

① 工程概况，主要包括结构类型，建筑面积，总层数，设计、施工及监理单位，建造年代等。

② 检测的目的或委托方的检测要求。

③ 检测依据，主要包括检测所依据的标准及有关的技术资料等，如《建筑结构检测技术标准》（GB/T 50344）和《钢结构现场检测技术标准》（GB/T 50621）。

④ 检测项目和所选用的检测方法以及检测数量。

⑤ 检测人员和仪器设备的情况。

⑥ 检测工作进度计划。

（3）钢结构现场检测内容：1）钢构件材料的检测；2）连接（焊接连接、紧固件连接）的检测；3）构件尺寸与偏差的检测；4）构件缺陷和损伤的检测；5）结构构件变形的检测；6）结构构造检测；7）涂装的检测；8）地基基础的检测；9）其他方面的检测（包括结构的布置形式、荷载、环境和振动等）。

（4）计算分析和结果评价。现场检测完成后，将得到的数据进行处理，再用相关的软件进行模拟分析，根据实际情况，针对不同的检测对象，进行合理的等级评定。

（5）其他规定：

1）检测时应确保所使用的仪器设备在校定或校准周期内，并处于正常状态，仪器设备的精度应满足检测项目的要求。

2）当发现检测数据数量不足或检测数据出现异常情况时，应补充检测。

3）现场取样的试件或试样应予以标识并妥善保存。

4）检测的原始记录，应记录在专用记录纸上，数据准确、字迹清晰、信息完整，不得随机涂改。

5）结构的检测数据计算分析工作完成后，应及时提出相应的检测报告。

2.2 在役大跨度钢结构检测仪器

2.2.1 常规检测仪器

在日常检测中，常规的检测仪器主要包括卷尺、锤子、裂缝卡、激光测距仪、全站仪等。其主要的功能见表2-2。

表 2-2 常规检测仪器

仪器名称	检测内容	图　　片
卷尺	测量构件尺寸，裂缝长度等	

仪器名称	检测内容	图　片
锤子	破除砖混、框架结构构件表面的保护层	
裂缝卡	主要测量构件表面的裂缝宽度	
激光测距仪	测量柱网尺寸及层高	

2.2.2 混凝土结构检测仪器

经过大量的实践工程项目论证，本书将从混凝土强度检测、钢筋配置检测、钢筋锈蚀检测、构件变形和缺陷检测几大模块来阐述混凝土的日常检测内容，针对不同的检测内容和适应范围，其检测方法和检测仪器设备也略有差异，见表2-3。

表2-3　混凝土结构检测

检测内容	检测方法	适用范围	检测仪器
混凝土强度	回弹法	适用于普通混凝土抗压强度的检测，不适用于表层与内部质量有明显差异或内部存在明显缺陷的混凝土检测	混凝土回弹仪
	超声回弹综合法	同回弹法	超声波检测仪
	钻芯法	适用于结构中强度不大于80MPa的普通混凝土强度检测	钻芯机

检测内容		检测方法	适用范围	检测仪器
混凝土强度		拔出法	适用于混凝土强度为 10~80MPa 的既有结构和在建结构混凝土强度的检测与推定	拔出仪
		剪压法	适用于截面具有直角边、可施加剪压力的结构混凝土抗压强度的检测，不适用于表层与内部质量有明显差异或内部存在明显缺陷的混凝土检测	剪压仪
钢筋配置检测	钢筋位置 保护层厚度 数量	电磁感应法和雷达法	适用于混凝土结构及构件中钢筋的间距、公称直径及混凝土保护层厚度的现场检测，不用于含有铁磁性质物质的混凝土中钢筋的检测	钢筋探测仪和雷达仪
	直径	直接法		游标卡尺
钢筋锈蚀检测		半电池电位法	适用于定性评估混凝土结构及构件中钢筋的锈蚀性状，不适用于带涂层的钢筋以及混凝土已经饱水的构件检测	钢筋锈蚀检测仪和钢筋探测仪
构件变形检测	倾斜检测	测量法	适用于地基沉降或外荷载作用导致的构件倾斜	经纬仪、激光准直仪、吊锤
	挠度检测	测量法	适用于跨度较大的构件、外观质量差损伤的构件以及变形较大的构件	水准仪或拉线
缺陷检测	外观缺陷	目测法	—	钢尺、游标卡尺
	内部缺陷	超声法、电磁波发射法	—	超声波检测仪

2.2.3　钢结构检测仪器

随着时代的进步和发展，钢结构由于重量轻、便于安装等优点被广泛使用。针对不同的使用要求以及不同的检测内容，应根据其适用的范围，合理地规划检测方案，配置适当的检测仪器，以保证检测项目有条不紊地进行，常见的钢结构检测项目的具体内容以及相应的检测仪器设备见表 2-4。

表 2-4　常见钢结构检测

检测内容		检测方法	适用范围	检测仪器
缺陷检测	外观缺陷	观察法	适用于钢结构现场质量外观检测	焊缝检验尺、放大镜
	内部缺陷	磁粉检测、超声检测、探伤检测、射线检测	适用于钢材内部隐藏的缺陷检测	超声仪

检测内容	检测方法	适用范围	检测仪器
钢材强度检测	硬度法	适用于因现场限制无法取样，或对测试方法的精度要求不高，仅需取得参考性数据	里氏硬度计
钢材厚度检测	超声波检测	对于受腐后的构件厚度，应将腐蚀层除净，漏出金属光泽后再进行测量	超声测厚仪
防火涂层厚度检测	涂层测厚法	适用于钢结构厚型防火涂层厚度检测	涂层测厚仪
钢材锈蚀检测	脉冲发射波法	适用于钢材生锈的检测，测试前将涂料和修饰层除去	超声波测厚仪
变形检测	测量法	适用于钢结构或构件变形检测，包括结构整体垂直度、整体平面弯曲以及构件垂直度、弯曲变形、跨中挠度等项目	水准仪、经纬仪、激光垂准仪、全站仪
动力测试	环境振动法、初位移法、正弦波激振法	—	—

2.2.4 预应力结构检测仪器

预应力结构主要对其张拉力进行检测，而张弦结构拉索索力检测是预应力钢结构中最常见的检测项目，本书就以拉索索力检测为例，介绍下预应力结构相关的检测仪器。

由于拉索材料自身可能存在质量缺陷、松弛等问题，并且由于构造设计、环境腐蚀、温度变化等原因，拉索在服役过程中难免出现不同程度的预应力损失，从而引起拉索索力的变化，使结构受力性能受到影响。因此，除在施工阶段需对拉索索力值进行监控外，对在役张弦结构拉索索力值的检测评定对结构安全也具有重要意义。拉索索力的检测方法主要包括压力表法、压力传感器法、振动波法、频率法、磁通量法（EM 传感器法）、三点弯曲法、静力法等，其中液压千斤顶的压力表法仅适用于施工阶段索力的检测。在役张弦结构拉索索力检测的各种方法及相应的仪器设备对比见表2-5。

表 2-5 在役张弦结构拉索索力检测

检测方法	仪器设备	优 点	缺 点
压力传感器法	压力传感器（振弦式、电阻式、压电式、光纤光栅式）、数据采集仪系统	精度高，可达 0.5%~1%	价格昂贵，传感器自重大且仅能用于特定构造索头，操作不方便、费时
频率法	加速度传感器、动态数据采集设备	操作简单，费用低，设备可重复利用，特别适用于复测索力和测试活载对索力的影响	测试结果及精确度易受拉索的抗弯刚度、垂度及边界条件影响

检测方法	仪器设备	优　点	缺　点
振动波法	测定振动波传递速度，测时间（秒表）	简便快捷，对各种架空拉索的索力测定精度与使用性较好	振动噪声大，脉冲波精确识别技术手段不够成熟限制其在建筑结构中的应用
磁通量法	电磁传感器、放大器、数据传输系统	测量精度高，环境适应性强，稳定性良好	标定复杂，传感器现场绕制不便，成本较高
三点弯曲法	拉索张力测定器	截面较小的柔性索测量精度较高	对截面较大的索测量误差较大，适用范围有限
静态线形法	亚毫米级精度的激光测量仪器	不受端部条件影响	测点在拉索断面上的位置应一致，实施较困难
移除锚固法	测力仪器		价格昂贵，有风险

　　除上述常用的方法外，还有电阻应变片测试法、索拉力垂度测试法、拉索伸长量测试法，但这三种仅在理论上可行，在实际操作中仍存在一定困难，测试效果较差，因此一般不采用。

2.3　在役大跨度钢结构检测技术

2.3.1　构件尺寸、厚度、平整度检测

　　对于钢构件的尺寸检测，应检测所抽构件的全部尺寸，每个尺寸在构件的 3 个部位量测，取 3 处测试的平均值为该尺寸的代表值。

　　尺寸量测的方法，可按相关产品标准的规定量测，钢管和钢球可用游标卡尺、外卡钳分别测量网架杆件和球节点的直径，用卷尺测量构件的截面长宽，用超声测厚仪测定壁厚，检测前应清除饰面层。检测前预设声速，使用随机标准块对仪器进行校准，然后测试。测试时先将耦合剂涂于被测处，探头与被测件耦合 1~2s 即可测量，同一位置宜将探头转 90° 测量两次，取两次平均值为代表值。测量管材壁厚时，宜使探头中间的隔声层与管材轴线平行。

　　梁和桁架构件的变形有平面内的垂直变形和平面外的侧向变形，因此要检测两个方向的平直度。柱的变形主要有柱身倾斜与挠曲。检查时可先目测，发现有异常情况或疑点时，对梁、桁架可在构件支点间拉紧一根铁丝或细线，然后测量各点的垂度与偏差；对柱的倾斜可用经纬仪或铅垂测量，柱挠曲可在构件支点间拉紧一根铁丝或细线测量。

2.3.2　缺陷、连接（焊接、螺栓连接）检测

2.3.2.1　外观缺陷的种类

（1）钢材外观质量缺陷可分为钢材表面缺陷（如裂纹、折叠、夹层）和钢

材端边或端口表面缺陷（如分层、夹渣）。

（2）焊缝外观缺陷指焊缝中的裂纹、焊瘤、未焊透、未熔合、未焊满、夹渣、根部收缩、表面气孔、咬边、电弧擦伤、接头不良、表面夹渣等，其中焊缝夹渣是焊接后残留在焊缝中的熔渣、金属氧化物夹杂等，未焊透是指金属未熔化、焊接金属未进入母材金属内而导致接头根部的缺陷。

（3）螺栓连接的外观缺陷包括螺栓断裂、松动、脱落、螺杆弯曲，螺纹外露丝扣数不符合要求，连接零件不齐全、连接板变形和锈蚀等；对于高强度螺栓的连接，尚应目视连接部位是否发生滑移。

（4）涂层表面缺陷分为：1）涂层有漏涂，表面存在脱皮、泛锈、龟裂、起泡、裂缝等；2）涂层不均匀、有明显皱皮、流坠、乳突、针眼和气泡等；3）涂层与钢构件粘结不牢固、有空鼓、脱层粉化、松散、浮浆等。

2.3.2.2 构件表面缺陷的检测方法

杆件外观质量检测方法采用目测或 10 倍放大镜（施工验收规范要求），2~6 倍放大镜（现场检测规范要求），眼睛与被测件距离不得大于 600mm，夹角不得小于 30°，照明亮度 160~540lx，从多个角度进行观察。

钢结构构件和焊缝等缺陷用放大镜等无法判断时，表面缺陷可采用磁粉和渗透探伤，内部缺陷采用超声和射线等无损检测方法进行探测和判断。

2.3.2.3 焊接检测

A 焊缝缺陷检测

既有工程如果发现焊缝有表面缺陷或工程事故需要确定焊缝质量，可以对焊缝质量进行抽样检验，抽样数量可结合工程情况划分检验批，如按楼层或构件类型划分或构件及连接部位的重要性等。检验方法有磁粉、渗透、超声和射线四种，其适用范围见表 2-6。

表 2-6 焊缝缺陷检测方法及适用范围

序号	检测方法	适用范围	不适用
1	磁粉检测	铁磁性材料熔化焊焊缝表面或近表面缺陷，铁磁性材料，如碳素结构钢、低合金钢、沉淀硬化钢、电工钢等	不能确定缺陷深度和熔焊焊缝的内部缺陷
2	渗透检测	焊缝表面开口型缺陷，环境温度 10~50℃，非铁磁性材料，如铝、镁、铜、钛、奥氏体不锈钢	环境温度低于 10℃ 和高于 50℃
3	超声检测	内部缺陷，主要适用于平面型缺陷（如裂纹、未融合等）的检测	母材厚度小于 8mm，曲率半径小于 160mm，角接焊缝
4	射线检测	内部缺陷的检测，主要适用于体积型缺陷的检测	角焊缝以及板材、棒材、锻件等

（1）磁粉检测。磁粉检测适用于铁磁性材料的构件或焊缝表面及近表面缺陷检测，铁磁性材料指碳素结构钢、低合金结构钢、沉淀硬化钢等，不适用于奥氏体不锈钢和铝、镁、铜、钛及其合金。磁粉检测又分干法和湿法两种，湿法比干法的检测灵敏度高，一般钢结构中磁粉检测都是采用湿法，如果被测工件不允许与水或油接触时，如温度较高的试件，可以采用干法检测。

（2）渗透检测。利用液体的毛细现象检测钢构件表面或焊缝表面开口型缺陷，渗透检测法的检测原理是首先将具有良好渗透力的渗透液涂在被测工件表面，由于润湿和毛细作用，渗透液便渗入工件上开口型的缺陷当中，然后对工件表面进行净化处理，将多余的渗透液清洗掉，再涂上一层显像剂，将渗入并滞留在缺陷中的渗透液吸出来，就能得到被放大了的缺陷的清晰显示。

（3）超声检测。焊缝的超声波探伤可测定构件内部缺陷和焊缝缺陷的位置、大小和数量，结合工程经验还可分析估计缺陷的性质。

（4）射线检测。超声波探伤不能对焊缝缺陷作出判断时，应采用射线探伤，其内部缺陷分级及探伤方法按《钢熔化焊对接接头射线照相和质量分级》（GB 3323）的有关规定进行检测。射线探伤一般采用 X 射线、γ 射线和中子射线，它们在穿过物质时由于散射、吸收作用而衰减，其程度取决于材料、射线的种类和穿透的距离。如果将强度均匀的射线照射到物体的一侧，而在另一侧检测射线衰减后的强度，便可发现物体表面或内部的缺陷，包括缺陷的种类、大小和分布状况。由于存在辐射和高压危险，射线探伤时需注意人身安全。

B　焊缝连接质量检测

焊缝连接检测包括内部缺陷、外观质量和尺寸偏差三个方面。对设计上要求全焊透的一、二级焊缝和设计上没有要求的钢材等强对焊拼接焊缝的质量，可采取超声波探伤的方法检测内部缺陷，超声波探伤不适用时采用射线探伤进行检验；外观质量一般采用肉眼观察或用放大镜、焊缝量规和钢尺检查，必要时可采用渗透或磁粉探伤进行检查；尺寸偏差一般采用眼睛观察或用焊缝量规检查。最后，焊缝连接质量应按《钢结构工程施工质量验收规范》（GB 50205）进行评定。

焊缝的缺陷种类如图 2-2 所示，有裂纹、气孔、夹渣、未熔透、虚焊、咬边、弧坑等。焊接连接目前应用最广，出事故也较多，应重点检查其缺陷。检查焊缝缺陷时，可用超声探伤仪或射线探测仪检测。在对焊缝的内部缺陷进行探伤前应先进行外观质量检查，达不到焊缝级别要求的应进行修补或降级。

各种探伤方法只能确定焊缝等几何缺陷，不能确定其物理化学性能，焊接接头的力学性能，可采取截取试样的方法检验，但应采取措施确保安全。焊接接头力学性能的检验分为拉伸、面弯和背弯等项目，每个检验项目可取两个试样。焊接接头的取样和检验方法应按《焊接接头拉伸试验方法》（GB/T 2651）和《焊

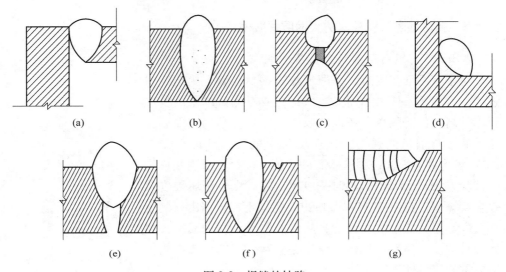

图 2-2　焊缝的缺陷

（a）裂纹；（b）气孔；（c）夹焊；（d）虚焊；（e）未熔透；（f）咬边；（g）弧坑

接接头弯曲试验方法》（GB/T 2653）等确定。焊接接头焊缝的强度不应低于钢材强度的最低保证值。

2.3.2.4　螺栓连接检测

（1）螺栓连接外观检测。对于螺栓连接，可用目测、锤敲相结合的方法检查是否有松动或脱落，并用扭力（矩）扳手对螺栓的紧固性进行复查，尤其对高强螺栓的连接更应仔细检查。对螺栓的直径、个数、排列方式也要一一检查，是否有错位、错排、漏栓等。

（2）螺栓连接质量检测。永久螺栓的连接应牢固可靠，无锈蚀、松动、脱落、缺失、断裂，各个接触面之间紧密贴合，无缝隙和夹杂物等现象。对于已建成并投入使用的结构，高强度螺栓的连接往往都处于受荷状态，通过观察和用小锤敲击相结合检查螺栓和铆钉松动或断裂现象，也可用扭力扳手（当扳手达到一定的力矩时，带有声、光指示的扳手）对螺栓的紧固性进行检查，尤其对高强度螺栓的连接更应仔细检查，此外，对螺栓的直径、个数、排列方式也要检查。

对扭剪型高强度螺栓连接质量的检测，可查看螺栓端部的梅花头是否已拧掉，除因构造原因无法使用专用扳手拧掉梅花头者外，未在终拧中拧掉梅花头的螺栓数不应大于该节点螺栓数的 5%。

对高强度螺栓连接质量的检测，可检查外露丝扣，外露丝扣 2 扣或 3 扣，允许有 10% 的螺栓丝扣外露 1 扣或 4 扣。

如果对螺栓质量有疑义，可通过螺栓实物最小拉力载荷试验，测定其抗拉强度是否满足现行国家标准《紧固件机械性能螺栓、螺钉和螺柱》（GB 3098）的要求。

2.3.3 钢材强度、锈蚀、防火涂层厚度检测

2.3.3.1 钢材强度检测

对于有图纸存留时，按图纸核查钢材品种，确定钢材强度，因现场条件限制而无法取样，或对测试结果的精度要求不高，仅需取得参考性的数据时，则可利用表面硬度法近似推断钢材的强度，在现场采用里氏硬度计（见图2-3）对构件表面非破损检验其硬度值，按照《金属里氏硬度试验方法》（GB/T 17394—1998）和《黑色金属硬度及强度换算值》（GB/T 1172—1999）的规定，根据钢材的表面硬度推算其极限抗拉强度，从而能确定钢材的品种，得到钢材的设计强度等指标。硬度法检测也可以结合在构件上少量截取试样进行验证。

图 2-3　里氏硬度计

如果没有图纸或工程需要，构件强度采用取样的方法进行检验，取样时应选择代表性构件，取样位置应在对构件安全无影响的部位，取样部位及时修补，取得的试样应在实验室里试验，确定钢材的强度和力学性能。

2.3.3.2 锈蚀检测

钢结构在潮湿、存水和酸碱盐腐蚀性环境中容易生锈，锈蚀导致钢材截面削弱，承载力下降。结构构件的锈蚀，可按《涂装前钢材表面锈蚀等级和除锈等级》（GB 8923）确定锈蚀等级，对 D 级锈蚀，还应量测钢板厚度的削弱程度。

钢材的锈蚀程度可由其截面厚度的变化来反映，检测钢材厚度的仪器有超声波测厚仪（见图2-4）和游标卡尺（见图2-5），精度均达 0.01mm。测试前需要将涂料及锈蚀层除去。

图 2-4　超声波测厚仪

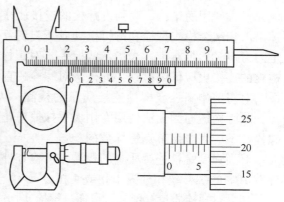

图 2-5　游标卡尺

超声波测厚仪采用脉冲反射波法。超声波从一种均匀介质向另一种介质传播时，在界面会发生反射，测厚仪可测出探头自发出超声波至收到界面反射回波的时间。超声波在各种钢材中的传播速度已知或通过实测确定，由波速和传播时间测算出钢材的厚度，对于数字超声波测厚仪，厚度值会直接显示在显示屏上。

2.3.3.3 防火涂层厚度检测

钢结构构件需要涂装已达到防火和防锈的要求，涂装质量检验包括外观质量和涂层厚度，涂装后并不得有漏涂、脱皮和返锈，薄涂型防火涂料涂层表面裂纹宽度不应大于 0.5mm，涂层厚度应符合有关耐火极限的设计要求；厚涂型防火涂料涂层表面裂纹宽度不应大于 1mm，其涂层厚度应有 80% 以上的面积符合耐火极限的设计要求，且最薄处厚度不应低于设计要求的 85%。

A　涂层厚度测量方法

涂层测厚可观察检查和采用涂层测厚仪或测针等检测。漆膜厚度采用漆膜测厚仪检测；对薄型防火涂料涂层厚度，可采用涂层厚度测定仪检测，量测方法应符合《钢结构防火涂料应用技术规程》（CECS24）的规定。对厚型防火涂料涂层厚度，应采用测针和钢尺检测，量测方法应符合《钢结构防火涂料应用技术规程》（CECS24）的规定。测针由针杆和可滑动的圆盘组成，圆盘始终保持与针杆垂直，并在其上装有固定装置，圆盘直径不大于 30mm，以保证完全接触被测试件的表面。如果厚度测量仪不易插入被插材料中，也可使用其他适宜的方法测试。测试时，将测厚探针（见图 2-6）垂直插入防火涂层直至钢基材表面上，记录标尺读数。

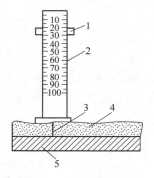

图 2-6　测厚度示意图
1—标尺；2—刻度；3—测针；
4—防火涂层；5—钢基层

B　测点选定

（1）楼板和防火墙的防火涂层厚度测定，可选两相邻纵、横轴线相交中的面积为一个单元，在其对角线上，按每米长度选一点进行测试。

（2）全钢框架结构的梁和柱的防火层厚度测定，在构件长度内每隔 3m 取一截面。

（3）桁架结构的上弦和下弦每隔 3m 取一截面检测，其他腹杆每根取上截面检测，测点位置如图 2-7 所示。

C　检测结果评价

对于楼板和墙面，在所选择的面积中，至少测出 5 个点；对于梁和柱在所选择的位置中，分别测出 6 个和 8 个点。分别计算出它们的平均值作为代表值，精确到 0.5mm。

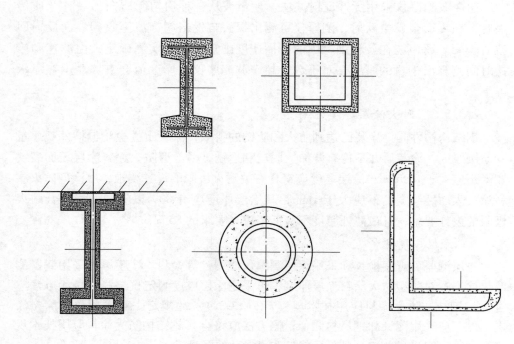

图 2-7　测点示意图

涂料、涂装遍数、涂层厚度应符合设计要求。当设计对厚度无要求时，涂层干漆膜总厚度：室外为 $150\mu m$，室内应为 $125\mu m$，其允许偏差为 $-25\mu m$，每遍涂层干漆膜厚度的允许偏差为 $-5\mu m$。

2.3.4　施工偏差和变形、振动检测

2.3.4.1　偏差检测

在役钢结构的偏差检测可分为构件制作偏差和构件安装偏差。

在役钢结构的施工偏差的检测数量，当为钢结构质量检测时，应按《钢结构工程施工质量验收规范》（GB 50205）的规定执行；当为钢结构性能检测时，应根据实际情况确定，抽样检测时，抽样数量可按表 2-1 确定。

钢结构的施工偏差，包括桁架、梁（含檩条）及柱的制作尺寸，屋面基层的尺寸、桁架、梁、柱等的安装的偏差等，可按《钢结构工程施工质量验收规范》（GB 50205）建议的方法进行检测。

钢构件的尺寸应以设计图纸要求为准，偏差应为实际尺寸与设计尺寸的偏差，尺寸偏差的评定标准，可按《钢结构工程施工质量验收规范》（GB 50205）的规定执行。

2.3.4.2 变形检测

A 检测内容

结构构件的变形包括整体变形和构件变形。整体变形包括整体垂直度、整体平面弯曲；构件变形包括桁架、网架及钢梁及钢屋架等受弯构件的垂直挠度、旁弯和倾斜度；墙和柱的侧弯和垂直度；构件及节点安装位置偏差等。

B 检测设备

（1）钢结构或构件变形的测量可采用水准仪、经纬仪、激光垂准仪和全站仪等仪器。

（2）用于钢结构或构件变形的测量仪器及精度宜符合现行行业标准《建筑变形测量规范》（JGJ 8）有关规定，变形测量级别可按三级考虑。

C 检测技术

检查时，可先目测，发现有异常情况或疑点时，采用下列方法检测：

（1）结构构件的挠度可用拉线或水准仪测量，跨度小于 6m 时，可用拉线的方法测量，跨度大于 6m 时，采用水准仪或全站仪进行检测。

（2）柱或墙的侧弯和垂直度可用吊坠或经纬仪测量，高度小于 6m 时，可用吊坠测量，高度大于 6m 时，采用经纬仪或全站仪进行检测。

（3）构件及节点的位移可参照基准点用钢卷尺、水准仪或经纬仪测量。

（4）安装偏差根据构件类型不同检验的内容也不尽一致。如高层钢结构的钢柱则应检查底层柱基准点标高，同一层各柱柱顶高差、柱轴线对定位轴线偏移，上下连接处错位、单节点柱垂直厚度。可采用钢卷尺和水准仪进行检查。桁架结构杆件轴线交点错位的允许偏差不得大于 3mm。

（5）杆件的弯曲变形和板件凹凸等变形情况，可用观察和尺量的方法检测。

2.3.4.3 振动检测

A 检测内容

（1）结构动力特性。结构的动力特性包括结构的自振频率、阻尼比、振型等参数。这些参数取决于结构的形式、刚度、质量分布、材料特性及构造连接等因素，是结构的固有参数而与外荷载无关。结构的动力特性是进行抗震计算、解决共振问题及诊断结构累积损伤的基本依据。

（2）结构在动力荷载作用下的反应。结构在动力荷载作用下的反应不仅与结构自身特性有关，也与动力荷载的特性有关。

B 检测方法

（1）检测结构物的基本振型时，宜选用环境振动法（即脉动法），在满足检测要求的前提下，可选用初位移（或初速度）等其他方法。

（2）检测结构平面内多个振型时宜选用稳态正弦波激振法。

（3）检测结果无空间振型时，宜选用多振源相位控制同步稳态正弦波激振法或初速度法。

（4）当用于评定结构抗震性能时，可选用随机激振法或人工爆破模拟地震法以及地面脉动测试法。

（5）当用于评定室内使用的动力设备时，如冲床、锻锤、旋转设备和其他在室内运行的重型设备的振动对建筑部件的动力影响时，应根据所关注的构件（梁、板、屋架等）的受力特性合理布置传感器，并对设备运行和不运行两个工况分别进行测量。

C 检测设备仪器要求

（1）当采用稳态正弦激振的方法进行测试时，宜采用旋转惯性机械起振机，也可采用液压伺服激振器，使用频率范围宜在 0.5～30Hz，频率分辨率应高于 0.01Hz。

（2）可根据需要测试的动参数和振型阶数等具体情况选择加速度仪、速度仪或位移仪，必要时尚可选择相应的配套仪表。

（3）应根据需要测试的最低和最高阶频率选择仪器的频率范围。

（4）测试仪器的最大可测范围应根据被测试结构振动的强烈程度来选定；测试仪器的分辨率应根据被测试结构的最小振动幅值来选定；传感器的横向灵敏度应小于 0.05。

（5）进行瞬态过程测试时，测试仪器的可使用频率范围应比稳态测试时大一个数量级。

（6）传感器应具备机械强度高、安装调节方便，体积重量小而便于携带，防水、防电磁干扰等性能。

（7）记录仪器或数据采集分析系统、电平输入及频率范围应与测试仪器的输出相匹配。

2.4 在役大跨度钢结构监测技术

钢结构监测技术是应用现代化的设备进行量测或者通过安装在结构上的传感器来采集信息，通过对数据收集、整理，分析结构构件的实际状态，判断与设计目标是否一致，以便于及时作出调整，保证结构的施工质量。

2.4.1 结构变形监测技术

变形监测就是利用专用的仪器和方法对变形体的变形现象进行持续观测、对变形体变形形态进行分析和变形体变形的发展态势进行预测等的各项工作。在工程施工过程中，结构变形监测是对被监测的建筑物或构筑物进行测量，通过监测所得到的数据进行分析研究建筑物或构筑物的变形量是否在允许范围内。

结构变形监测主要包括建立变形检测网，进行水平位移、沉降、倾斜、裂缝、挠度、摆动和振动等监测。

变形监测在具体实施过程中，主要是通过一些测量仪器进行监测，常用的测量仪器主要有水准仪、经纬仪、激光测距仪、全站仪和摄影测量设备等，这些常用的测量仪器，在地面上测量的技术比较成熟，适用性较好，在测量中数据精度也可以满足常规使用中的监测要求，能够检测到被监测对象在变形中的一些数据信息和发展趋势；但这些常规的测量仪器在平时的监测过程中也存在一些缺点：（1）容易受施工现场工作条件的影响；（2）在野外的工作量较大；（3）在采取数据和分析计算数据的过程中容易产生误差；（4）满足不了连续远程动态的监测要求。随着科技发展、技术的进步，以及电子技术的迅速发展，产生了一些新型的高科技的测量设备，如测量智能机器人等，可以进行连续的自动监测，能很大程度地提高监测的工作效率和获得变形监测数据。

2.4.2 主体沉降监测技术

沉降观测即根据建筑物设置的观测点与固定（永久性水准点）的测点进行观测，测其沉降程度用数据表达。随着工业与民用建筑业的发展，各种复杂而大型的工程建筑物日益增多，工程建筑物的兴建，改变了地面原有的状态，并且对于建筑物的地基施加了一定的压力，这就必然会引起地基及周围地层的变形。为了保证建（构）筑物的正常使用寿命和建（构）筑物的安全性，并为以后的勘察设计施工提供可靠的资料及相应的沉降参数，对在役建（构）筑物沉降观测的必要性和重要性愈加明显。

沉降监测基准点埋石采用水泥标石加固标志，并在标志上面标注明显的记号，如用红油漆填写点号，埋设位置应选择在便于施工施测，利于保护且不受施工影响的区域。

主体结构实施沉降监测具体实施过程中，主要通过一些仪器进行检测，常用的检测仪器如水准仪，采用二等水准测量。在监测过程中应注意以下几点：

（1）水准基点的设置。基点设置以保证其稳定可靠为原则，宜设置在基岩上，或设置在压缩性较低的土层上。水准基点的位置，宜靠近观测对象，但必须在建筑物所产生的压力影响范围外。

（2）观测点的设置。观测点的布置，应能全面反映建筑的变形并结合地质情况确定，数量不宜少于 6 个点。

（3）测量宜采用精密水平仪及钢水准尺，对第一观测对象宜固定测量工具和固定测时人员，观测前应严格校验仪器。

（4）测量精度宜采用Ⅱ级水准测量，视线长度宜为 20～30m，视线高度不宜低于 0.3m。

（5）观测时应登记气象资料，观测次数和时间应根据具体建筑确定。

2.4.3　应力应变监测技术

应力监测在施工检测中是必须要监测的主要内容之一，应力监测是研究结构构件在受力过程中所承受荷载大小变化情况。

在施工过程中，钢结构构件的应力值随着工期的推进，其某设计点的应力值也是在不断变化的，当达到某一关键值时要与理论分析值进行比较，是否在安全值范围内。如果一旦监测数据出现了异常现象，应立刻停止施工，查找异常现象发生的原因，并采取有效的处理措施。由于现在的钢结构大多都是一些大跨度工程，所以有些点就要在结构的使用寿命周期内进行监测，如应力最大的点、应力会发生较大变化的点、施工中受力关键的点、能体现受外界环境影响变化较大的特征点。大跨钢结构工程的施工工期一般都相对比较长，施工监测也是一个较长时间的测量工作。

应力监测有两种方法：直接法、间接法。直接法是利用应力传感器直接感知构件内部应力的一种测量方法，间接法是指首先利用各种应变传感器测量出构件的应变，再通过一定的换算方法转换为构件应力的一种测量方法。

2.4.4　环境因素监测技术

既有结构所处的环境也能影响其安全性，因此要对其环境因素进行合理监控，以保证其在生命周期内的安全性和使用性。结构所处的环境因素的监控包括以下内容：

（1）结构所处位置的风速、风向监测。风速与风向对结构的受力状况有很大的影响，根据实测获得的结构不同部位的风场特性，结合气象部门提供的资料，对结构风致振动响应及抗风稳定性作出准确的预测，为监测系统的在线或离线分析提供准确的风载信息。

（2）温度、湿度监测。温度监测包括结构温度场和结构各部分的温度监测。温度对钢结构的影响异常显著，设计中考虑的温度对结构物的影响与实际情况不一定相符，因此通过对温度的监测，一方面可为设计中温度影响的计算提供原始依据，另一方面还可对结构在实际温度作用下的安全性进行评价。

（3）荷载监测。其主要对结构荷载分布进行监测，与设计荷载规范对比分析。此外，通过对荷载谱的分析可为疲劳分析提供更接近实际的依据。

（4）其他监测。例如，对需要抗震设防的结构进行地震荷载监测，为震后响应分析积累资料；通过对有害气体的监测，分析对混凝土碳化、钢筋锈蚀等影响规律，为耐久性评定提供依据。

环境因素监测具体实施过程中，主要依靠一些传感器来进行监测，主要的传感器监测仪器见表2-7。

表 2-7 环境因素检测传感器

环境因素监测传感器	空气温湿度监测传感器：温湿度变化是大跨度结构的重要荷载源之一，常引起结构线型的变化，是监测的重要内容（温度测量范围：－50～100℃，精度＋0.3℃，采样频率1次/分。湿度测量范围：0～100% RH，精度＋0.3%RH，采样频率1次/分）	
	结构温度监测传感器：温度荷载包括整体升降温荷载和不均匀温度梯度荷载。钢结构通常选用光纤光栅温度传感器（量程：－50～100℃，测量精度＋0.5℃，分辨率0.1℃，采样频率1次/分）	
	风速、风向监测传感器：风对结构的作用有静力和动力效应两面。通常采用机械式风速仪进行监测，以验证结构风振理论（风速：测量范围0～60 m/s，测量精度＋0.3m/s，分辨率0.1m/s。风向：测量范围0～360°，测量精度±3°，采样频率1次/秒）	
	地震荷载监测传感器：地震荷载作用下结构基础处地面运动情况通常采用地震仪或加速度传感器来观测。地震仪可显示地震加速度峰值、所持续的时间等参数	

3 结构安全性评定基础

3.1 在役大跨度钢结构安全性评定内涵

3.1.1 安全性评定的内容

建筑物的结构功能，可以用可靠性指标来评定，可靠性是指结构在规定的时间内及规定的条件下，完成预定功能的能力。规定的时间是建筑物的设计基准期，一般的工业与民用建筑为 50 年，重要的建筑物可以是 100 年，次要的建筑物为 25 年，临时性的建筑物为 5 年；规定的条件是指在正常设计、正常施工、正常使用的情况下。

可靠性包括安全性、适用性、耐久性三个方面。安全性是非常重要的方面，在既有建筑物鉴定中 95% 是针对安全性的评定，约 5% 是使用性评定。

安全性是指结构在正常施工和正常使用条件下，能承受可能出现的各种作用，如楼面各类活荷载、立面的风荷载、屋顶的雪荷载等的作用，以及在偶然事件发生时和发生后，仍能保持必要的整体稳定性。具体指结构的承载能力、构造措施、结构体系等。

根据《工程结构可靠度设计统一标准》（GB 50153—2008）附录 G，对既有钢结构安全性评定的主要内容有：

（1）结构体系和构件布置评定。

（2）连接与构造评定。

（3）抗灾害能力评定。

（4）构件承载能力验算。

结构体系和构件布置是建筑结构安全性评定中最重要的评定项目，应以现行结构设计规范的要求为依据进行评定；由于现行结构设计规范对于结构体系和构件布置并没有系统和完善的规定，在实施结构体系和构件布置评定工作时，需要鉴定人员具有相应的知识和经验。

构造和连接是建筑结构安全性评定中另一个重要的评定项目。《工程结构可靠性设计统一标准》（GB 50153）附录 G 关于构造和连接的评定也只有一条规定：与承载力相关的构造和连接应当以现行结构设计规范的规定为基准进行评定。

构件承载能力评定是在结构体系和构件布置、连接和构造评定满足要求的情况下，可采用下面五种方法评定：1）基于结构状态的评定方法；2）基于分项系数或安全系数的评定方法；3）基于可靠指标的评定方法；4）荷载检验的评定方法；5）其他适用的评定方法，如失效概率评定等。通常主要采用承载力验算分析或构件载荷试验的方法进行评定，采用构件承载力验算分析时，通过构件的受弯、受剪等承载能力与荷载作用下的作用效应进行评定。

3.1.2 安全性评定的方法

3.1.2.1 在役大跨度钢结构构件安全性控制

目前，我国在对在役大跨度钢结构构件（包括节点）设计时，一般将在役大跨度钢结构构件抗力与荷载效应相互关联。利用极限状态设计法，具体表达式为式（3-1），并通过该式计算出结构的初始抗力。

$$\gamma_0\left(\gamma_G S_{G_k} + \gamma_{Q_1} S_{Qk1} + \sum_{i=1}^{n} \gamma_{Q_i} \psi_{ci} S_{Q_{ik}}\right) \leqslant R(\gamma_R, f_k, a_k, \cdots) \tag{3-1}$$

式中，$R(\cdot)$ 为结构构件抗力函数；γ_R 为结构构件抗力分项系数。由于在役结构不同状态下的抗力是变化的，如何采取有效的检测手段确定结构某一状态下的抗力，这是解决在役大跨度钢结构构件安全性控制问题的关键。

3.1.2.2 在役大跨度钢结构稳定性控制

在役大跨度钢结构的稳定性是指结构在荷载作用下处于平衡位置，微小外界扰动使其偏离平衡位置，若外界扰动除去后是否仍能恢复到初始平衡位置的能力，是结构整体抗力的体现，理论研究和工程事故调查表明，在役大跨度钢结构的结构稳定性是控制结构安全的主要因素，所以，在结构安全性分析与评定时，不仅要评定结构构件的安全性，而且需要更多地关注结构的稳定性。

A 结构稳定性控制指标

在偶然事件作用下，结构一般会表现出一定数量的构件失效、结构达到极限变形等特征，利用这些特征值可以进行定量控制结构的稳定性能。比较直观且易检测的特征参数见表 3-1。

表 3-1 结构稳定性控制指标易检测的特征参数

序号	特征参数	参 数 含 义
1	构件的失效数量 M	如果结构中任一个构件破坏就可以导致结构整体失稳，如纯框支结构，框支柱的破坏即意味着结构的垮塌，这说明该结构的稳定性较差；反之，结构失稳时体系中的构件失效数量愈多，结构的稳定性愈好

序号	特征参数	参 数 含 义
2	结构的最大承载力 P_{max}	一般情况下，一个构件达到最大承载力，并不意味着结构达到最大承载力，尤其对于超静定结构，如果先破坏的结构具有足够的延性，则整体结构的承载力在一定数量的构件破坏后仍然可以继续增加，直至结构中存在足够数量的构件达到破坏时，结构才达到最大承载力。显然，在这种情况下，结构达到最大承载力的时间与首先破坏构件的时间差值愈大，结构的稳定性愈大
3	结构的极限变形 Δ_{max}	对于延性好的结构，在达到最大承载力后并不会立即垮塌，而是可以在保持一定承载力的情况下继续经受一定的变形，直至达到极限变形。这是由于结构的极限变形值是由结构构件达到极限变形来确定的，而结构体系中的非结构构件在达到极限变形后虽然退出工作，但不会对结构的极限变形带来较大影响。结构的极限变形通常发生在结构最大承载力之后，代表了结构实际破坏的极限状态。如果结构的极限变形值愈大则表明结构的稳定性愈好
4	实际结构承载力与结构最大承载力的比值 F/P_{max}	极限变形反映了结构实际破坏的极限状态，但超过最大承载力后，结构承载力则随变形的增加而不断降低，如果这种承载力降低发生在结构竖向承重的关键构件上，则可能会因不能继续承受上部结构自身重量而产生整体破坏

依据公式要求，在结构设计使用年限内，在役结构的正常工作状态应在弹性范围内。为此，本书采用最大承载力 P_{max}（或与之对应的结构变形 Δ）作为结构稳定性控制指标，这也和现行结构设计规范的结构稳定性分析方法一致。

B 在役大跨度钢结构最大承载力确定

结构最大承载力的确定方法有线性分析方法、基于连续化理论的拟壳法和非线性有限元分析方法。几何非线性的有限元分析方法也可以应用到在役大跨度钢结构的稳定性分析上，并假定结构材料是线弹性的。若已知在役大跨度钢结构的修正模型，利用荷载增量法分析，可以得到结构最大承载力。针对在役大跨度钢结构所采用的分析方法及主要步骤如下：

在非线性有限元分析过程中，任意时刻的平衡方程均可写成以下形式：

$$P_{t+\Delta t} - N_{t+\Delta t} = 0 \tag{3-2}$$

式中，$P_{t+\Delta t}$、$N_{t+\Delta t}$ 分别表示为 $t+\Delta t$ 时刻外部所施加的节点荷载向量及相应的杆件节点内力向量。

在求解过程中采用，假定荷载与结构变形无关，则方程式（3-2）可以表达为增量形式

$$K_t \Delta U^i = P_{t+\Delta t} - N_{t+\Delta t}^{i-1} \tag{3-3}$$

式中，K_t 为 t 时刻结构切线刚度矩阵，表示荷载增量和位移增量之间对应关系；ΔU^i 为当前位移的迭代增量，即 $\Delta U^i = U_{t+\Delta t}^i - U_{t+\Delta t}^{i-1}$。

一般在分析结构时常按照比例加载的，可以把某一时刻的外部荷载向量 $P_{t+\Delta t}$ 写成 λP，其中 P 为一参考荷载向量，λ 是一个荷载比例系数。

则式（3-3）可写为

$$K_t \Delta U^i = \lambda_{t+\Delta t}^i P - N_{t+\Delta t}^{i-1} \tag{3-4}$$

式中，$\lambda_{t+\Delta t}^i$ 为第 i 次迭代过程中的荷载比例系数，$\lambda_{t+\Delta t}^i = \lambda_{t+\Delta t}^{i-1} + \Delta \lambda^i$（$\Delta \lambda^i$ 为增量荷载系数）；K_t 为单元切线刚度矩阵。

对于两端铰接的空间杆单元，K_t 的表达形式为

$$K_t = \begin{bmatrix} \overline{K} & -\overline{K} \\ -\overline{K} & \overline{K} \end{bmatrix} \tag{3-5}$$

对于两端刚接的空间梁单元切线刚度矩阵 K_t 为

$$K_t = R(Ak A^T + C) R^T \tag{3-6}$$

式中，k 为相对位移的切线刚度矩阵，即

$$k = \frac{EI}{L} \begin{bmatrix} \zeta_z C_{Z1} + \dfrac{G_{Z1}^2}{\pi^2 H} & \zeta_z C_{Z1} + \dfrac{G_{Z1} G_{Z2}}{\pi^2 H} & \dfrac{G_{Z1} G_{Y1}}{\pi^2 H} & \dfrac{G_{Z1} G_{Y2}}{\pi^2 H} & 0 & \dfrac{G_{Z1}}{lH} \\[3mm] \zeta_z C_{Z2} + \dfrac{G_{Z1} G_{Z2}}{\pi^2 H} & \zeta_z C_{Z1} + \dfrac{G_{Z2}^2}{\pi^2 H} & \dfrac{G_{Z1} G_{Y1}}{\pi^2 H} & \dfrac{G_{Z2} G_{Y2}}{\pi^2 H} & 0 & \dfrac{G_{Z2}}{lH} \\[3mm] \dfrac{G_{Z1} G_{Y1}}{\pi^2 H} & \dfrac{G_{Y1} G_{Z2}}{\pi^2 H} & \zeta_Y C_{Y1} + \dfrac{G_{Y1}^2}{\pi^2 H} & \zeta_Y C_{Y2} + \dfrac{G_{Y1} G_{Y2}}{\pi^2 H} & 0 & \dfrac{G_{Y1}}{lH} \\[3mm] \dfrac{G_{Y2} G_{Z1}}{\pi^2 H} & \dfrac{G_{Y2} G_{Z2}}{\pi^2 H} & \zeta_Y C_{Y2} + \dfrac{G_{Y1} G_{Y2}}{\pi^2 H} & \zeta_Y C_{Y1} + \dfrac{G_{Y2}^2}{\pi^2 H} & 0 & \dfrac{G_{Y2}}{lH} \\[3mm] 0 & 0 & 0 & 0 & \eta & 0 \\[3mm] \dfrac{G_{Z1}}{lH} & \dfrac{G_{Z2}}{lH} & \dfrac{G_{Y1}}{lH} & \dfrac{G_{Y2}}{lH} & 0 & \dfrac{\pi^2}{lH} \end{bmatrix}$$

$$\tag{3-7}$$

3.1.3　安全性评定的程序

在役大跨度钢结构安全性检测、评定不再仅仅是一种单一的检测手段，而是一种集在役大跨度钢结构检测、损伤识别和结构安全性评定于一体的综合系统。近年来伴随着现代科学技术的进步，人们将先进的结构安全性检测技术运用到结构的评定工作中，在役大跨度钢结构安全性检测评定系统的发展呈现高度智能化的特点，并取得了一定的成果，但仍有许多的不足。本书基于在役大跨度钢结构特点以及检测技术理论，提出了一套适用于在役大跨度钢结构安全性检测、损伤识别及结构安全性评定的方法流程，目的在于丰富在役大跨度钢结构安全性检测

及评定方法的研究，整体运作流程如图 3-1 所示。

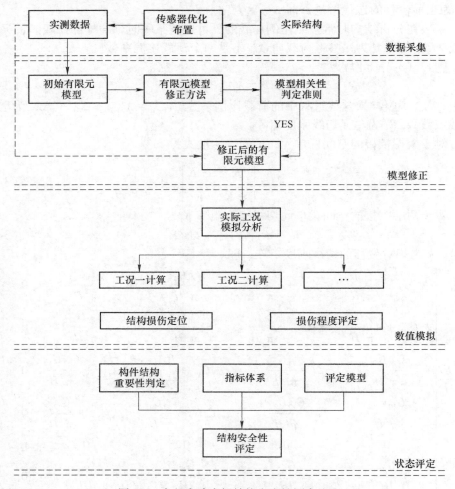

图 3-1 在役大跨度钢结构安全性评定流程

（1）数据自动化采集。通过对在役大跨度钢结构传感器类型、位置、数量的优化，依据有限数量的传感器的检测结果，实时掌握在役大跨度钢结构的工作状态及各类参数。

（2）模型修正及数值模拟。基于布置的有限数量的传感器测得的实时数据，通过对在役大跨度钢结构初始有限元模型进行修正，得到与实际工况相符的目标模型，并对其实际受力情况进行数值分析，确定结构损伤的位置及损伤程度。

（3）结构安全性的状态评定。根据在役大跨度钢结构构件的实际工作状态和损伤位置、损伤程度及整体损伤识别结果，结合构件结构重要性判定原则，确定结构安全性评定指标体系，建立评定模型，进而对其安全性状态进行评定。

3.2 在役大跨度钢结构安全性评定软件

3.2.1 绘图软件——结构的测绘

目前，国际上应用比较广泛的专业钢结构测绘设计软件有 Tekla Structures、AutoCAD、SmartPlant3D、SDS/2 等，其中，针对大跨度钢结构建筑的构造特点及施工工序，Tekla Structures 和 AutoCAD 这两款软件的应用尤为成熟，优势显著。

3.2.1.1 Tekla Structures

Tekla Structures 是芬兰 Tekla 软件公司开发的一款通用的钢结构详图设计软件，其核心理念是在流程化的钢结构建筑解决方案中，所有制造、施工、安装等工程信息数据都基于用户所创建的实体三维模型。在 Tekla Structures 平台中，用户可以从不同视角连续翻转缩放查看模型，更加直观地审查整个建筑结构的空间位置和逻辑关系，并且支持多用户对同一个模型进行操作和控制。模型中不仅包括零部件的几何尺寸、材料规格、材质、重量、编号等基本制造信息，还包括大量可用于工程质量管理和施工进度追踪的"用户自定义属性"信息。通过模型 Tekla Structure 能够自动读取相关信息生成零件详图、构件详图、施工布置图等图纸文件，还能够提取材料清单、数控文件等采购加工数据，对整个工程从设计、制造到施工都起着重要的指导和管理作用。

Tekla Structures 对大部分的钢结构建筑的测绘设计都非常适用，其先进的核心理念，高效的协作模式，自动化、智能化、标准化的处理体系，可以使项目团队近似于一种工业化的模式流畅运行，在降本增效的同时，能够最大限度地保证工程质量，目前，是钢结构测绘设计的首选软件之一，图 3-2 即为该软件的工作界面示例。

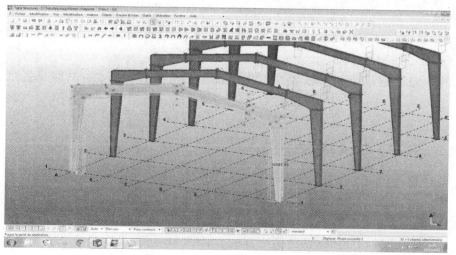

图 3-2 Tekla Structures 软件的工作界面

3.2.1.2　AutoCAD

AutoCAD 是由美国 Autodesk 公司开发的一款经典的计算机辅助设计软件，立足于 2D 绘图，不受行业局限，拥有完善的图形绘制编辑功能，广泛灵活的操控性深受广大用户的喜爱。随着软件新版本的不断发行，AutoCAD 在三维核心技术的研发上也日益增强，大幅提升了其三维模型的处理性能，结合配套开发的系列辅助设计程序，AutoCAD 完全有能力应用于任何钢结构建筑的结构测绘。

相对于 Tekla Structures，AutoCAD 对项目进行结构测绘的模式效率较低，劳动强度偏大，但是由于 Tekla Structures 对异型变截面、空间弯扭的大跨度钢结构建筑结构测绘存在一定的局限性，且 AutoCAD 的优势更加明显，其可以虚拟任意形态的实体模型，并能完美展开，精度高数据准确，图面清晰美观，很好地解决各类制造施工难题。因而此类复杂的大跨度钢结构建筑一般都是选择 AutoCAD 来进行结构测绘。图 3-3 为该软件工作界面示例。

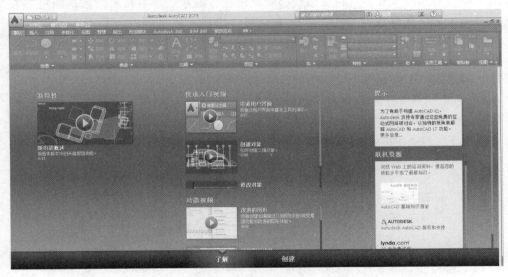

图 3-3　AutoCAD 软件的工作界面

3.2.2　MIDAS——结构内力分析

3.2.2.1　MIDAS 软件简介

MIDAS 软件由韩国的浦项制铁集团开发，是将通用的有限元分析内核与土木结构的专业性要求有机地结合而开发的土木结构分析与设计软件。

1989 年由韩国浦项钢铁集团成立的 CAD/CAE 研发机构开始开发 MIDAS 软件，1996 年 11 月发布 Windows 系列版本，2000 年 12 月进入国际市场，目前已经应用在世界各地的 5000 多个大中型工程项目中，用户遍及亚洲、欧洲、美洲等国家和地区。

MIDAS 中文版软件内嵌了中国最新的设计规范，其主要特点是功能强大适用面广，并且界面友好，建模直观、快捷。对于桥梁问题，不但可以进行桥梁的空间静力分析并可以进行设计验算，而且可以进行稳定分析、动力分析、细部分析。

3.2.2.2 MIDAS CIVIL 软件主要功能

A 有限单元库

（1）梁单元（可考虑剪切变形）、变截面梁单元。

（2）桁架单元、只受压单元、只受拉单元。

（3）索单元、间隙单元、钩单元。

（4）板单元（薄板、厚板、各向异性板，可以考虑六个自由度）。

（5）轴对称单元、平面应力单元、平面应变单元。

（6）实体单元。

B 分析功能

（1）静力分析（含温度效应分析，P-D 分析）。

（2）预应力分析（进行预应力钢束布置和钢束预应力损失计算）。

（3）施工阶段分析（考虑材料收缩、徐变及柱的弹性收缩，真实模拟施工过程）。

（4）移动荷载分析（公路、城市铁路、地铁、轻轨、自定义车辆）。

（5）支座沉降分析（支座强制位移、支座沉降组分析）。

（6）水化热分析（热传导、热应力、管冷分析）。

（7）屈曲分析（稳定分析）。

（8）特征值分析、反应谱分析、时程分析。

（9）几何非线性分析（结构、大位移分析）。

（10）材料非线性分析（提供多种弹塑性材料的本构关系）。

（11）边界非线性分析（黏弹性阻尼器、滞回系统、铅芯橡胶隔震支座、摩擦摆隔震系统）。

（12）静力弹塑性分析（Pushover 分析，可以分析桁架单元、梁单元）。

（13）动力弹塑性分析（多种材料的硬化滞回曲线模型，包含纤维模型的弹塑性分析）。

（14）横桥向分析（含横向移动荷载分析）。

（15）组合结构分析（钢-混凝土组合结构的整体分析，且阻尼比可分别考虑）。

3.2.2.3 MIDAS CIVIL 软件操作界面

MIDAS CIVIL 软件操作界面如图 3-4 所示。

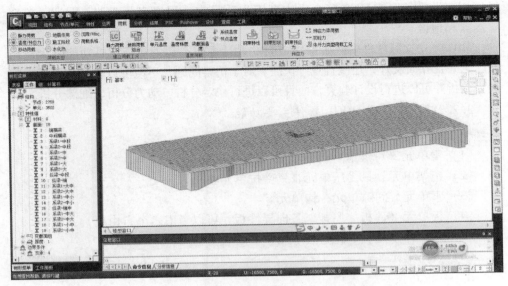

图 3-4   MIDAS CIVIL 软件的工作界面

3.2.3   ANSYS——结构内力分析

3.2.3.1   ANSYS 软件简介

ANSYS 软件融结构、流体、电场、磁场、声场于一体，广泛应用于机械制造、石油化工、轻工、造船、航空航天、汽车交通、电子、土木工程、水利等领域，得到研究与设计人员的青睐，并为全球工业界所广泛接受，拥有全球最大的用户群。该软件能与多数 CAD 软件方便地实现数据的共享与交换，是一种现代产品设计中常用的高级 CAD 工具。同时，ANSYS 也是目前世界范围内应用增长最快的 CAE 软件，是迄今唯一一款通过 ISO9001 质量认证的分析设计类软件，是美国机械工程师协会（ASME）、美国国家核安全局（NQA）及近 20 种专业技术协会认证的标准分析软件。在我国，它是第一个通过中国压力容器标准化技术委员会认证，并在 17 个部委推广使用的分析软件。

3.2.3.2   ANSYS 软件主要功能

ANSYS 软件主要包括三个部分：前处理模块、分析计算模块和后处理模块。前处理模块提供了一个强大的实体建模及网格划分工具，用户可以方便地构造有限元模型；分析计算模块包括结构分析（可进行线性分析、非线性分析和高度非线性分析）、流体动力学分析、电磁场分析、声场分析、电压分析等，可模拟多种物理介质的相互作用，具有灵敏度分析及优化分析能力；后处理模块可将计算结果以彩色等值线显示、梯度显示、矢量显示、立体切片显示、透明及半透明显示（可看到结构内部）等图形方式显示出来，也可将计算结果以图表、曲线形式显示或输出，软件提供了 100 多种单元类型，用来模拟工程中的各种结构和材料。

一个完整的 ANSYS 应用分析，典型的分析过程分为四个主要步骤：

（1）前处理 PEPP7（General Preprocessor）。创建或读入有限元模型，建立有限元模型所需输入的资料，如节点坐标、单元内节点排列次序等；定义材料属性；划分网格。

（2）求解 SOLU（Solution Processor）。施加荷载，设定约束条件以及求解。

（3）一般后处理 POST1（General Postprocessor）或时间历程后处理 POST26（Time Domain Postprocessor）。查看求解结果中的变形、应力应变、反作用力等基本信息；获取求解结果分析信息；绘制求解结果的各种分析曲线；获取动态分析结果，用于时间相关的结果处理。POST1 用于静态结构分析、屈曲分析及模态分析，将求解所得的结果，如变形、应力、内力等资料，通过图形接口以各种不同表示方式把变形图、应力图等显示出来。而 POST26 仅用于动态结构分析，用于与时间相关的时域处理。

（4）结果处理。检查和检验分析结果。在得到检验分析结果后，如果检验结果正确，则分析的问题得到解决。如果检验结果与实际工程系统误差较大，则需要提供改进分析方案，重新回到当前处理进行分析。

3.2.3.3 ANSYS 软件操作界面

ANSYS 软件操作界面如图 3-5 所示。

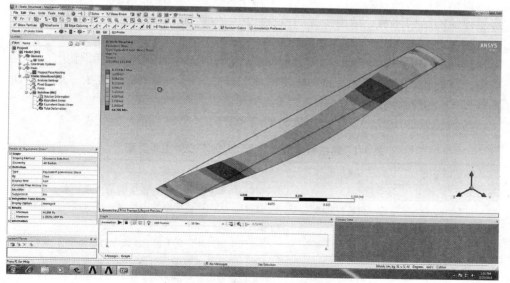

图 3-5 ANSYS 软件的工作界面

3.3   在役大跨度钢结构安全性评定内容

3.3.1   结构体系和构件布置评定

结构体系和构件布置是钢结构安全性评定中最重要的评定项目。已有的可靠性鉴定标准中基本没有该方面的评定内容，在设计规范中也大多偏重于构件设计，2010 年以后的现行设计规范已经开始重视这个问题，国内有关部门开展了防连续倒塌的研究，在《混凝土结构设计规范》（GB 50010—2010）中规定了结构方案的要求和防连续倒塌的设计原则等。

结构体系是由不同形式和不同种类结构及构件组成的传递和承受各种作用的骨架，这个骨架包括基础和上部结构，在既有钢结构的安全性评定中应对结构整体性进行评定，包括钢结构体系的稳定性、整体牢固性以及结构与构件的抵抗各种灾害作用的基本能力。合理的结构体系并不是简单地区分框架结构、剪力墙结构、网架结构或者桁架结构等结构的形式，而是对结构体系传递各种外部作用的方式和途径进行分析与评定，如上部钢结构与钢筋混凝土基础之间的连接，上部钢结构与钢筋混凝土楼板的连接，钢主体结构与围护结构的构造连接等，在外部作用下实际的受力形式和传递作用的情况，总体评定结构体系是否具有抵抗相应作用的结构和构件布置；此处所说的外部作用应该包括各种静荷载、活荷载及风、雪、地震等，还应考虑施工的工况，正常使用时的工况，以及偶然作用和灾害发生时的工况。

根据设计规范有关规定，结合钢结构工程损伤、坍塌等事故的分析，钢结构房屋建筑的结构体系、结构布置的检查评估应包括以下内容：

（1）钢结构体系的完整性和合理性。

1）钢结构平面、立面、竖向剖面布置宜规则，各部分的质量和刚度宜均匀、对称，竖向构件截面尺寸及材料强度应均匀变化，自下而上逐渐减少，避免平面不规则产生扭转等现象。

按抗震设计规范，钢结构建筑物平面和竖向不规则主要类型见表 3-2。

表 3-2   钢结构建筑物平面和竖向不规则主要类型

不规则分类	不规则类型	不规则定义和参考指标
平面不规则	扭转不规则	在规定的水平力作用下，楼层的最大弹性水平位移或层间位移，大于该楼层两端弹性水平位移或层间位移平均值的 1.2 倍
	凹凸不规则	平面凹进的尺寸，大于相应投影方向总尺寸的 30%
	楼板局部不连续	楼板的尺寸和平面刚度急剧变化，如有效楼板宽度小于该层楼板典型宽度的 50%，或开洞面积大于该层楼面面积的 30%，或存在较大的楼层错层

续表 3-2

不规则分类	不规则类型	不规则定义和参考指标
竖向不规则	侧向刚度不规则	该层的侧向刚度小于相邻上一层的70%，或小于上相邻三个楼层侧向刚度平均值的80%；除顶层或突出屋面小建筑外，局部收进的水平方向尺寸大于相邻下一层的25%
	竖向抗侧力构件不连续	竖向抗侧力构件的内力由水平转换构件（梁、桁架等）向下传递
	楼层承载力突变	抗侧力结构的层间受剪承载力小于相邻上一楼层的80%

2）结构在承受各种作用下传力途径应简捷、明确，受力合理，竖向构件的上、下层连续、对齐，受力途径需经过转换时，转换层或转换部位应有足够的刚度、稳定性等，水平构件（钢梁、钢屋架、钢桁架、钢网架等）及楼板要有一定的刚度，保证水平力（风荷载、地震作用）等有效传递。

3）采用超静定结构，重要构件和关键传力部位应增加冗余约束，或有多条传力途径。静定结构和构件应有足够的锚固措施，悬挑构件的固定方式及连接应安全、可靠，特别是悬挑钢梁的焊接连接，其焊缝等级等应比连续梁提高一个等级。

钢框架结构体系的节点应该是刚接的，如有需要内部个别节点可是铰接的，但必须有足够的刚性节点保持结构整体稳定。这些刚性节点将梁柱构成纵横的多跨和多层的钢架来承受水平力和竖向力，水平力使柱产生弯矩，弯矩在柱顶和柱底最大，因此框架的基础要牢固，且要有整体性连接，如框架柱为独立柱基时，钢柱与基础混凝土的连接构造要保证结构受力有效传递，还可以将独立柱基用混凝土地梁联系在一起，不仅有利于抗倾覆，还有利于调节地基不均匀沉降。

4）有减少偶然作用影响的措施，部分结构或构件丧失抗震能力不会对整个结构产生较大影响，在火灾及风灾等作用下不至于发生连续破坏。

5）构件设置位置、数量、方式、形状和连接方法，应具有保障结构整体性的能力，其刚度、承载能力和变形能力在使用荷载作用下满足安全、适用要求；屋面支撑、楼面支撑、柱间支撑、屋架、桁架的支撑布置应对称、均匀、完整，连接可靠，两个方向水平刚度均衡，屋架、桁架的节点板、各杆件轴线相交在节点板上的同一点。

在钢框架中设置竖向支撑可大大提高抗侧移的能力，支撑必须布置在永久性墙面里面，如楼梯间、分户墙等，可横向布置，也可纵横双向布置，但楼层平面内应对称分布以抵抗水平荷载的反复作用，竖向应从底层到顶层连续布置，如十字交叉的刚性支撑，应选用双轴对称截面形式的杆件，十字交叉的刚性支撑杆件按压杆设计，其长细比要选择合理，长细比小的杆件耗能性好，长细比大的杆件耗能性差，但是并非支撑杆件的长细比越大越好，支撑杆件的长细比小，刚度增大，承受的地震力也越大，因此抗震设计规范规定了不同设防烈度对框架支撑杆件长细比的要求。不超过 12 层的钢框架柱，6~8 度时长细比不应大于 120，9 度时长细比不应大于 100；超过 12 层的钢框架结构，6 度长细比不应大于 120，7 度长细比不应大于 80，18 度长细比不应大于 60，9 度长细比不应大于 60。

6）结构缝的设置合理。

① 伸缩缝。由于温度变化的影响，钢结构易出现热胀冷缩现象，温度升高时某些局部体积膨胀，温度下降时收缩，与其余部分造成变形差，为防止变形差值积累过大而设置结构缝加以隔离。钢结构设计规范对伸缩缝宽度的要求见表 3-3。

表 3-3 伸缩缝宽度要求

结构情况	纵向温度区段 （垂直屋架或构架跨度方向）	横向温度区段（沿屋架或构架跨度方向）	
		柱顶为刚接	柱顶为铰接
供暖房屋和非供暖地区的房屋	220	120	150
热车间和供暖地区的非供暖房屋	180	100	125
露天结构	120	—	—

② 沉降缝。地基差异较大、建筑物高度不同、荷载分布不均匀时，沉降差异难以避免。在沉降差异较大的区域设置沉降缝，可以避免因此而产生的次内力及裂缝。

③ 体型缝。当建筑物体型庞大且形状复杂时，应该用体型缝将其分割为形状相对简单且尺度不大的若干区段，以防止在刚度变化相对较大的区域产生裂缝。

④ 防震缝。防震缝是为避免建筑物在遭受地震作用时，水平振动相互碰撞而设置的隔离缝。防震缝与结构体型及建筑物高度、地震烈度等因素有关。

防震缝的位置及宽度等应合理设置，钢结构防震缝的宽度不小于相应钢筋混凝土结构房屋的 1.5 倍。

大型结构设置伸缩缝和沉降缝时，其宽度首先满足防震缝的要求。根据抗震结构设计规范，框架结构、框架抗震墙结构、抗震墙结构各种结构形式的防震缝宽度按表 3-4 进行评定。

表 3-4 混凝土结构及钢结构房屋防震缝宽度要求

结构形式	房屋高度	混凝土结构防震缝宽度	钢结构防震缝宽度
框架结构	小于 15m	不小于 100mm	不小于 150mm
	大于 15m	6 度时每增加 5m，宽度增加 20mm	6 度时每增加 5m，宽度增加 30mm
		7 度时每增加 4m，宽度增加 20mm	7 度时每增加 4m，宽度增加 30mm
		8 度时每增加 3m，宽度增加 20mm	8 度时每增加 3m，宽度增加 30mm
		9 度时每增加 2m，宽度增加 20mm	9 度时每增加 2m，宽度增加 30mm

结构形式	房屋高度	混凝土结构防震缝宽度	钢结构防震缝宽度
框架抗震墙结构	为框架结构的 0.7 倍，混凝土结构最小值 100mm，钢结构最小值 150mm		
抗震墙结构	为框架结构的 0.5 倍，混凝土结构最小值 100mm，钢结构最小值 150mm		

7）进行结构体系整体稳定性的评定。钢结构整体稳定性是指在外荷载作用下，对整个结构或构件不应发生屈曲或失稳的破坏，屈曲是指杆件或板件在轴心压力、弯矩、剪力单独或共同作用下，突然发生与原受力状态不符的较大变形而失去稳定。整体稳定性的评定包括钢结构房屋的高度、宽度、层数、大跨度屋面的跨度等，还应包括抗侧向作用的结构或构件的设置情况以及基础埋置深度等的评定；抗侧力构件的布置应满足刚性方案、弹性方案等的要求。如单跨多层钢框架结构为不良结构体系，在地震和大风等作用下，整体稳定性较差，新版结构抗震设计规范已不允许采用单跨多层钢框架结构。

钢结构民用建筑的结构类型和最大高度要求，依据抗震设计规范规定，按表 3-5 进行评定。

表 3-5　钢结构民用建筑的结构类型和最大高度要求　　　　（m）

结构类型	6、7 度 (0.10g)	7 度 (0.15g)	8 度		9 度 (0.40g)
			(0.20g)	(0.30g)	
框架	110	90	90	70	50
框架-中心支撑	220	200	180	150	120
框架-偏心支撑（延性墙板）	240	220	200	180	160
筒体和巨型框架	300	280	260	240	180

钢结构民用建筑最大高宽比应符合表 3-6 的规定，建筑物高度不一致时，高宽比验算取最高的高度位置和对应该高度位置的宽度，不计入突出屋面的局部水箱间或电梯机房高度；塔形建筑的底部有大底盘时，高宽比可按大底盘以上部分进行计算。

表 3-6　钢结构房屋最大高宽比限值

烈度	6、7 度	8 度	9 度
最大高宽比	6.5	6.0	5.5

跨度大于 120m、结构单元长度大于 300m、悬挑长度大于 40m 的大跨度钢屋盖是特殊结构，必须对其加强措施的有效性进行评定。当桁架支座采用下弦节点支承时，应在支座间设置纵向桁架或采取其他可靠措施，防止桁架在支座处发生

平面外扭转；跨度大于等于 60m 的屋盖属于大跨度屋盖结构，在钢结构设计规范中规定了构造要求。

（2）结构体系中各种形式或种类之间的匹配性。既有钢结构安全性评定包括屋面的网架结构或桁架与支承的混凝土框架之间的匹配性，拱形屋面与支承墙体形式的匹配性，上部结构与基础的匹配性等；及当下部为混凝土或砖房且上部加层为钢结构框架时，不同材料结构连接的匹配性。这要求做到结构要求的强柱弱梁，强节点弱构件，强剪弱弯。

抗震设计规范规定，超过 50m 的钢结构应设地下室，当采用天然地基时其基础埋置深度不宜小于房屋总高度的 1/15；当采用桩基时，桩承台埋置深度不宜小于房屋总高度的 1/20。设置地下室时，框架支撑（抗震墙板）结构中竖向连续布置的支撑（抗震墙板）应延伸至基础；钢框架柱应至少延伸至地下一层，其竖向荷载应直接传给基础。

（3）结构或构件连接锚固与传递作用能力。要求构件节点的破坏不应先于其连接构件的破坏，锚固的破坏不应先于其连接件，保证具有最小支撑长度是预制楼盖、屋盖受力的可靠性要求。重点检查钢屋架或钢网架的杆件之间的连接与锚固方式，楼面板、屋面板与大梁、屋架、网架等连接锚固措施（锚钉、栓钉）、焊接和拉结措施等；钢屋架或钢网架的传力支座，大梁、屋架、网架与墙体、柱之间的连接，钢结构杆件之间梁柱节点的刚接、铰接的可靠性；主体结构与非结构构件之间的连接，如钢框架与围护墙、隔墙之间的连接或锚固措施等；纵横墙之间连接；屋面支撑、楼面支撑、柱间支撑与主体结构的连接；下部为混凝土结构或砌体结构，上部加层为钢结构框架时，不同结构形式的构件之间的连接、锚固要可靠，上部钢结构与基础混凝土结构之间的锚固或连接要可靠。

此阶段关于连接方式或方法的评定为宏观的，结构构件连接的刚度与承载力还要靠构造和连接的评定及验算分析确定。

（4）构件自身的稳定性和承载力。构件稳定性包括平面内的稳定和平面外的稳定；平面外的稳定不仅包括侧向刚体位移，还包括结构的侧向失稳；构件承受作用基本能力的评定，包括构件的最小截面尺寸、高厚比、长细比、最低材料强度等；在承载力验算分析中还有详细评定。

（5）外观质量问题和结构的损伤分析。外观质量和结构损伤应进行全面检测和评定，在承载力计算时要考虑。如结构和构件损伤、外观质量的缺陷、裂缝、变形、锈蚀等，应进行损伤程度的分类或分级，对观察到的缺陷及损伤现象进行原因分析和解释。

3.3.2　连接与构造评定

构造和连接是建筑结构安全性评定中另一个关键的评定项目，结构构件之间的连接与锚固，是比构件承载力更重要的评定项目。实际上，所有钢结构或构件坍塌事故多少都与构造和连接存在问题有关。连接和构造正确合理，结构整体的安全性才能得到保证，构件的承载能力才能得到充分发挥，变形能力和构件破坏形态才能加以控制。

《工程结构可靠性设计统一标准》（GB 50153）附录 G 关于构造和连接的评定只有一条规定：既有结构的连接和与安全性相关的构造应以现行结构设计标准的要求为依据进行评定。

通常钢结构连接和构造的评定项目有：

（1）杆件最小截面尺寸。构造要求最小截面尺寸要满足现行的设计规范要求。主要构件形式对构件截面最小尺寸有限制，如钢板最小厚度为 4mm，钢管最小壁厚为 3mm，角钢最小截面为∟45mm×4mm 和∟56mm×36mm×4mm，节点板最小厚度为 4mm 等。

（2）结构的连接。连接包括构件本身连接以及构件之间的连接，连接形式和连接承载力应符合设计规范要求，连接施工质量应满足施工验收规范规定。

焊缝尺寸应符合设计要求，焊缝布置要避免立体交叉或在大量的焊缝集中处。次要构件和次要焊缝允许断续角焊缝，重要构件不允许断续焊缝连接。在搭接连接中，搭接长度不得小于焊件较小厚度的 5 倍，并不得小于 25mm。

螺栓直径、间距应合理，螺栓或铆钉的最大和最小允许间距和边距应符合《钢结构设计规范》（GB 50017）表 8.3.4 的要求，对直接承受动力荷载的普通螺栓受拉连接，应采用双螺帽或其他防止松动的有效措施。每个杆件在节点上以及拼接接头的一端，永久性的螺栓或铆钉数不宜少于 2 个。

有些连接质量需要通过验算确定，常见的有焊缝连接强度验算，螺栓铆钉连接受剪、受拉和承压承载力验算等；钢框架结构梁与柱的刚性验算；连接节点处板件验算；梁或桁架、屋架支撑于砌体或混凝土柱墙上的平板支座验算等。

钢结构构件主要连接及其作用见表 3-7。

表 3-7 钢结构连接及其作用

构件类型	构造要求	作用
焊缝连接	拼接焊缝的间距	避免残余应力相互影响和焊缝缺陷集中
	宽度、厚度不同板件拼接时的斜面过渡	减小应力集中现象
	最小焊脚尺寸	避免焊缝冷却过快，使附近主体金属产生裂纹
	最大焊脚尺寸	避免构件产生较大的残余变形和残余应力
	侧面角焊缝的最小长度	避免缺陷集中，保证焊缝承载力
	侧面角焊缝的最大长度	避免因应力集中而导致焊缝端部提前破坏的现象
	角焊缝的表面形状和焊脚边比例	减小应力集中现象，适应承受动力荷载

构件类型	构造要求	作　　用
焊缝连接	正面角焊缝搭接的最小长度	减小附加弯矩和收缩应力
	侧面角焊缝搭接的焊缝最小间距	避免连接强度过低
螺栓连接	螺栓的最小间距	保证毛截面屈服先于净截面破坏； 避免板件端部被剪脱或被挤压破坏； 避免孔洞周围产生过度的应力集中现象； 便于施工
	螺栓最大间距	保证叠合板件紧密贴合； 保证受压板件在螺栓之间的稳定性
	缀板柱中缀板的线刚度	保证缀板式格构柱换算长细比的计算假定成立

（3）钢材强度等级和性能要求。最小材料强度等级应符合规定，抗震规范要求钢材采用 Q235 等级 B、C、D 的碳素结构钢，Q345 等级 B、C、D、E 和 Q390、Q420 的低合金高强度结构钢；钢材的屈服强度实测值与抗拉强度实测值的比值不应大于 0.85；钢材有明显的屈服台阶，且伸长率不应小于 20%；钢材应有良好的焊接性和合格的冲击韧性以及冷弯性能。

（4）钢构件构造要求。加劲肋的设置是局部稳定性的要求，各种受力构件的构造设置及其作用见表 3-8。钢构件中受压板件的截面宽厚比限值见表 3-9，受压、受拉构件的长细比限值见表 3-10。

表 3-8　钢构件的主要构造及其作用

构件类型	构造要求	作　　用
受弯构件	铺板与梁受压翼缘的连接	保证梁的整体稳定性
	梁支座处的抗扭措施	防止梁的端截面扭转
	梁横向和纵向加劲肋的配置	保证梁腹板的局部稳定性
	梁横向加劲助的尺寸	保证横向加劲肋的局部稳定性
	梁的支承加劲肋	承受梁支座反力和上翼缘 较大的固定集中荷载
	梁受压翼缘、腹板的宽厚比	保证受压翼缘、腹板的局部稳定性
	梁的侧向支承	保证梁的整体稳定性
受拉受压构件	格构式柱分肢的长细比	保证分肢的局部稳定性
	柱受压翼缘、腹板的宽厚比	保证受压翼缘、腹板的局部稳定性
	柱的侧向支承	保证柱的整体稳定性
	双角钢或双槽钢构件的填板间距	保证单肢的局部稳定性
	受拉构件的长细比	避免使用期间有明显的下垂和过大的振动， 避免对构件的整体稳定性带来过多的不利影响
	受压构件的长细比	

表 3-9 受压板件的截面宽厚比限值

板件类别	Q235 钢	Q345 钢
非加劲板件	45	35
部分加劲板件	60	50
加劲板件	250	200

表 3-10 钢构件受压和受拉构件的长细比限值

构件类别	构件名称	长细比
受压构件	柱、桁架、天窗架中的杆件，柱的缀条、吊车梁、吊车桁架以下的柱间支撑	150
	支撑、用以减小受压构件长细比的杆件	200
受拉构件	桁架的杆件	350（250）
	吊车梁、吊车桁架以下的柱间支撑	300（200）
	其他拉杆、支撑、系杆等	400（350）

注：括号内为有重级工作制吊车的厂房或直接承受动力荷载的结构。

（5）钢构件的支座要求。构件支座的加工和安装应满足设计要求，支座的位置准确、无缝隙，偏差应在允许范围内；安装平整度、垂直度满足精度要求，连接板无变形。

（6）防锈措施。钢结构的防锈措施应满足设计要求，设计规范的防锈措施包括油漆和金属镀层，表面除锈应符合《涂装前钢材表面锈蚀等级和除锈等级》（GB/T 8923）的规定，涂料符合《工业建筑防腐蚀设计规范》（GB 50046）的规定，设计应注明涂层厚度及镀层厚度，未注明的则按施工验收规范检测评定。

钢柱柱脚在地面以下的部分应采用混凝土包裹，保护层厚度不应小于 50mm，并使混凝土高出地面 150mm 以上，当柱脚底面在地面以上时，应高出地面不小于 100mm。

（7）防火、隔热措施。钢结构的防火、隔热措施应满足设计要求，钢结构设计规范要求防火按国家标准《建筑设计防火规范》（GB 50016）和《高层民用建筑设计防火规范》（GB 50045）的要求，结构构件的防火保护层应根据建筑物的防火等级对不同构件要求的耐火极限进行设计，防火涂料的性能、涂层厚度及质量要求，符合国家标准《钢结构防火涂料》（GB 14907）和《钢结构防火涂料应用技术规范》（CECS 24）的规定。

防火及防腐涂层的材料品质、性能、施工质量和现场检测的涂层厚度及外观质量应满足设计和施工验收规范的要求。

（8）非结构构件连接及基础连接。钢结构主体结构的构件与非结构构件的连接构造、上部结构与基础的连接应进行检查，连接处工作正常，安全可靠，无松动、脱开及连接不紧密等现象。

3.3.3　抗灾害能力评定

抗灾害能力评定的主要内容包括：抗火能力、抗震能力、抗风能力（主要是轻型钢结构）、抗冰雪荷载能力（主要是钢屋架）。

钢结构抗震能力是由结构体系和构件布置、连接构造措施和结构与构件的抗震承载力综合评定；抗火灾能力可参见《建筑钢结构防火技术规范》（CECS 200：2006）的相关规定，从材料选择、防火保护措施、抗火验算几方面评定；抗风和抗冰雪能力从结构选型、构造连接及承载力验算等进行评定。

抗灾害能力的验算，应给出构件的抗力，构件上的作用、连接的抗力和连接的作用、结构支撑稳定性要求参数和实际稳定性参数，以及构件局部稳定性参数。

构件的承载能力通过计算分析评定，分别计算结构构件的抗力 R 和作用效应 S，抗力大于作用效应，评定为结构抗灾害能力满足要求。

抗震作用效应 S 首先考虑结构设计使用年限，再按现行国家标准《建筑工程抗震设防分类标准》（GB 50223）确定其设防类别，分为四类：甲类、乙类、丙类、丁类，同时确定建筑物的抗震设防烈度，一般情况下，采用中国地震动参数区划图的地震基本烈度或现行国家标准《建筑抗震设计规范》（GB 50011）附录A规定的抗震设防烈度，附录A除我国主要城镇抗震设防烈度外，还有设计基本地震加速度和设计地震分组，设计基本地震加速度是 50 年设计基准期超越概率10%的地震加速度的设计取值。

抗风抗震作用效应 S 也要考虑结构设计使用年限，按现行国家标准《建筑荷载设计规范》（GB 50009），根据当地和被鉴定的建筑物的具体情况，确定风荷载，高层建筑和建筑物密集区要根据实际情况考虑高度系数、体型系数、风振系数等。

钢结构屋面抗冰雪能力的作用效应 S 重点应考虑当地历史上最大雪压、被鉴定的建筑物结构形式及结构布置、冬季温度变化雪有可能变为冰等情况，确定基本雪压。有些情况下可能比《建筑荷载设计规范》（GB 50009）规定值要大些。

3.3.4　构件承载能力验算

构件的承载力评定有多种方法，不同的方法有其适用范围，常通过钢结构设计软件用结构分项系数或安全系数的方法评定，用结构实际承载力与实际作用效应之间比较的方式评定。

3.3.4.1　构件承载力验算项目

结构安全性验算应包括构件的承载力验算、连接强度验算、构件稳定性验算、局部稳定性验算，常见的构件验算项目详见表3-11。

表 3-11 常见构件验算项目

构件类型	验算项目
轴心受拉构件	抗拉强度、长细比
轴心受压构件	抗压强度、稳定性长细比、抗剪强度
受弯构件	抗弯强度、抗剪强度、局部承压强度、整体稳定、局部稳定、挠度
拉弯构件	拉弯强度
压弯构件偏压构件	压弯强度，平面内、外稳定性，整体稳定

钢结构构件承载力的验算要用到《建筑结构可靠度设计统一标准》（GB 50068）确定安全等级及结构的重要性 γ_0；《建筑结构荷载规范》（GB 50009）确定荷载及荷载组合；《钢结构设计规范》（GB 50017）的验算方法；地震区还需采用《建筑结构抗震设计规范》（GB 50011）确定设防烈度和抗震要求等。

钢结构重要性系数 γ_0 根据建筑物的重要性和设计基准期取值，详见表 3-12，其中设计使用年限 25 年的钢结构，属于可替换性构件，结构重要性系数 γ_0 按经验法取 0.95。

表 3-12 结构重要性系数 γ_0

安全等级	破坏后果	建筑物类型	建筑物使用年限	γ_0
一级	很严重	重要的工业与民用建筑物	100 年	1.1
二级	严重	一般的工业与民用建筑物	50 年	1.0
二级	严重	一般的工业与民用建筑物	25 年	0.95
三级	不严重	次要的建筑物	5 年	0.9

分别计算结构构件的抗力 R 和作用效应 S，抗力 R 由构件的材料强度、截面尺寸和截面形式等参数计算，验算时应按照实际检测取得的材料及连接的检验参数，并考虑构件损伤的影响，得出构件的抗力 Rg、连接的抗力 $R1$、结构支撑稳定性要求参数 XR；作用效应 S 与构件的受力模式及荷载种类、大小有关，应建立合理的力学计算模型及明确的荷载组合，得到的构件上的作用效应 Sg、连接的作用效应 $S1$ 和实际结构支撑稳定性参数 XS；还需要确定结构重要性系数 γ_0。

验算得到的构件抗力 R 大于作用效应 $\gamma_0 S$ 时，即 $R/\gamma_0 S$ 比值大于等于 1，或安全系数不小于现行结构设计标准要求时，构件承载力可评为符合要求。

3.3.4.2 构件抗力验算要求

构件的抗力 R 又称为承载能力，应按现行结构设计标准提供的结构分析模型确定，且应对结构分析模型中指标或参数进行符合实际情况的调整。

抗力 R 计算取用的各参数确定原则如下：

（1）材料强度。在结构构件验算时，采用材料及连接的检验参数必须考虑结构实际状态，构件材料强度的取值宜以实测数据为依据，按现行结构检测标准规定的方法进行破损或非破损检测，并且用统计方法加以评定，得到材料强度推定值，如其原始设计文件是可用的并且没有严重退化，则与原始设计相一致，或高于原设计材料强度等级时，可以采用原设计的特征值，低于原设计要求时，应采用实测结果。

（2）截面尺寸。结构分析模型的尺寸参数应按构件的实测尺寸确定，如当原始设计文件是有效的且未发生尺寸变化，不存在各种偏差的其他证明时，则在分析中应采用与原始设计文件相一致的各名义尺寸，这些尺寸必须在适当范围内进行验证。

（3）外观缺陷及损伤。在分析计算构件承载能力时应考虑不可恢复性损伤的不利影响，存在结构和构件截面损伤、外观质量缺陷、裂缝、变形、锈蚀等现象时，应进行损伤程度的分类或分级，按照剩余的完好截面验算其承载力。如果能按技术措施完全修复，承载力计算也要考虑其损伤修复与原设计的不同，如果不能完全修复，则应考虑截面损伤、锈蚀影响及变形影响，比较简单的简化方法，可以根据损伤程度的类别或损伤等级，在材料设计强度取值上考虑小于 1 的强度折减系数。

3.3.4.3　构件作用效应 S 验算要求

作用效应 S 由结构的荷载及建筑物的力学计算模型确定，其计算原则如下：

（1）荷载取值。作用效应 S 是指荷载在结构构件中产生的效应（结构或构件内力、应力、位移、应变、裂缝等）的总称，分为直接作用和间接作用两种，荷载仅等同于直接作用，按《建筑荷载设计规范》（GB 50009），有永久荷载、可变荷载和偶然荷载三类。永久荷载包括结构和装修材料的自重、土压力、预应力等；可变荷载如楼面各类活荷载、立面的风荷载、屋顶的雪荷载、积灰荷载、吊车荷载等的作用，偶然荷载包括爆炸力、撞击力、火灾等；间接作用有地基变形、材料收缩、焊接作用、温度作用、安装变形或地震作用等。

1）永久作用应以现场实测数据为依据，按现行结构荷载规范规定的方法确定，或依据有效的设计图确定；

2）部分可变作用可根据评估使用年限的情况，采用考虑结构设计使用年限的荷载调整系数，如楼面的各类活荷载、立面的风荷载、屋顶的雪荷载等。

楼面的各类活荷载根据使用功能，查《建筑结构荷载规范》（GB 50009）确定，荷载规范还给出了当地 30 年、40 年或 50 年的基本风压和基本雪压。

50 年的基本风压是当地空旷平坦地面上 10m 高度 10min 平均风速的观测数据，经概率统计得出的 50 年一遇最大值确定的风速，再考虑空气密度计算出来的值；50 年的基本雪压是当地空旷平坦地面上积雪的观测数据，经概率统计得出的 50 年一遇的最大值。

既有钢结构风、雪荷载取值可根据设计使用年限，由建造年代推算已经使用了多少年，与委托方协商确定后续使用年限，采用荷载规范规定的 30 年、40 年或 50 年一遇的风荷载或雪荷载。

活荷载的取值涉及钢结构建筑物的使用寿命，即建筑物建成后所有性能均能满足使用要求而不需进行大修的实际使用年限就是建筑物的使用寿命。这里所指的使用寿命，是建筑物主体结构的寿命，即基础、梁、板、柱等承重构件连接而成的建筑结构能够正常使用而不需大修的年限，而不是建筑物中的门窗、隔断、屋面防水、外墙饰面那样的建筑部件和水、暖、电等建筑设备系统的寿命。建筑部件和建筑设备的使用寿命较短，一般需要在建筑物的合理使用寿命内更新或大修。

设计基准期是指进行结构可靠性分析时，考虑各项基本变量与时间关系所取用的基准时间，我们常说的建筑物设计使用年限，则是设计时按合理使用寿命作为目标进行设计的使用年限，为了达到这个目标，设计时必须给予足够的保证率或安全裕度，所以按 50 年设计使用年限设计的建筑物，就其总体来说，不需大修的实际使用寿命必然要比 50 年的设计使用年限大得多，据工程实际调查的结果，平均来说应是设计使用年限的 1.8~2 倍左右，即 90~100 年。

既有建筑物评定时，需要明确其后续使用年限，同样在选择各项参数时，也必须给出足够的保证率和安全度。采用的活荷载数值应相当于实际状况的荷载特征值。当已经观察到使用期间存在超载现象，则可以适当增加代表值。当某些荷载已经折减或已全部卸载，则荷载量值的各代表值可以适当折减，并利用分析参数进行调整。

我国荷载规范也经过了几次修编，从早期的《工业与民用建筑结构荷载规范》（TJ 9—74）；到 20 世纪 80 年代末的《建筑结构荷载规范》（GB J9—87，取代 TJ 9—74），到《建筑结构荷载规范》（GB 50009—2001，取代 GB J9—87，2006 年局部修订），再到现行的《建筑结构荷载规范》（GB 50009—2012）。

荷载值也随着规范的修编在变化，早期建造既有钢结构采用的是当时的活荷载，建议在荷载取值和荷载组合系数等应采用现行的荷载规范，因为既有钢结构建筑物还要继续使用，并在后续使用年限中要保证安全、适用、耐久。

3）应按可能出现的最不利作用组合确定作用效应。

（2）钢结构力学计算模型。计算模型必须如设计时的同样方式加以考虑，除非以前的结构性能（特别是损害）有另外说明。在某些情况下，模型参数、系数和其他设计假定可能要从对现存结构的各种量测结果来确定（例如风压系数、有效宽度值等），总之力学计算模型是实际结构的简化和采用了许多理论假定，应尽量符合钢结构建筑物的实际受力情况。

在计算作用效应时，应考虑既有结构可能存在的轴线偏差、尺寸偏差和安装偏差等的不利影响，在对由地基不均匀沉降等引起的不适于继续承载的位移或变形进行评定时，应考虑由于位移产生的附加的内力；框架柱初倾斜、初偏心及残余应力的影响，可在框架楼层节点施加假想水平力来综合体现，假想力按《钢结构设计规范》（GB 50017）中 3.2.8-1 式计算。

（3）抗震承载力验算。当钢结构建筑物处于 7 度或 7 度以上抗震设防烈度的地区时，应进行结构抗震承载力验算。抗震验算时，应加入地震作用效应和地震影响参数，有抗震设防的结构按《建筑抗震设计规范》（GB 50011）的规定进行承载力验算。

3.4　在役大跨度钢结构安全性评定标准

3.4.1　民用钢结构建筑可靠性鉴定

为了更好地取得民用建筑的可靠性鉴定结论，以分级模式设计的评定程序为依据，可以将复杂的建筑结构体系分为相对简单的若干层次，然后分层分项地对房屋建筑进行检查，再逐层逐步地进行综合。为此，根据民用建筑的特点，在分析结构失效过程逻辑关系的基础上，可以将被鉴定的建筑物划分为构件（含连接）、子单元和鉴定单元三个层次，把安全性和可靠性鉴定分别划分为四个等级，把使用性鉴定划分为三个等级。然后根据每一层次各检查项目的检查评定结果确定其安全性、使用性和可靠性的等级。

民用建筑安全性和正常使用性的鉴定评级，按构件（含节点、连接，以下同）、子单元和鉴定单元各分三个层次。每一层次分为四个安全性等级和三个使用性等级，并按表 3-13 规定的检查项目和步骤，从第一层开始，逐层进行。

表 3-13　民用建筑可靠性鉴定评级的层次、等级划分及工作内容

层　次		一	二	三
层　名		构件	子单元	鉴定单元
安全性鉴定	等级	au、bu、cu、du	Au、Bu、Cu、Du	Asu、Bsu、Csu、Dsu
	地基基础	—	地基变形评级	鉴定单元安全性评级
		按同类材料构件各检查项目评定单个基础等级	边坡场地稳定性评级 地基承载力评级	地基基础评级
	上部承重结构	按承载能力、构造，不适于承载的位移或损伤等检查项目评定单个构件等级	每种构件集评级	上部承重结构评级
			结构侧向位移评级	
		—	按结构布置、支撑、圈梁、结构间连系等检查项目评定结构整体性等级	
	围护系统承重部分	按上部承重结构检查项目及步骤评定围护系统承重部分各层次安全性等级		

续表 3-13

层 次		一	二		三
层 名		构件	子单元		鉴定单元
	等级	as、bs、cs	As、Bs、Cs		Ass、Bss、Css
使用性鉴定	地基基础	—	按上部承重结构和围护系统工作状态评定地基基础等级		鉴定单元正常使用性评级
	上部承重结构	按位移、裂缝、风化、锈蚀等检查项目评定单个构件等级	每种构件集评级	上部承重结构评级	
			结构侧向位移评级		
	围护系统功能	—	按屋面防水、吊顶、墙、门窗、地下防水及其他防护设施等检查项目评定围护系统功能等级	围护系统评级	
		按上部承重结构检查项目及步骤评定围护系统承重部分各层次使用性等级			
可靠性鉴定	等级	a、b、c、d	A、B、C、D		Ⅰ、Ⅱ、Ⅲ、Ⅳ
	地基基础	以同层次安全性和正常使用性评定结果并列表达，或按本标准规定的原则确定其可靠性等级			鉴定单元可靠性评级
	上部承重结构				
	围护系统				

按照上述表格的层次划分及工作内容，先根据构件各检查项目评定结果，确定单个构件等级；然后根据子单元各检查项目及各构件集的评定结果，确定子单元等级，最后根据各子单元的评定结果，确定鉴定单元等级，见表 3-14。

表 3-14　民用钢结构可靠性分级鉴定评级标准

层次	鉴定对象	等级	分级标准	处理要求
一	单个构件	a	可靠性符合本标准对 a 级的要求，具有正常的承载功能和使用功能	不必采取措施
		b	可靠性略低于本标准对 a 级的要求，尚不显著影响承载功能和使用功能	可不采取措施
		c	可靠性不符合本标准对 a 级的要求，显著影响承载功能和使用功能	应采取措施
		d	可靠性极不符合本标准对 a 级的要求，已严重影响安全	必须及时或立即采取措施

层次	鉴定对象	等级	分级标准	处理要求
二	子单元或其中的某种构件	A	可靠性符合本标准对 A 级的要求，不影响整体承载功能和使用功能	可能有个别一般构件应采取措施
		B	可靠性略低于本标准对 A 级的要求，但尚不显著影响整体承载功能和使用功能	可能有极少数构件应采取措施
		C	可靠性不符合本标准对 A 级的要求，显著影响整体承载功能和使用功能	应采取措施，且可能有极少数构件必须及时采取措施
		D	可靠性极不符合本标准对 A 级的要求，已严重影响安全	必须及时或立即采取措施
三	鉴定单元	I	可靠性符合本标准对 I 级的要求，不影响整体承载功能和使用功能	可能有极少数一般构件应在安全性和使用性方面采取措施
		II	可靠性略低于本标准对 I 级的要求，尚不显著影响整体承载功能和使用功能	可能有极少数构件应在安全性和使用性方面采取措施
		III	可靠性不符合本标准对 I 级的要求，显著影响整体承载功能和使用功能	应采取措施，且可能有极少数构件必须及时采取措施
		IV	可靠性极不符合本标准对 I 级的要求，已严重影响安全	必须及时或立即采取措施

3.4.2 工业钢结构厂房可靠性鉴定

工业钢结构厂房可靠性鉴定的评定体系采用纵向分层、横向分级、逐步综合的鉴定评级模式。工业钢结构厂房可靠性鉴定评级划分为三个层次，最高层次为鉴定单元，中间层次为结构系统，最低层次（即基础层次）为构件。其中结构系统和构件两个层次的鉴定评级，应包括安全性等级和使用性等级评定，需要时可根据安全性和使用性评级综合评定其可靠性等级。安全性分四个等级，使用性分三个等级，各层次的可靠性分四个等级，并应按表 3-15 规定的评定项目分层次进行评定。当不要求评定可靠性等级时，可直接给出安全性和正常使用性评定结果。

鉴定评级标准如下：

工业建筑可靠性鉴定的构件、结构系统、鉴定单元按下列规定评定等级：

（1）构件（包括构件本身及构件间的连接节点）评级标准。

1）构件的安全性评级标准。

a 级：符合国家现行标准规范的安全性要求，安全，不必采取措施。

b 级：略低于国家现行标准规范的安全性要求，仍能满足结构安全性的下限水平要求，不影响安全，可不采取措施。

表 3-15 工业建筑物可靠性鉴定评级的层次、等级划分及项目内容

层次	I		II			III
层名	鉴定单元		结构系统			构件
可靠性鉴定	可靠性等级	一、二、三、四	安全性评定	等级	A、B、C、D	a、b、c、d
	建筑物整体或某一区段			地基基础	地基变形、斜坡稳定性	—
					承载力	—
				上部承重结构	整体性	—
					承载功能	承载力构造和连接
				围护结构	—	
			正常使用性评定	等级	A、B、C	a、b、c
				地基基础	影响上部结构正常使用的地基变形	—
				上部承重结构	使用状况	变形裂缝缺陷、损伤腐蚀
					水平位移	
				围护结构	功能与状况	

注：1. 单个构件可参考《工业建筑可靠性鉴定标准》（GB 50144—2008）；

    2. 若上部承重结构整体或局部有明显振动时，尚应考虑振动对上部承重结构安全性、正常使用性的影响进行评定。

c 级：不符合国家现行标准规范的安全性要求，影响安全，应采取措施。

d 级：极不符合国家现行标准规范的安全性要求，已严重影响安全，必须及时或立即采取措施。

2）构件的使用性评级标准。

a 级：符合国家现行标准规范的正常使用要求，在目标使用年限内能正常使用，不必采取措施。

b 级：略低于国家现行标准规范的正常使用要求，在目标使用年限内尚不明显影响正常使用，可不采取措施。

c 级：不符合国家现行标准规范的正常使用要求，在目标使用年限内明显影响正常使用，应采取措施。

3）构件的可靠性评级标准。

a 级：符合国家现行标准规范的可靠性要求，安全，在目标使用年限内能正常使用或尚不明显影响正常使用，不必采取措施。

b 级：略低于国家现行标准规范的可靠性要求，仍能满足结构可靠性的下限水平要求，不影响安全，在目标使用年限内能正常使用或尚不明显影响正常使用，可不采取措施。

c 级：不符合国家现行标准规范的可靠性要求，或影响安全，或在目标使用年限内明显影响正常使用，应采取措施。

d 级：极不符合国家现行标准规范的可靠性要求，已严重影响安全，必须立即采取措施。

（2）结构系统评级标准。

1）结构系统的安全性评级标准。

A 级：符合国家现行标准规范的安全性要求，不影响整体安全，可能有个别次要构件宜采取适当措施。

B 级：略低于国家现行标准规范的安全性要求，仍能满足结构安全性的下限水平要求，尚不明显影响整体安全，可能有极少数构件应采取措施。

C 级：不符合国家现行标准规范的安全性要求，影响整体安全，应采取措施，且可能有极少数构件必须立即采取措施。

D 级：极不符合国家现行标准规范的安全性要求，已严重影响整体安全，必须立即采取措施。

2）结构系统的使用性评级标准。

A 级：符合国家现行标准规范的正常使用要求，在目标使用年限内不影响整体正常使用，可能有个别次要构件宜采取适当措施。

B 级：略低于国家现行标准规范的正常使用要求，在目标使用年限内尚不明显影响整体正常使用，可能有极少数构件应采取措施。

C 级：不符合国家现行标准规范的正常使用要求，在目标使用年限内明显影响整体正常使用，应采取措施。

3）结构系统的可靠性评级标准。

A 级：符合国家现行标准规范的可靠性要求，不影响整体安全，在目标使用年限内不影响或尚不明显影响整体正常使用，可能有个别次要构件宜采取适当措施。

B 级：略低于国家现行标准规范的可靠性要求，仍能满足结构可靠性的下限水平要求，尚不明显影响整体安全，在目标使用年限内不影响或尚不明显影响整体正常使用，可能有极少数构件应采取措施。

C 级：不符合国家现行标准规范的可靠性要求，或影响整体安全，或在目标使用年限内明显影响整体正常使用，应采取措施，且可能有极少数构件必须立即采取措施。

D 级：极不符合国家现行标准规范的可靠性要求，已严重影响整体安全，必须立即采取措施。

（3）鉴定单元评级标准。

一级：符合国家现行标准规范的可靠性要求，不影响整体安全，在目标使用年限内不影响整体正常使用，可能有极少数次要构件宜采取适当措施。

二级：略低于国家现行标准规范的可靠性要求，仍能满足结构可靠性的下限水平要求，尚不明显影响整体安全，在目标使用年限内不影响或尚不明显影响整体正常使用，可能有极少数构件应采取措施，极个别次要构件必须立即采取措施。

三级：不符合国家现行标准规范的可靠性要求，影响整体安全，在目标使用年限内明显影响整体正常使用，应采取措施，且可能有极少数构件必须立即采取措施。

四级：极不符合国家现行标准规范的可靠性要求，已严重影响整体安全，必须立即采取措施。

3.4.3 钢结构房屋危险性鉴定

对危险钢结构房屋的危险性进行鉴定，应以幢为鉴定单位，按建筑面积进行计量。

3.4.3.1 等级划分

（1）房屋各组成部分危险性鉴定，应按下列等级划分：

a级：无危险点。

b级：有危险点。

c级：局部危险。

d级：整体危险。

（2）房屋危险性鉴定，应按下列等级划分：

A级：结构承载力满足正常使用要求，未发现危险点，房屋结构安全。

B级：结构承载力基本满足正常使用要求，个别结构构件处于危险状态，但不影响主体结构，基本满足正常使用要求。

C级：部分承重结构承载力不能满足正常使用要求，局部出现险情，构成局部危房。

D级：承重结构承载力已不能满足正常使用要求，房屋整体出现险情，构成整幢危房。

3.4.3.2 综合评定方法

A 地基基础中危险构件百分数的计算

地基基础中危险构件百分数应按下式计算：

$$p_{\text{fdm}} = \frac{n_\text{d}}{n} \times 100\% \tag{3-8}$$

式中　p_{fdm}——危险构件或危险点百分数；

　　　n_d——危险构件数；

n——构件数。

B　承重结构中危险构件百分数的计算

承重结构中危险构件百分数应按下式计算：

$$p_{sdm} = \frac{2.4n_{dc} + 2.4n_{dw} + 1.9(n_{dmb} + n_{drt}) + 1.4n_{dsb} + n_{ds}}{2.4n_c + 2.4n_w + 1.9(n_{mb} + n_{rt}) + 1.4n_{sb} + n_s} \times 100\% \quad (3\text{-}9)$$

式中　p_{sdm}——承重结构中危险构件的百分数；

　　　　n_{dc}——危险柱数；

　　　　n_{dw}——危险墙段数；

　　　　n_{dmb}——危险主梁数；

　　　　n_{drt}——危险屋架桁数；

　　　　n_{dsb}——危险次梁数；

　　　　n_{ds}——危险板数；

　　　　n_c——柱数；

　　　　n_w——墙段数；

　　　　n_{mb}——主梁数；

　　　　n_{rt}——屋架桁数；

　　　　n_{sb}——次梁数；

　　　　n_s——板数。

C　房屋组成部分各等级的隶属函数

房屋组成部分的评定等级 a、b、c、d 是按危险点所占比重来划分的，确定危险构件百分数 p 对各组成部分评定等级 a、b、c、d 的隶属函数时，先选择 $p=0\%$、$p=5\%$、$p=30\%$、$p=100\%$ 四个基准值，即 $p=0\%$ 时完全隶属 a 级；$p=5\%$ 时完全隶属 b 级；$p=30\%$ 时完全隶属 c 级；$p=100\%$ 完全隶属 d 级，然后采用线性形式对中间状态进行过渡。

（1）a 级的隶属函数按下式计算：

$$\mu_a = 1 \quad (p = 0\%) \quad (3\text{-}10)$$

（2）b 级的隶属函数按下式计算：

$$\mu_b = \begin{cases} 1 & (p \leqslant 5\%) \\ (30\% - p)/25\% & (5\% < p < 30\%) \\ 0 & (30\% \leqslant p \leqslant 100\%) \end{cases} \quad (3\text{-}11)$$

（3）c 级的隶属函数按下式计算：

$$\mu_c = \begin{cases} 1 & (p \leqslant 5\%) \\ (p - 5\%)/25\% & (5\% < p < 30\%) \\ (100\% - p)/70\% & (30\% \leqslant p \leqslant 100\%) \end{cases} \quad (3\text{-}12)$$

（4）d 级的隶属函数按下式计算：

$$\mu_d = \begin{cases} 0 & (p \leqslant 30\%) \\ (p - 30\%)/70\% & (30\% < p < 100\%) \\ 1 & (p = 100\%) \end{cases} \tag{3-13}$$

式中 μ_a，μ_b，μ_c，μ_d——分别为 a、b、c、d 级的隶属度；

p——危险构件（危险点数）百分数。

D 房屋各级的隶属函数

（1）A 级的隶属函数应按下式计算：

$$\mu_A = \max[\min(0.3, \mu_{af}), \min(0.6, \mu_{as}), \min(0.1, \mu_{aes})]$$

（2）B 级的隶属函数应按下式计算：

$$\mu_B = \max[\min(0.3, \mu_{bf}), \min(0.6, \mu_{bs}), \min(0.1, \mu_{bes})]$$

（3）C 级的隶属函数应按下式计算：

$$\mu_C = \max[\min(0.3, \mu_{cf}), \min(0.6, \mu_{cs}), \min(0.1, \mu_{ces})]$$

（4）D 级的隶属函数应按下式计算：

$$\mu_D = \max[\min(0.3, \mu_{df}), \min(0.6, \mu_{ds}), \min(0.1, \mu_{des})]$$

式中 μ_A，μ_B，μ_C，μ_D——分别为 a、b、c、d 级的隶属度；

μ_{af}，μ_{bf}，μ_{cf}，μ_{df}——分别为地基基础各级别的隶属度；

μ_{as}，μ_{bs}，μ_{cs}，μ_{ds}——分别为上部承重结构各级别的隶属度；

μ_{aes}，μ_{bes}，μ_{ces}，μ_{des}——分别为围护结构各级别的隶属度。

E 危房判断条件

当隶属度为下列值时：

（1）$\mu_{df} = 1$，则为 D 级（整幢危房）。

（2）$\mu_{ds} = 1$，则为 D 级（整幢危房）。

（3）$\max(\mu_A、\mu_B、\mu_C、\mu_D) = \mu_A$，则综合判断结果为 A 级（非危房）。

（4）$\max(\mu_A、\mu_B、\mu_C、\mu_D) = \mu_B$，则综合判断结果为 B 级（危险点房）。

（5）$\max(\mu_A、\mu_B、\mu_C、\mu_D) = \mu_C$，则综合判断结果为 C 级（局部危房）。

（6）$\max(\mu_A、\mu_B、\mu_C、\mu_D) = \mu_D$，则综合判断结果为 D 级（整幢危房）。

4 结构安全性检测方法

4.1 在役大跨度钢结构安全性检测与监测

4.1.1 监测、检测项目与位置的确定

4.1.1.1 检测、监测项目的确定

A 在役大跨度钢结构安全性检测、监测特点

（1）在役大跨度钢结构对结构的安全性要求高于普通空间网格结构，频繁的使用和人员密集程度对大跨度钢结构的各项性能提出了更高的要求，因此在役大跨度钢结构安全性检测应以静力结合动力监测为主。

（2）由于大跨度钢结构往往为大型活动中心、体育场馆等，其承担的社会活动种类繁杂、使用频率频繁，其结构安全性不仅仅包含大跨度钢结构本身，亦应充分考虑底部支座等附属结构安全性对整体安全性的影响。因此在役大跨度钢结构安全性检测要重点关注结构本身及下部结构地基基础沉降。

B 结构安全性检测、监测项目的确定

（1）各类结构构件在结构安全中的重要性和构件的易损性，以及特殊结构设计。

（2）监测参数选择，主要从结构状态评估的需要出发，为损伤识别和状态评估做技术准备，包括结构的内力、位移的静动态响应、结构振动特性参数等。

（3）根据大跨度钢结构所处的地理环境和气候环境特点，进行各种工况下的结构响应监测，以及结构基础的影响监测。

（4）对大跨度钢结构的长期监测布点设置以监测结构的整体状况与观测结构响应的规律性为主，同时考虑长期监测对局部结构损伤检测的影响。

（5）一些重要的特殊结构设计一般都要列入监测项目。

从以上几个方面出发，结合在役大跨度钢结构自身的特点、所处的环境、监测系统的投资规模等，常规监测项目可分为荷载监测、几何监测、结构静动力响应三类。为更好地反映监测项目功能目标的要求，通常把监测项目分为结构工作环境监测、整体结构性能监测和局部结构性能监测，见表4-1。

表 4-1 监测一般项目

序号	项目	内　容
1	结构工作环境监测	（1）结构所处位置的风速、风向监测：风速与风向对结构的受力状况有很大的影响，根据实测获得的结构不同部位的风场特性，结合气象部门提供的资料，对结构风致振动响应及抗风稳定性作出准确的预测，为监测系统的在线或离线分析提供准确的风载信息。 （2）温度、湿度监测：温度监测包括结构温度场和结构各部分的温度监测。温度对钢结构的影响异常显著，设计中考虑的温度对结构的影响与实际情况不一定相符，因此通过对温度的监测，一方面可为设计中温度影响的计算提供原始依据，另一方面还可对结构在实际温度作用下的安全性进行评价。 （3）荷载监测：主要对结构荷载分布进行监测，与设计荷载规范对比分析。此外，通过对荷载谱的分析可为疲劳分析提供更接近实际的依据。 （4）其他监测：如对需要抗震设防的结构进行地震荷载监测，为震后响应分析积累资料；通过对有害气体的监测，分析对混凝土碳化、钢筋锈蚀等影响规律，为耐久性评价提供依据
2	整体结构性能监测	（1）结构几何线型监测：结构杆件轴线（支座轴线、撑杆轴线、索轴线等）的位置是结构受力的综合反映，实际轴线位置的变化与设计位置的偏离程度是衡量结构安全性状况的重要标志。若实际轴线相对设计位置的偏离超过容许值，则结构性能会受到严重的影响。通常以监测整体结构及各重要部位的挠度和转角、支座变位、基础沉降、倾斜度等来控制。 （2）静力响应监测：监测主要传力构件在各荷载及温度、不均匀沉降等作用下的响应情况，包括结构应力、环索等杆件的索力等监测。 （3）动力特性监测：包括结构动应变、振幅、加速度等响应的监测，分析结构的频率、振型和阻尼等整体振动特性指标，从整体上把握结构状态。 （4）其他监测：如支座反力、墩柱位移等
3	局部结构性能监测	（1）控制部位构件受力监测：由于结构受力的复杂性，如在温度变化、结构局部缺陷或损伤、混凝土收缩徐变等的影响下，应力变化规律仍难以用解析法求得精确解，故可通过监测方法来获得控制部位构件的受力情况。 （2）重要特殊构件振动监测：如环索的振动、撑杆的振动等。 （3）耐久性监测：利用现代无损检测技术对结构所用的材料，如混凝土、钢材等的强度及损伤、病害等情况进行检测。 （4）附属设施监测：如支座、照明设备等监测

4.1.1.2　检测、监测位置的确定

检测、监测的位置如下：

（1）最大位移的位置或构件；（2）结构空间变形主控制点；（3）主要控制或能推算结构几何状况变化的地方或构件；（4）最大应力变化的地方或构件；（5）应力传递明确的地方或构件；（6）环境和荷载参数测量的位置对结构的应力或位移有较大影响时；（7）应力集中而且能够明确测量的地方或构件；

（8）最大应力分布的地方或构件；（9）对受力模式可能产生影响的部位；（10）可对总体温度进行监控的监测点；（11）外部风力荷载主要监控点。

4.1.2 监测、检测结构的选用

4.1.2.1 检测、监测传感器种类

在役大跨度钢结构体积庞大，结构构件繁多。传感器是获得结构运营状态信号的一种量测装置，其种类很多，选用及精度要求见表4-2。

表 4-2 传感器的选用及精度要求

序号	项目	内 容	
1	工作环境监测传感器	空气温湿度监测传感器：温湿度变化是筒仓结构的重要荷载源之一，常引起结构线型的变化，是监测的重要内容（温度测量范围：-50~100℃，精度±0.3℃，采样频率1次/分。湿度测量范围：0~100%RH，精度±0.3%RH，采样频率1次/分）	
		结构温度监测传感器：温度荷载包括整体升降温荷载和不均匀温度梯度荷载。钢结构通常选用光纤光栅温度传感器（量程：-50~100℃，测量精度±0.5℃，分辨率0.1℃，采样频率1次/分）	
		风速、风向监测传感器：风对结构的作用有静力和动力效应两面。通常采用机械式风速仪进行监测，以验证结构风振理论。风速：测量范围0~60m/s，测量精度±0.3m/s，分辨率0.1m/s。风向：测量范围0~360°，测量精度±3°，分辨率3°。采样频率1次/秒	
		地震荷载监测传感器：地震荷载作用下结构基础处地面运动情况通常采用地震仪或加速度传感器来观测。地震仪可显示地震加速度峰值、所持续的时间等参数	
2	振动测量传感器	压电式加速度传感器：利用压电材料制成的传感元件，受压后会在其表面产生与压力成正比的电荷。最常用的是电荷放大器，但其电路比较复杂，性价比不理想	
		电容式加速度传感器：利用两块极板来感应加速度引起的电容的变化。这种加速度传感器因其具有测量精度高、温度系数小、稳定性好等优点受到广泛关注	

续表4-2

序号	项目	内　　容	
2	振动测量传感器	力平衡式加速度传感器：原理与电容式加速度传感器相似。该传感器体积小巧，造型美观，在灵敏度、分辨率、精度、线性度、动态范围和稳定性等方面表现良好	
		光纤光栅加速度传感器：耐腐蚀性好、体积小、重量轻、结构简单，可埋入材料中且对材料几乎没有影响；可避免电磁场干扰、绝缘性好；灵敏度高、精度高、频带宽、信噪比高；便于与计算机连接，实现分布式测量等优点。其最大的缺点是辅助设备多，费用高	
		加速度传感器主要技术指标要求，量程：$0.01\sim50$Hz，采样频率>200Hz，灵敏度±2.5V/g，信噪比>120dB	
3	应变测量传感器	电阻式应变传感器：在构件变形时，应变片的电阻变化与被测构件应变成正比的原理来测量应变。测试时在结构某个部位外粘电阻应变片来实现。其敏感性好，但稳定性和耐久性差，抗电磁干扰能力差，长时间测量会产生漂移，适用于短时间的静动力试验，不满足长期监测要求	
		振弦式应变传感器：在传感器内布置一张紧的钢弦，测试时利用电脉冲力对钢弦进行激振，测量钢弦的振动频率，通过钢弦的频率变化和伸长测试构件应变。该方法传输距离远、抗干扰性好和长期稳定性较好，但外观尺寸较大，不能测量变化很快的应变	
		光纤光栅应变传感器：主导产品是光纤布拉格光栅（FGB）应变传感器。它的传感信号为波长调制。在测量温度、应变、压力等物理量方面得到了广泛的应用	
		主要技术指标要求，量程$\pm1500\mu\varepsilon$，测量精度$<0.5\%$F.S.，分辨率$<0.1\%$F.S.，零漂$<0.01\%$F.S.，温漂$<0.1\%$F.S./℃，使用环境温度$-40\sim80$℃	
4	几何线型测量传感器	高智能型静力水准仪：由一系列智能液位传感器及储液罐组成，储液罐之间由连通管连通。通过测量液位的变化，了解被测点相对水平基点的升降变形	
		全站仪光电测距：可测三维位移，通过布置棱镜，利用全站仪的红外激光探测功能，对棱镜连续监测，形成光载波通信系统，测量每个棱镜与全站仪的相对距离和角度，经系统计算，确定各测点的几何坐标与位置结果	

序号	项目	内　容	
4	几何线型测量传感器	倾角仪测量：理论成熟，计算原理易理解，计算过程较为简单，费用较低，不受气候环境影响，无需设置基准点，测量范围较大，可测三个方向的变形，但精度较低	
		目前常用的主要有精密水准仪、百分表、全站仪光电测距、GPS 法、倾角仪、拉绳位移传感器、连通管等	
5	位移监测传感器	拉绳式位移传感器：该传感器结构紧凑，测量范围可高至 60m，安装非常简单，安装费用及维护成本低，精度及分辨率高，输出信号种类齐全，抗振动及抗冲击性能好，且可与各类控制系统和数据采集系统兼容	
		磁致伸缩仪：工作原理是利用两个不同的磁场相交产生一个应变脉冲信号，计算这个脉冲信号被探测到所需的时间周期，便能换算出准确的位置	
		位移传感器主要技术指标要求，参考量程：±1000mm，测量精度 1mm，误差 ±2mm，采样频率 100Hz	
6	拉索索力吊杆拉力监测传感器	油压表读数法：简单直观，缺点为读数有偏差，用于施工阶段（较常用）	
		压力传感器法：精度较高，可进行长期监测，缺点为成本高，必须前期预装，用于施工阶段（较常用）	
		振动频率法：原理简单，方法可靠，操作方便精度高，适用范围广，缺点为精度受被测构件（拉索或吊杆）边界条件的限制，基频识别受限，数据抗干扰差（较常用）	
		振动波法：操作方便，缺点为信号不易测出，用于施工阶段及竣工后（较少用）； 三点弯曲法：原理简单直观，缺点为大尺寸索无法测量，适用范围广（较少用）； 应变式测量法：原理简单，缺点为只能测索力变化，无法确定初始索力，用于施工阶段及竣工后（较少用）	
		索力传感器主要技术指标要求：参考量程为 1.2 倍极限杆索承载力，测量精度 0.1kN，误差 ±0.5kN，采样频率 > 100Hz	

序号	项目	内　容	
7	裂缝监测传感器	电测仪器监测：技术相对成熟，但监测仪器的安装对结构整体有一定的损害，且易受到周围电磁场的干扰，测量结果精确度不高。容易漏检，所收集的结构信息在时间和空间上不连续，很难做出准确的判断	
		新型的光纤传感器：在裂缝监测方面得到了广泛的应用，只要裂缝的方向与光纤斜交，就能感知裂缝的存在，并对裂缝的位置和宽度做出判断	
8	疲劳寿命传感器	疲劳寿命传感元件工作的基本原理是由疲劳寿命丝（铀）制成的电阻丝，在循环应力作用下，其电阻发生损伤累积，累积效应是循环次数与应力幅的函数。根据累积效应，结合疲劳累积损伤理论，从而判断出结构的疲劳损伤状态并预测结构剩余寿命。可离线测量，操作简便	

进行传感器选择时需考虑以下基本要求：（1）量程、灵敏度、精度、分辨率、采样频率等技术特征满足测量要求；（2）稳定性、可靠性及对工作环境的鲁棒性；（3）耐久性；（4）相容性与扩展性；（5）便于组网使用；（6）尽量选用同类型。

4.1.2.2　优秀传感器布设方案特点

优秀传感器布设方案具有以下特点：

（1）采集设备及相应的配套设施等费用最少；（2）数量及布设位置达最优；（3）保证可观测的模态线性无关；（4）使测试结果与结构模型分析结果建立起相应的关系；（5）能够提高对结构早期损伤的识别能力；（6）保证可观测的模态参数对结构状态变化足够敏感；（7）使模态试验结果具有良好的可视性和鲁棒性。

4.2　在役大跨度钢结构传感器布置

4.2.1　传感器布置理论与方法

4.2.1.1　传感器优化种类

（1）传感器检测项目优化。首先，确定在役大跨度钢结构安全性检测系统的目的。检测目的决定检测项目。其次，检测中各检测项目的规模以及所采用的传感器种类，需要与采集传输系统等综合考虑。传感器检测项目及内容见表4-3。

表 4-3　传感器监测项目及内容

序号	项目	内　　　容
1	输入	作用源：气象、风、温度、地震等
2	输出	作用响应：加速度、动应变、几何/位移/变形、应变/应力、索力、裂缝、腐蚀等
3	静力	静态的几何/位移/变形、应变/应力、裂缝等
4	动力	动力效应包括频率、振型、动力应变等
5	局部	局部效应包括应变/应力、裂缝等
6	整体	位移、索力、频率、振型等
7	研究方向	安全性、耐久性、抗震、抗风

（2）传感器数量优化。目前实际应用中传感器的数量大多以经验和经济等方面因素来考虑和确定，具有较大的随意性和不确定性。传感器初始优化数量确定之后，按照优化布置准则，在确定布置测点的同时，结合经济要求确定最终数量。

（3）传感器位置优化。在役大跨度钢结构进行安全性检测的主要目的是进行损伤识别和状态评估，这要求传感器系统能够同时进行在役大跨度钢结构局部损伤检测和整体损伤检测两个方面的任务，传感器布置原则见表 4-4。

表 4-4　结构传感器布置原则

序号	规律	原　则　介　绍
1	原则一	结构受力较大或易变形的构件，作为重点布设位置
2	原则二	考虑到部分对称性结构，传感器也应对称布设
3	原则三	传感器布置数量可按照不同类型构件数量的一定比例加以确定

对于在役大跨度钢结构，结构杆件损伤的部位有规律可循。如结构受力较大的杆件一般易受损伤，据此将传感器布置在这些部位是比较合理的。当然，也不排除结构杆件由于腐蚀而造成受力较小的杆件受损。因此，为了能够尽可能地将有限数量传感器布置与受损杆件一一对应。传感器布置应按照"重点布防、随机兼顾"原则进行。

4.2.1.2　传感器优化布置准则

在役大跨度钢结构传感器布置问题就是在 N 个初始待选测点中，选择 m 个最优布置点，使目标函数（优化布置准则）达到最优，而各种传感器布置理论的不同之处在于目标函数和优化算法的选取上（主要考虑该算法的计算效率）。因此，在进行传感器优化配置时，首要的问题是确定优化布置准则，常用的几种准则有模态保证准则（MAC 准则）、振型矩阵的条件数准则、Fisher 信息阵准则、模态运动能准则、识别误差最小准则、插值拟合准则、模型缩减准则、均方差最小准则、抗噪声性能准则等，简述见表 4-5。

表 4-5　传感器优化布置准则

序号	准则	优化布置准则详情
1	模态保证准则（MAC 准则）	由结构动力学可知，结构完备的模态向量是一组正交向量。实际工程中，由于测量的自由度远远小于结构总自由度数，且测量过程易受测试精度和噪声的影响，使测得的模态向量不可能保证其正交性，极端情况下会由于向量的空间交角过小而丢失重要的模态。因此，在选择测点时有必要使量测的模态向量保持较大的空间交角，从而尽可能地把原模型的特性保留下来。Came 等认为模态保证矩阵 MAC 是评价模态向量空间交角的一个很好的工具，其公式表达式如下： $$\mathrm{MAC}_{ij} = \frac{(\boldsymbol{\phi}_i^{\mathrm{T}} \boldsymbol{\phi}_j)^2}{(\boldsymbol{\phi}_i^{\mathrm{T}} \boldsymbol{\phi}_i)(\boldsymbol{\phi}_j^{\mathrm{T}} \boldsymbol{\phi}_j)} \qquad (4\text{-}1)$$ 式中，$\boldsymbol{\phi}_i$ 和 $\boldsymbol{\phi}_j$ 分别为第 i 阶和第 j 阶模态向量。 　　通过检查各模态所形成的向量 MAC 阵的非对角元，就可判断出相应两模态向量的交角状况。当 MAC 阵的某一元素 $M_{ij} = 1$（$i \neq j$）时，表明第 i 向量和第 j 向量交角为零，两向量不可分辨；而当 $M_{ij} = 0$（$i \neq j$）时，则表明第 i 向量和第 j 向量相互正交，两向量可以轻易识别。故测点的布置应力求使 MAC 阵非对角元向最小化发展，一般建议非对角元最大取值为 0.25
2	振型矩阵的条件数准则	矩阵 $\boldsymbol{A}$ 的条件数可定义为： $$\mathrm{cond}(\boldsymbol{A}) = \parallel \boldsymbol{A} \parallel \parallel \boldsymbol{A}^{-1} \parallel \qquad (4\text{-}2)$$ 式中，$\parallel \boldsymbol{A} \parallel$ 表示矩阵 $\boldsymbol{A}$ 的任意一种范数。 　　由于矩阵的范数有多种，因此条件数的定义也有多种，但 2-范数较为常用。一个可逆矩阵的条件数还可以表示为矩阵的最大奇异值与最小奇异值之商；若矩阵 $\boldsymbol{A}$ 不是方阵，则它的条件数可定义为最大奇异值与最小非奇异值之商。矩阵的条件数是判断矩阵是否病态的一种度量，反映了求解过程中的稳定性，条件数越大，矩阵越病态。因此可用振型模态矩阵的条件数来评价传感器布置的好坏，通常条件数越接近 1，布点越好，反之越差
3	Fisher 信息阵准则	根据优化目标的不同，Fisher 信息阵有不同的表达方式，较为常用的是 Kammer 提出的有效独立法中根据模态振型推导出的 Fisher 信息阵和 Shi 根据损伤灵敏度推导出的 Fisher 信息阵。从统计学上看，可将 Fisher 信息阵等价于待估参数估计误差的最小协方差矩阵。实际应用中，Fisher 信息阵有不同的指标，如迹、范数、行列式值等。Fisher 信息阵行列式值、迹、某种范数越大，获取的有效信息就越多
4	模态运动能准则	该准则是将传感器布置在模态运动能较大的自由度上，因为模态运动能大的自由度其响应也应该比较大。通常需要借助有限元分析，较依赖于有限元模型的划分。在此准则基础上衍生出其他方法，如模态应变能、平均模态动能法（MKE）、特征向量乘积法（ECP）等
5	识别误差最小准则	在传感器优化布置准则中，该准则应用最多，其要点是连续对传感器进行调整，直至识别目标的误差达到最小值，对于静动力传感器优化配置均可适用。以此准则建立了很多优化算法，最为著名的是有效独立法（EI），其基本原理是从所有测点出发，逐步消除对目标模态振型向量线性无关贡献最小的自由度，使目标振型的空间分辨率得到最大程度的保证

续表 4-5

序号	准则	优化布置准则详情
6	插值拟合准则	对于以获得未测量点的响应为目的的传感器布置，可采用插值拟合准则。通常为了得到最佳效果，采用插值拟合的误差最小原则来配置传感器。基于该准则的方法大多与有限元模型无关，故只能适用于形状简单的一维或二维结构的传感器配置
7	模型缩减准则	在模型缩减中常常将系统自由度细分为主要自由度和次要自由度，经缩减后的模型只保留主要自由度而去掉次要自由度，这样就可将传感器布置在主要自由度上以测得结构响应。基于该准则可将传感器配置在目标模态与结构静力变形之间的误差最小的自由度上，常用的方法主要有 Guyan 缩聚法、改进缩聚法等
8	均方差最小准则	传感器布置的其中一个目的是利用有限测点的响应信息来推断未知测点的响应，可通过 3 次样条插值拟合来计算，即通过传感器输出效应值进行 3 次样条插值拟合得到任一点的效应值。传感器优化布置方法的不同导致插值拟合得到的效应值也不同。均方差最小准则就是利用有限元模型获得的模态位移值 Φ_{ij}^{FE} 与 3 次样条插值拟合所得的模态位移值 Φ_{ij}^{CS} 两者的均方差来评价优化布置方法。各优化布置方法的总均方差 σ_{TMSE} 通过每阶模态的标准差 σ_i 来计算，公式如下： $$\sigma_{\mathrm{TMSE}} = \sum_{i=1}^{m} \dfrac{\dfrac{1}{\sigma_i} \displaystyle\sum_{j=1}^{k} (\Phi_{ij}^{\mathrm{CS}} - \Phi_{ij}^{\mathrm{FE}})^2}{k} \qquad (4\text{-}3)$$ 式中，m 为模态阶数；k 为模态误差测试点数；σ_i 为第 i 阶模态的标准差；Φ_{ij}^{CS} 为第 i 阶第 j 个误差测试点插值拟合模态值；Φ_{ij}^{FE} 为第 i 阶第 j 个误差测试点有限元计算模态值
9	抗噪声性能准则	该准则是用来评价测量的模态与有限元分析的模态两者的一致程度，即噪声对模态参数的影响。通常采用删除候选位置后的 Fisher 信息阵的行列式值与原始测点的 Fisher 信息阵的行列式值两者的百分比来评价各方法的抗噪声能力。准则（1）、准则（2）在保证模态向量的正交性方面起到了基本作用，但不能保证测点对待识别参数的敏感性达最优；准则（3）能保证传感器布设在响应的高幅值点，有利于数据的采集及提高抗噪声性能，但较依赖于有限元模型的划分。实际使用中，前 3 个准则（MAC 准则、振型矩阵的条件数准则、Fisher 信息阵准则）使用较多

4.2.1.3 常用的传感器优化布置算法

目前，在传感器优化布置算法研究方面，提出了很多方法，总体上可以归纳为两类，即基于模态可观测性的优化布置法和基于损伤可识别性的优化布置法。然而，不同传感器布点方法产生不同的布点方式，传统常用方法的基本原理及优缺点对比见表 4-6。

表 4-6 传统传感器布置方法比较

传统布置方法	主要内容	优 点	缺 点
有效独立法（EI）	从所有测点出发，逐步消除对目标模态向量线性无关贡献最小的自由度，达到用有限的传感器采集到尽可能多的模态参数信息的目的	通过删除使有关的 Fisher 信息矩阵行列式值变化最小的自由度，实现位置优化	有效独立法常要求传感器的数量必须等于目标模态数
模态保证标准（MAC）	以模态保证准则矩阵的非对角线元素值最小为目标来配置传感器，因此，在选择测点时要使量测的模态向量尽可能保持较大的空间交角，有利于把原来模型的特性尽可能地保留下来	很难保证测得模态向量的正交性，在极端的情况下甚至会由于向量间的空间交角过小而丢失重要模态	但前提是结构各振型需要形成一组正交向量
模态动能法（MKE）	针对每一个目标振型绘出各自的模态动能分布图，然后将传感器布置在振幅较大或者模态动能较大的位置	采用将有限元质量矩阵对 Fisher 信息矩阵进行加权	高度依赖于有限元网格划分的大小
敏感性分析（DSAM）	亦称小扰动法，是一种基于结构损伤识别的传感器优化布置方法。假设工程在各种因素综合作用下，结构出现损伤仅考虑结构刚度参数变化，忽略质量和阻尼变化	若采用最大化结构运动能来量测结构各自由度的贡献，将有限元质量矩阵对 Fisher 信息矩阵进行加权	将有限元质量矩阵对 Fisher 信息矩阵进行加权
动力响应分析法（DRS）	将基于模态可观性或损伤可识别性的优化目标结合起来，并给出一种协调 Fisher 信息矩阵最大与条件数最小的优化算法	将基于模态可观性或损伤可识别性的优化目标结合起来	信息矩阵最大与条件数最小的优化
基于应变模态的布置方法	该方法是通过结构位移模态参数与应变模态参数的关系，导出结构应变模态 Fisher 矩阵，进而实施传感器优化布置的一种方法	导出结构应变模态 Fisher 矩阵，进而实施传感器优化布置的一种方法	实施传感器优化布置的一种方法

　　传感器布置的方法很多，各方法都存在一定的优缺点，任何单一的方法或单一的目标函数都难以很好地优化传感器布置，因此，将两三种方法或多目标函数结合起来使用是一大趋势，这样可以克服各自的缺点并相互补充，达到最优。

4.2.2 在役大跨度钢结构传感器布置理论

大跨度钢结构安全检测系统是一个整体统一的系统，各个部分分工合作，但其最基本的任务是通过布置传感器而获得结构的安全信息，判断大跨度钢结构的安全性。传感器布置的位置合理与否以及布置数量的多少，将决定获取数据的准确性。但若传感器布置得较多，则会使成本大大增加，不符合经济的原则，而且会出现故障较多的情况，使结构安全检测的可靠度降低。因此，传感器布置是否合理将决定结构安全检测质量的好坏。

在役大跨度钢结构包含多种结构形式，如大跨度钢结构、大跨度钢桁架结构、大跨度钢网架结构等，那些以平面结构为研究对象而提出的既有传感器优化布置方法不能直接加以套用，一方面，在役大跨度钢结构各种结构类型的结构构件繁多，受力及传力体系与其他结构不尽相同；另一方面，一旦受到不可抗力的因素如外在作用影响，会导致结构构件损伤的发生，且结构构件的损伤位置和程度都存在着很大的随机性和不确定性，如果不能将在役大跨度钢结构检测的传感器布置方案与可能发生的损伤构件位置——对应起来，那么就需要通过部分被检测到的构件的基本信息来推断、计算遭受损伤的在役大跨度钢结构构件的位置及损伤情况。而研究适宜于在役大跨度钢结构安全性检测的传感器优化布置方法是解决此类问题的主要手段，但此领域的研究，尚有很多问题需要解决。

鉴于此，并结合在役大跨度钢结构的受力特性及破坏特点，本书将在役大跨度钢结构检测内容划分为整体检测项目和构件（包括节点）检测项目的基础上，通过对既有传感器布置与优化方法的比较分析，结合在役钢结构杆件内力分布规律、结构损伤特征以及在役钢结构安全性检测工作方式，以在役大跨度钢结构初始设计模型为基础，提出了融合传统检测手段，基于杆件损伤和整体损伤可识别的在役大跨度钢结构的传感器布置方法。

4.2.3 在役大跨度钢结构传感器布置方法

4.2.3.1 结构杆件损伤识别的传感器布置方法

（1）基于损伤识别的传感器优化布置方法。在荷载作用下，在役大跨度钢结构杆件会出现不同程度上的损伤，如裂纹、锈蚀、变形等，而这些损伤的杆件或节点的损伤存在极大的随机性，但往往优先表现在某些关键杆件和节点之上。基于损伤识别的在役大跨度钢结构杆件传感器优化布置要求传感器必须放置在那些对在役大跨度钢结构损伤最为敏感的有限个测点位置，并通过这些有限的测点所测的数据识别出在役大跨度钢结构杆件的损伤情况。其工作原理（易损性分析法）与灵敏度分析思路相似，均是通过找到在役大跨度钢结构最易破坏的点及其失效路径，在结构的关键路径上布设传感器。

（2）在役大跨度钢结构静力传感器优化布置方法。结构安全性检测的工作形式主要分为：于施工期间即已开始的全寿命周期的长期监测，以及于结构服役一段时间后再实施的检测。无论是哪种工作方式，其核心思想均为结构受正常荷载作用而累积的损伤信息、损伤位置、损伤程度等未知的情况下进行传感器的合理优化布置。在役钢结构杆件繁多，杆件在传力路径中作用不一，且杆件类型及其规格尺寸不一。在役期间，任何一个杆件均可能出现一定程度上的损伤，进而导致结构各杆件的内力重分布，在役钢结构受损后各杆件内力的规律见表4-7。

表 4-7　在役钢结构受损后结构各杆件内力呈现规律

序号	规律	规 律 介 绍
1	规律一	在结构杆件处于屈服应力或极限应变内，各类受损杆件的应力、应变增大，但轴力减少
2	规律二	对于未受损伤单元构件，杆件的应力、应变和轴力保持不变，或者均增大，或者均减小
3	规律三	对于结构各单元的节点位移，损伤在15%以下时，变化不大；随着杆件损伤数量及程度的增加，各节点位移均增加，只是程度上的差异，距离损伤单元较远的节点，增加量小些

因此，在役大跨度钢结构静力传感器优化布置方法依据静态应变分析法而制定，该方法的工作原理是：将在役大跨度钢结构杆件的截面面积作为损伤变量，通过检测部分结构杆件的应变等核心变量来实现对传感器的优化布置。

依据初始设计模型，首先假定在役大跨度钢结构在正常状况外部荷载 P 的作用下，可得到在役大跨度钢结构的初始状态下（杆件无损状态）各个杆件的截面积 A_i、轴力 F_i、应力 σ_i 和应变 $\varepsilon_i (i = 1, 2, 3, \cdots, N)$（$N$ 为结构单一数）。依据在役大跨度钢结构安全检测的传感器布置原则，在相应在役大跨度钢结构上分别布置 k 个应变等信息收集的传感器。至此，k 个在役大跨度钢结构杆件单元现场实测的应变值为 $\varepsilon_j (j = 1, 2, 3, \cdots, N)$，相应的，未通过传感器直接测得的在役大跨度钢结构杆单元应变量有 $N - k$ 个。

若受损的在役大跨度钢结构杆件均在 k 内，对于某一在役大跨度钢结构单元杆件 $m (m \leqslant k)$，则该在役大跨度钢结构单元的实测应变值信息为 $\varepsilon_m^{\mathrm{d}}$，$\varepsilon_m$ 为初始状态下的结构单元应变，若 $\varepsilon_m^{\mathrm{d}} > \varepsilon_m$，则

$$\sigma_m^{\mathrm{d}} = E\varepsilon_m^{\mathrm{d}} > E\varepsilon_m = \sigma_m \tag{4-4}$$

在役大跨度钢结构杆件的损伤有弯曲变形、裂纹和腐蚀这常见的三种情况。上述杆件的损伤现象均会导致杆件截面积的减少，所以，可用在役大跨度钢结构杆件的截面积作为损伤变量 D，即

$$D_m = \frac{A_m^{\mathrm{d}}}{A_m} \tag{4-5}$$

式中　A_m^d——在役大跨度钢结构构件 m 在损伤状态的截面面积；

　　　A_m——在役大跨度钢结构构件 m 在初始及无损状态的截面面积。

此外，杆件 m 在初始及无损状态下的轴力为 $F_m = E\varepsilon_m A_m$，杆件 m 在损伤状态下的轴力为 $F_m^d = E\varepsilon_m^d A_m^d$，通过式（4-4）、式（4-5）和结构各杆件内力特点"规律一"，同时取在役大跨度钢结构杆件的最大损伤变量 $D_m^{max} = \varepsilon_m / \varepsilon_m^d$，可得：

$$F_m^d = E\varepsilon_m^d A_m^d = EA_m D_m \leqslant E\varepsilon_m^d A_m \times \frac{\varepsilon_m}{\varepsilon_m^d} = F_m \qquad (4-6)$$

若在役大跨度钢结构受损杆件不在 k 内，这里可以依据现场实际已经测得的杆件的应变量，运用空间梁系有限单元法或空间杆系有限单元法，核算出未测得的在役大跨度钢结构杆件单元的 $\varepsilon_i (i = 1, 2, 3, \cdots, N-k)$。由于该阶段的运算过程受在役大跨度钢结构节点与杆件数量众多的影响，导致运算量极大，因此，在实际的工程实践中，可以通过 MATLAB 等编程软件进行编程以达到自动运算的目的，提高工作效率。最后，根据式（4-4）~式（4-6）进行核算，通过在役大跨度钢结构杆件单元损伤识别的精度，判断合理的、科学的在役大跨度钢结构静力传感器布置方案。

4.2.3.2　结构整体损伤识别的传感器布置方法

（1）基于模态可观测性的传感器优化布置方法。在外在荷载不同程度的作用下，在役大跨度钢结构会产生整体或局部失稳现象，整体结构会出现较大的变形。而加速度传感器的检测范围很大，非常方便安装在在役大跨度钢结构的节点上，一方面加速传感器不受测点位置、结构形状等因素的制约，另一方面，通过加速度传感器所检测到的数据信息可以很方便地转换为具体的速度或者位移等数值。因此，按照在役大跨度钢结构安全性评定理论提出了结构稳定性控制指标及方法。针对在役大跨度钢结构可采用加速度传感器来获取结构的相关模态信息，进而对整体损伤进行检测。考虑到在役大跨度钢结构的受力特性及结构特点，本书基于有效独立法（EI）和模态动能法（MKE），提出适用于在役大跨度钢结构加速度传感器布置的有效节点法，对在役大跨度钢结构的加速度传感器进行优化布置。

（2）在役大跨度钢结构动力传感器优化布置方法。首先，利用如 Midas/gen、ANSYS 等结构分析软件，建立初始（无损）状态下的在役大跨度钢结构数值模型。其次，分别计算初始（无损）状态和损伤状态下的在役大跨度钢结构特征值和特征向量。再次，确定并安放在役大跨度钢结构传感器的候选集合。

在役大跨度钢结构的节点很多，一般情况下，具有模态动能或模态应变能较大的节点最容易发生损伤且具有较大的响应。通过对在役大跨度钢结构各节点模态动能或模态应变能的详细计算，首先可以获得在役大跨度钢结构节点的模态参数的分布情况，最后，按照每个自由度对于其相对应的每个目标模态动力贡献值的大小，最终确定在役大跨度钢结构所需的传感器布置的自由度数。而该方法采用模态动能法（MKE）为理论基础，核心计算公式为：

$$KE_{in} = \phi_{in} \sum_j M_{ij} \phi_{jn} \tag{4-7}$$

式（4-7）中，第 n 个目标模态中与第 i 个自由度相关的动能用字母 KE_{in} 表示；第 n 个模态的第 i 个分量用字母 ϕ_{in} 表示；有限元质量矩阵的第 i 行第 j 列用字母 M_{ij} 表示，第 n 个模态中的第 j 个分量用字母 ϕ_{jn} 表示。

如果目标模态相对于总质量矩阵规格化，其目标模态中所有自由度的 KE_{in} 总和等于 1。在役大跨度钢结构传感器位置的候选集合应保证让每一个目标模态有足够的总动能，此外，在规格化的情况下，不得少于 50%。

最后，利用有效独立法（EI）对各个独立分量的 E_{ij} 值进行详细的计算。按照 E_{ij} 值大小，最终确定在役大跨度钢结构加速度传感器布置位置及数量。

4.3 某大跨度钢网架结构传感器布置实例

4.3.1 工程项目概况

（1）项目背景。此次参与检测的工程项目是某加油站，为大跨度钢网架结构。本工程为主体钢结构平面网架结构体系，总长约 34m，最大跨度处约 30m，层高约 5m。主体钢网架整体模型如图 4-1 所示。

图 4-1　主体网架现场照片

主体平面钢网架由若干个正放四角锥构成，单个锥体平面投影为方形，边长为 1.5m，锥体高 1.2m。构成此结构体系的杆件均采用圆型钢管，钢材型号为 Q235，杆件之间连接的节点采用空心焊接球节点，杆件截面尺寸见表 4-8，钢材力学性能参数见表 4-9。

表 4-8　构件截面尺寸

构件名称	尺寸	单　位
上弦杆	89×6	
下弦杆	89×7	mm
腹杆	63.5×5.5	

表 4-9　钢材力学性能参数

钢材型号	Q235B	单　位
弹性模量	206000	MPa
剪切模量	81000	MPa
泊松比	0.3	—
抗压设计值	215	MPa
抗弯设计值	215	MPa
抗剪设计值	125	MPa
热膨胀系数	0.000012	—

（2）项目概况。该项目已竣工，甲方拟定在网架上部长边一侧的位置预装一个 LED 灯牌（商家提供 2.6t、3.8t、4.6t 三种不同规格重量的灯牌）。为探明结构是否能承受其重量，甲方特委托相关技术单位进行承载验算。

4.3.2　静力传感器优化布置

4.3.2.1　无损状态下结构静力数值分析

采用 Midas/gen 计算软件进行结构静力分析，无损状态下结构静力数值模型如图 4-2 所示，经分析得到无损状态下的局部结构变形如图 4-3 所示。结构各单元内力值见表 4-10。

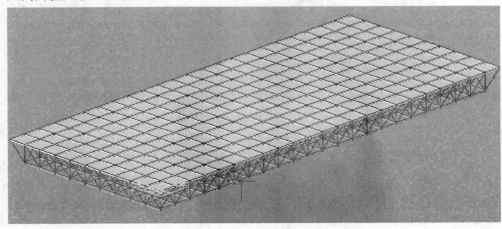

图 4-2　无损状态下结构静力数值模型

图 4-3　结构计算模型及无损结构变形图

表 4-10　无损结构杆单元内力（部分）

单元号	轴力/kN	应力/N·mm^{-2}	应变（E-4）	单元号	轴力/kN	应力/N·mm^{-2}	应变（E-4）
3	0.15	0.08	0.004	29	2.81	2.59	0.126
5	5.78	5.33	0.259	32	4.96	4.58	0.222
7	−1.36	−1.25	−0.061	40	6.58	6.07	0.294
10	−0.21	−0.12	−0.006	46	2.02	1.86	0.091
14	−3.64	−3.36	−0.163	47	−8.18	−7.54	−0.366
16	0.66	0.61	0.030	55	−7.25	−6.69	−0.325
17	2.12	1.16	0.056	56	7.51	6.93	0.336
19	−3.36	−1.84	−0.089	63	−5.92	−5.46	−0.265
23	−5.60	−5.16	−0.250	70	0.69	−0.64	−0.031
⋮	⋮	⋮	⋮	⋮	⋮	⋮	⋮

注：杆单元近乎上千个，因篇幅有限，仅列出部分，且内力及变形近似为零的杆件，表中略去。

4.3.2.2　静力传感器优化布置流程

该工程结构计算模型共有上千个杆件单元，按照本研究提出的布置方法，依据结构无损分析所示的结构受力特点，拟合计布置 50 个传感器，对杆件应力、支座倾角位移进行检测。

（1）杆件应力检测的测点布置。对该在役大跨度桁架结构应力最大杆件进行检测，使用应变传感器对杆件的应力进行检测，同时使用光纤光栅温度传感器进行温度补偿。其中，拟采用 23 枚表面应变计传感器对杆件进行结构单元的应变检测；拟采用 23 枚表面温度传感器对杆件进行结构单元的温度变化检测，测点布置如图 4-4 所示。

（2）支座倾角位移检测的测点布置。本结构允许其支座在限定的范围内发生径向位移和倾角，来释放结构振动时产生的能量。结构如果发生变形或振动，支座的位移和倾角就会发生变化。拟采用 4 枚位移传感器对支座进行结构单元的位移变形检测，测点布置如图 4-4 所示。

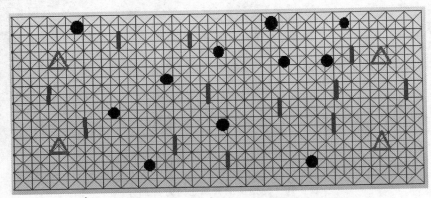

△ 支座传感器 4　　— 水平传感器 12　　● 斜向传感器 11

图 4-4　结构的静态及动态监测位置

拟定该无损结构已经使用了 7 年，通过事后检测得知，结构各节点均完好，其中部分杆件因腐蚀或荷载的作用产生了损伤，损伤程度 7.8%。

4.3.2.3　测点方案及模拟结果分析

利用 50 个传感器测出的各个单元杆件应变、位移等值，假定实测值见表4-11（Midas/gen 软件模拟结构节点位移模拟显示值）。假定结构处于弹性限度内，可由既有应变、位移等值计算出每个单元对应的值域。

表 4-11　结构杆单元内力测值

单元编号	无损结构			有损结构			损伤、测点标记
	轴力 /kN	应力 /N·mm^{-2}	应变 (E-4)	轴力 /kN	应力 /N·mm^{-2}	应变 (E-4)	
545	-12.3	-11.9	-0.53	-17.8	-17.8	-0.79	
552	-15.6	-14.3	-0.63	-19.15	-19.1	-0.85	损、测
559	24.3	17.2	0.76	33.28	19.8	0.88	损、测
568	22.1	12.3	0.54	27.03	16.0	0.71	
574	20.6	12.9	0.57	34.77	20.6	0.91	测
578	-3.63	-4.54	-0.20	-6.11	-3.63	-0.16	
582	-15.32	-12.5	-0.55	-20.17	-20.1	-0.89	损、测
596	-9.63	-9.68	-0.43	-13.15	-13.3	-0.59	
608	12.5	11.23	0.50	17.76	17.7	0.78	测
⋮	⋮	⋮	⋮	-17.8	-17.8	-0.79	

按照式（4-4）~式（4-6）进行计算分析。无损伤单元杆件轴力、应力和应变等数据均符合"规律二"，在测点范围内有损单元杆件轴力、应力和应变等数据均符合"规律一"。利用有限元编程和通过测点应变值等数据，分别计算出未直接测量的损伤杆单元（32、632）应变值等数据，见表4-11。

4.3.3　动力传感器优化布置

4.3.3.1　无损状态下结构动力数值分析

以结构临界承载力作为结构稳定性的控制参数，通过单元节点位移的检测，计算出结构受损状态的临界承载力。通过对图4-2计算模型进行模态分析，得到该结构前6阶振型如图4-5所示。

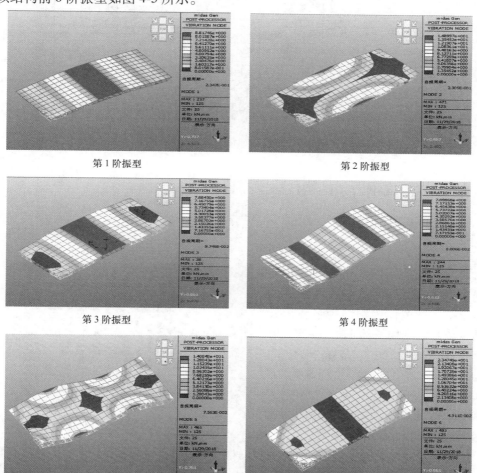

第1阶振型　　　　　　　　　第2阶振型

第3阶振型　　　　　　　　　第4阶振型

第5阶振型　　　　　　　　　第6阶振型

图4-5　结构前6阶振型

4.3.3.2 加速度传感器优化布置

通过查看模型可知，该结构节点几千余个，自由度的数目极多。这里选取前三阶模态，依据式（4-7），计算出该结构的各阶模态中各个自由度的动能，并按照从大到小的顺序依次排列，最终得到初始候选自由度数。通过计算可知，有效无关的自由度数约为 9 个。加速度传感器一般在结构的竖直 Z 方向安装，考虑对称性原则，本方案选择在 $28z$、$331z$ 等共 9 个节点的竖向上安装加速度传感器，因此，本次检测共安装 9 个三维加速度传感器，传感器布置如图 4-6 所示。

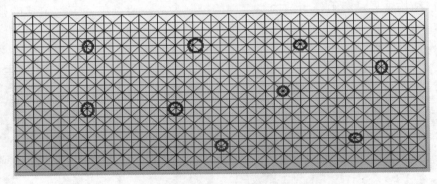

图 4-6 结构加速传感器布设位置

4.4 某大跨度钢桁架结构传感器布置实例

4.4.1 工程项目概况

（1）项目背景。该工程项目为大跨度钢桁架结构，作为某舞台剧演出舞美、灯光、音响、道具等的承重结构。主体为钢结构平面桁架结构体系，结构长约 124m，最大跨度处约 75m，结构最高点标高 29.366m，其中支座位于标高约 3m 至 21m 的混凝土看台柱顶部，主体钢桁架整体模型和工程现场情况如图 4-7 所示。

图 4-7 主体钢桁架现场照片

钢桁架主结构由 14 榀平面主桁架、侧向次桁架、钢拉杆支撑及设备吊挂用的次梁组成，桁架柱底与下部混凝土结构铰接。除次梁为 H 型钢、支撑为钢拉杆外，其他杆件均采用圆钢管。主次桁架之间通过相贯节点或法兰盘连接，部分内力较大的节点采用空心焊接球节点。

主体大跨度钢桁架结构由北京建筑设计研究院设计。表4-12为材料的力学性能参数。

表 4-12 钢材力学性能参数

钢材型号	Q345B	Q235B	单 位
弹性模量	206000	206000	MPa
剪切模量	81000	81000	MPa
泊松比	0.3	0.3	—
抗压设计值	295	215	MPa
抗弯设计值	295	215	MPa
抗剪设计值	170	125	MPa
热膨胀系数	0.000012	0.000012	—

主体钢结构的俯视图如图4-8所示。

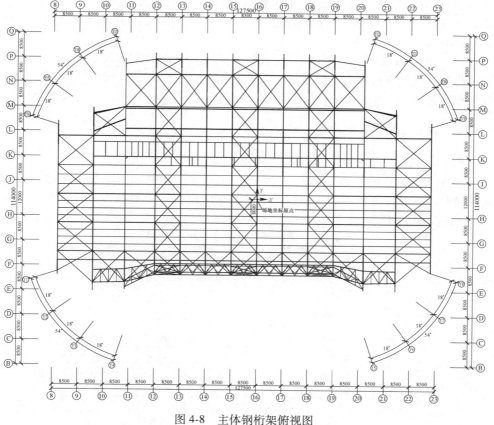

图 4-8 主体钢桁架俯视图

项目所采用的钢结构材料力学参数如下：

1）钢材。所有主体钢结构材料均采用 Q345B 级钢，其质量符合《低合金高强度结构钢》规范规定。钢材的屈服强度与抗拉强度实测值的比值不应大于0.85，有明显的屈服台阶，伸长率大于20%。钢材应有良好的焊接性和合格的冲击韧性。所有钢材均为焊接结构用钢，均应按照规范要求的标准进行拉伸试验、弯曲试验、V形缺口冲击试验、Z向性能和熔炼分析，还应满足可焊性要求。

2）连接材料。本工程所用的焊条、焊丝和焊剂，应与主体金属力学性能相适应，并应满足相应的现行国家标准。本工程所采用的普通螺栓为C级螺栓，高强螺栓均为10.9级，摩擦面的抗滑移系数为0.45，高强螺栓应符合现行国家标准《钢结构用高强度大六角头螺栓》（GB/T 1228—2006）、《钢结构用高强度大六角螺母》（GB/T 1229—2006）、《钢结构用高强度垫圈》（GB/T 1230—2006）、《钢结构用高强度大六角头螺栓、大六角螺母、垫圈与技术条件》（GB/T 1231）或《钢结构用扭剪型高强度螺栓连接副》（GB/T 3632—2008）及《钢结构高强度螺栓连接技术规程》（JGJ 82—2011）的规定。

3）销轴支座。销轴材质为40Cr钢材，其材质应符合现行国家标准《优质碳素结构钢》（GB/T 699—1999）的要求。所有销轴均需热处理，硬度达到26~32HRC。

（2）项目概况。该项目已竣工，在体育馆内适当的位置，计划安装一个LED屏幕母架（包括升降舞台、LED屏幕等），挂设在钢桁架上，合计约50t重。但由于前期沟通失误，承包商已制作了一个60t的母架，与业主的要求有较大差距。

4.4.2 静力传感器优化布置

4.4.2.1 无损状态下结构静力数值分析

采用Midas/gen计算软件进行结构静力分析，无损状态下结构静力数值模型如图4-9所示，经分析得到无损状态下的局部结构变形如图4-10所示。结构各单元内力值如表4-13所示。

表4-13 无损结构杆单元内力（部分）

单元号	轴力/kN	应力/N·mm⁻²	应变(E-4)	单元号	轴力/kN	应力/N·mm⁻²	应变(E-4)
1	−15.05	−5.22	−0.23	161	−11.48	−2.16	−0.10
8	−8.19	−1.54	−0.07	168	11.54	4.00	0.18
12	9.29	8.70	0.38	174	13.69	4.75	0.21
20	−5.46	−1.67	−0.07	183	−28.73	−2.29	−0.10
23	6.99	8.70	0.38	188	21.68	1.73	0.08
36	−5.26	−1.60	−0.07	203	−12.72	−11.9	−0.53
38	10.02	22.6	1.00	210	−19.18	−2.60	−0.12
47	−6.40	−7.96	−0.35	232	−29.83	−4.04	−0.18
56	6.00	2.08	0.09	243	−22.74	−2.83	−0.13
⋮	⋮	⋮	⋮	⋮	⋮	⋮	⋮

注：杆单元近乎上千个，因篇幅有限，仅列出部分，且内力及变形近似为零的杆件，表中略去。

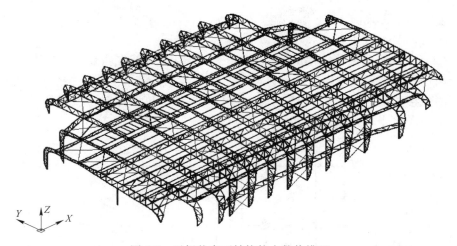

图 4-9　无损状态下结构静力数值模型

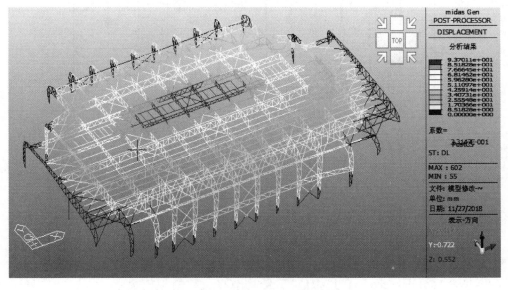

图 4-10　结构计算模型及无损结构变形图

4.4.2.2　静力传感器优化布置

该工程结构计算模型共有上千个杆件单元，按照本研究提出的布置方法，依据结构无损分析所示的结构受力特点，拟合计布置 82 个传感器，对杆件应力、支座倾角位移进行检测。

（1）杆件应力检测的测点布置。对该在役大跨度桁架结构应力最大杆件进行检测，使用应变传感器对杆件的应力进行检测，同时使用光纤光栅温度传感器进行温度补偿。其中，拟采用 25 枚表面应变计传感器对竖向杆件进行结构单元的应变检测；拟采用 25 枚表面温度传感器对杆件进行结构单元的温度变化检测，测点布置如图 4-11 所示。

（2）支座倾角位移检测的测点布置。本结构允许其支座在限定的范围内发生径向位移和倾角，来释放结构振动时产生的能量。结构如果发生变形或振动，支座的位移和倾角就会发生变化。拟采用 28 枚位移传感器对支座进行结构单元的位移变形检测，测点布置如图 4-11 所示。

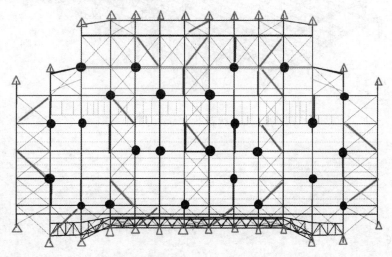

▲支座传感器 ━水平构件传感器12 ━斜向构件传感器17 ●竖向构件传感器25

图 4-11 结构的静态及动态监测位置

拟定该无损结构已经使用了 8 年，通过事后检测得知，结构各节点均完好，其中部分杆件因腐蚀或荷载的作用产生了损伤，损伤程度 8.6%。

4.4.2.3 测点方案及模拟结果分析

利用 82 个传感器测出的各个单元杆件应变、位移等值，假定实测值如表 4-14 所示（Midas/gen 软件模拟值），结构节点位移模拟值显示。假定结构处于弹性限度内，可由既有应变、位移等值计算出每个单元对应的值域。

表 4-14 结构杆单元内力测值

单元编号	无损结构			有损结构			损伤、测点标记
	轴力 /kN	应力 /N·mm⁻²	应变 (E-4)	轴力 /kN	应力 /N·mm⁻²	应变 (E-4)	
808	−17.15	−1.87	−0.08	−20.15	−2.73	−0.12	测
815	−25.32	−2.36	−0.10	−28.56	−5.39	−0.24	
829	24.65	1.89	0.08	28.64	2.68	0.12	损、测
832	39.67	16.9	0.75	48.46	22.4	0.99	

续表 4-14

单元编号	无损结构			有损结构			损伤、测点标记
	轴力/kN	应力/N·mm^{-2}	应变(E-4)	轴力/kN	应力/N·mm^{-2}	应变(E-4)	
838	24.30	14.2	0.63	27.86	15.4	0.68	测
848	-13.32	-6.32	-0.28	-16.55	-7.63	-0.34	
904	-12.36	-8.65	-0.38	-14.16	-9.41	-0.42	损、测
913	9.85	7.14	0.32	10.33	9.67	0.43	损、测
926	9.93	10.12	0.45	11.72	14.6	0.65	
808	-16.39	-1.36	-0.06	-20.15	-2.73	-0.12	损、测
⋮	⋮	⋮	⋮	⋮	⋮	⋮	

按照式（4-4）~式（4-6）进行计算分析。无损伤单元杆件轴力、应力和应变等数据均符合"规律二"，在测点范围内有损单元杆件轴力、应力和应变等数据均符合"规律一"。利用有限元编程和通过测点应变值等数据，分别计算出未直接测量的损伤杆单元（89、1332）应变值等数据，见表4-14。

4.4.3 动力传感器优化布置

4.4.3.1 无损状态下结构动力数值分析

以结构临界承载力作为结构稳定性的控制参数，通过单元节点位移的检测，计算出结构受损状态的临界承载力。通过对图4-9计算模型进行模态分析，得到该结构前6阶自振频率，振型如图4-12所示。

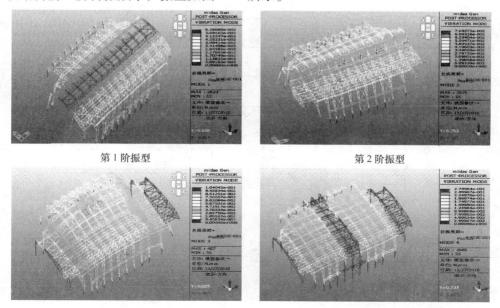

第1阶振型　　　　　　　　　　　　　　　　第2阶振型

第3阶振型　　　　　　　　　　　　　　　　第4阶振型

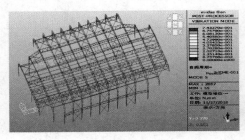
第 5 阶振型

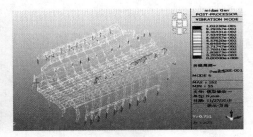
第 6 阶振型

图 4-12　结构前 6 阶振型

4.4.3.2　加速度传感器优化布置

通过查看模型可知，该结构节点几千余个，自由度的数目极多。这里选取前三阶模态，依据式（4-7），计算出该结构的各阶模态中各个自由度的动能，并按照从大到小的顺序依次排列，最终得到初始候选自由度数。

通过计算可知，有效无关的自由度数约为 28 个。加速度传感器一般在结构的竖直 Z 方向安装，考虑对称性原则，本方案选择在 1123z、1345z 等共 28 个节点的竖向上安装加速度传感器，因此，本次检测共安装 28 个三维加速度传感器，传感器布置如图 4-13 所示。

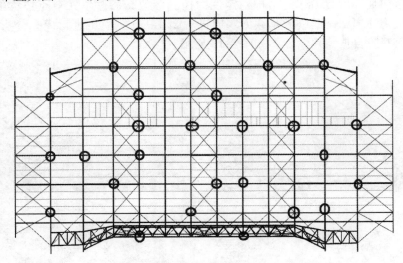

图 4-13　结构加速传感器布设位置

4.5　某大跨度弦支穹顶结构传感器布置实例

4.5.1　工程项目概况

（1）项目背景。该工程为大连中升文化中心（大连市体育馆），建设单位为大连星海湾金融商务区投资管理股份有限公司，地理位置位于大连市主城区以北、岚岭路与棋泡线的交汇处。占地面积 9.5 万平方米，建筑面积 8.3 万平方米，拥有 1.8 万个座位。大连市体育馆外观结构如图 4-14 所示。该体育馆采用多种新工艺、新技术，以达到最大限度的节能减排，是体育馆的环保特色。体育馆可容纳 1.8 万名观众，是目前国内可容纳观众人数最多的体育馆之一，大连市体育馆内部结构如图 4-15 所示。

图 4-14　大连市体育馆外观

图 4-15　大连市体育馆内部构造

该工程主体结构屋顶采用巨型网格预应力"弦支穹顶"（索支网壳）结构体系，屋顶最高点高度为 45m，跨度为 145.4m×116m，且平面为不规则椭圆形。该工程是目前世界最大跨度的弦支穹顶结构工程之一。

附属钢结构形式为平面管桁架，围护结构采用曲面网架，屋顶径向由 24 道拱形的主桁架构件组成。在屋顶环向方向，共设置了四道环形桁架，在外围环形桁架之间设置了 X 支撑，以增加屋面的整体性。屋面围护结构采用玻璃和金属板，如图 4-16 所示。

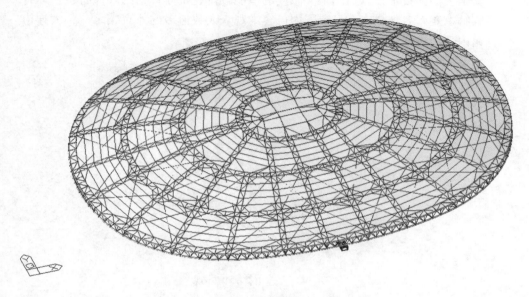

图 4-16 大连市体育馆屋顶建筑造型

（2）项目概况。该项目已竣工，在体育馆内适当的位置，预计预装一个约68t 的母架荷载（包括升降舞台等）。但承包商已制作了 79.098t 的母架荷载（包含自重+活荷载），与业主的要求有较大差距。根据大连场馆经营管理协议中场馆最低标准的相关规定，对体育馆屋顶在近端舞台、中央舞台和远端舞台等不同的规格布局下所需的最低安全吊挂荷载进行计算。根据大连场馆经营管理协议的要求，近端舞台吊顶应承受至少 82t，中央舞台吊顶至少 54t，远端舞台至少 36t，总计 172t。但是，为了满足运营及各种演出的需要，该场馆业主已在屋盖主体钢结构上布置了一定数量的吊点，用以吊挂母架结构并承担母架上的各种吊挂荷载。目前，母架结构已吊挂在屋盖主结构上，并投入使用。但是，由于结构竣工后，原屋盖主结构又增加了斗屏荷载，变更了马道上的荷载等，该屋盖结构已近满负荷工作，能否继续承担 172t 的母架荷载，需要进一步的校核与评估，主结构如图 4-17 所示。

根据国际演出荷载吊挂说明：北京张学友演唱会吊挂荷载图、碧昂斯演唱会吊挂荷载图、席琳迪翁演唱会吊挂荷载图、太阳天团演唱会吊挂荷载图、重金属乐队演唱会吊挂荷载图，核算该结构的极限荷载，以及能否安装母架。

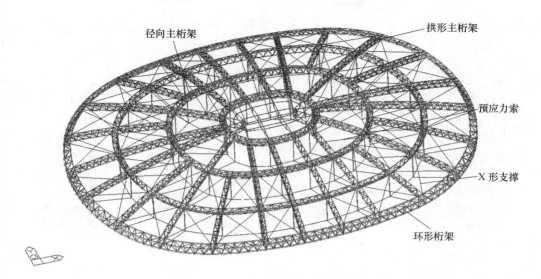

径向主桁架

拱形主桁架

预应力索

X形支撑

环形桁架

图 4-17 大连市体育馆主体结构

4.5.2 静力传感器优化布置

4.5.2.1 无损状态下结构静力数值分析

采用 Midas/gen 计算软件进行结构静力分析，无损状态下结构静力数值模型如图 4-18 所示，经分析得到无损状态下的局部结构变形如图 4-19 所示。结构各单元内力值如表 4-15 所示。

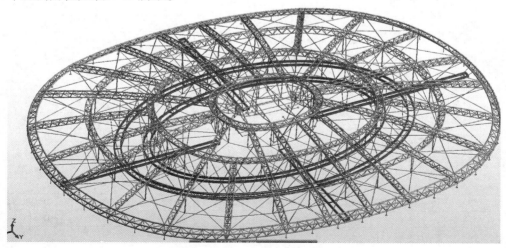

图 4-18 无损状态下结构静力数值模型

图 4-19 结构计算模型及无损结构变形图

表 4-15 无损结构杆单元内力（部分）

单元号	轴力/kN	应力/kN·m⁻²	应变（E-4）	单元号	轴力/kN	应力/kN·m⁻²	应变（E-4）
567	−12.31	−54.56	−0.445	1012	−12.31	−24.56	−0.445
568	−9.33	−42.75	−0.437	1013	−9.33	−32.75	−0.437
569	−12.37	−49.20	−0.433	1014	−12.37	−49.20	−0.433
570	−9.31	−55.42	−0.465	1015	−9.31	−55.42	−0.465
571	−9.33	−49.20	−0.433	1016	−9.33	−59.20	−0.433
572	−12.33	−59.27	−0.533	1017	−12.33	−39.27	−0.533
573	−12.33	−38.57	−0.487	1018	−12.33	−48.57	−0.487
574	−10.43	−59.20	−0.433	1019	−10.43	−29.20	−0.433
575	−12.33	−37.54	−0.438	1020	−12.33	−37.54	−0.438
576	−9.33	−59.25	−0.475	1021	−9.33	−49.25	−0.475
577	−14.33	−49.20	−0.433	1022	−14.33	−29.20	−0.431
578	−12.37	−59.20	−0.467	1023	−14.33	−39.20	−0.433
579	−15.43	−39.25	−0.537	1024	−12.37	−59.20	−0.467
580	−9.33	−39.20	−0.484	1025	−15.43	−49.25	−0.537
581	−16.33	−49.20	−0.438	1026	−9.33	−62.50	−0.484
582	−9.33	−39.50	−0.484	1027	−16.33	−53.20	−0.438
583	−12.33	−29.27	−0.517	1028	−9.33	−45.50	−0.484
584	−17.38	−29.20	−0.487	1029	−12.33	−52.27	−0.517
585	−9.33	−29.25	−0.433	1030	−17.38	−15.20	−0.487
586	−12.34	−39.20	−0.499	1031	−9.33	−35.25	−0.433
587	−12.33	−49.28	−0.424	1032	−12.34	−34.20	−0.499
588	−18.36	−59.28	−0.457	1033	−9.33	−33.25	−0.433
589	−9.33	−29.20	−0.478	1034	−12.34	−34.20	−0.499
⋮	⋮	⋮	⋮	⋮	⋮	⋮	⋮

注：杆单元近乎上千个，因篇幅有限，仅列出部分，且内力及变形近似为零的杆件，表中略去。

4.5.2.2　静力传感器优化布置

该工程结构计算模型共有上千个杆件单元，各个杆件包含桁架上弦杆、桁架腹杆、桁架下弦杆、撑杆、上弦支撑、索这六类主要构件，按照本研究提出的布置方法，依据结构无损分析所示的结构受力特点，拟合计布置 128 个传感器，对弦杆应力、支座倾角位移、索撑体系索力进行检测。

（1）弦杆应力检测的测点布置。对该在役弦支穹顶结构应力最大杆件进行检测，使用应变传感器对弦杆的应力进行检测，同时使用光纤光栅温度传感器进行温度补偿。其中，拟采用 28 枚表面应变计传感器对弦杆进行结构单元的应变检测；拟采用 28 枚表面温度传感器对弦杆进行结构单元的温度变化检测，测点布置如图 4-20 所示。

（2）支座倾角位移检测的测点布置。本结构允许其支座在限定的范围内发生径向位移和倾角，来释放结构振动时产生的能量。结构如果发生变形或振动，支座的位移和倾角就会发生变化。拟采用 24 枚位移传感器对支座进行结构单元的位移变形检测，测点布置如图 4-20 所示。

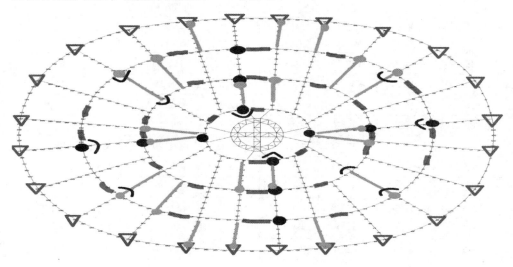

🔍 径向索传感器；🪝 环向索传感器；△ 支座传感器；━ 弦杆传感器；● 撑杆传感器

图 4-20　结构的静态及动态监测位置

（3）索撑体系索力、应力检测的测点布置。弦支穹顶结构的索撑体系由环向索、径向索和撑杆构成。对索施加适当的预应力后，增大了结构的刚度，使结构形成一个可以承担外荷载的闭合力系，根据索撑体系的结构受力特点，需对弦支穹顶结构的撑杆进行检测。采用传感器对索力进行检测，对撑杆应力最大的部分进行检测，对径向索、环向索以检测索力为主。拟采用 24 枚索力传感器对径向拉索进行结构单元的索力检测；12 枚索力传感器对环向拉索进行结构单元的索力检测；12 枚表面应变计传感器对竖向撑杆进行结构单元的应变检测；索力及应力测点布置如图 4-20 所示。

拟定该无损结构已经使用了 11 年，通过事后检测得知，结构各节点均完好，其中部分杆件因腐蚀或荷载的作用产生了损伤，损伤杆件的部分截面积有初始的 64.12（$10^{-4}\,\mathrm{m}^2$）变为 57.19（$10^{-4}\,\mathrm{m}^2$），损伤量为 6.93（$10^{-4}\,\mathrm{m}^2$），损伤程度 10.8%。

4.5.2.3 测点方案及模拟结果分析

利用 128 个传感器测出的各个单元杆件应变、索力、位移等值，假定实测值如表 4-16 所示（Midas/gen 软件模拟值），结构节点位移模拟值显示。假定结构处于弹性限度内，可由既有应变、索力、位移等值计算出每个单元对应的值域。

表 4-16 结构杆单元内力测值

单元编号	无损结构			有损结构			损伤、测点标记
	轴力 /kN	应力 /N·m⁻²	应变 (E-4)	轴力 /kN	应力 /N·m⁻²	应变 (E-4)	
19	-14.33	-59.20	-0.433	-14.33	-112.20	-0.433	损、测
44	-12.37	-39.27	-0.467	-14.33	-41.25	-0.433	
56	-15.43	-48.57	-0.537	-12.37	-86.50	-0.467	测
89	-9.33	-29.20	-0.484	-15.43	-28.57	-0.537	
101	-16.33	-37.54	-0.438	-9.33	-121.20	-0.484	损、测
185	-9.33	-49.25	-0.484	-16.33	-37.54	-0.438	
245	-12.31	-39.20	-0.445	-12.31	-36.20	-0.445	测
265	-9.33	-59.20	-0.437	-9.33	-52.20	-0.437	
355	-12.37	-49.25	-0.433	-12.37	-39.25	-0.433	
375	-9.31	-62.50	-0.465	-9.31	-129.20	-0.465	损、测
388	-9.33	-53.20	-0.433	-9.33	-121.21	-0.433	损、测
389	-12.33	-59.20	-0.533	-12.33	-39.50	-0.533	
489	-12.33	-49.25	-0.487	-12.33	-29.27	-0.487	测
1110	-10.43	-62.50	-0.433	-10.43	-56.20	-0.433	
1120	-12.33	-38.57	-0.438	-12.33	-94.25	-0.438	损、测
1132	-9.33	-59.20	-0.475	-9.33	-49.20	-0.475	
1124	-17.38	-37.54	-0.487	-12.33	-49.28	-0.517	测
2140	-9.33	-59.25	-0.433	-17.38	-58.57	-0.487	

续表 4-16

单元编号	无损结构			有损结构			损伤、测点标记
	轴力 /kN	应力 /N·m⁻²	应变 (E-4)	轴力 /kN	应力 /N·m⁻²	应变 (E-4)	
2154	−12.34	−49.20	−0.499	−9.33	−119.28	−0.433	损、测
2158	−12.33	−59.20	−0.424	−12.34	−128.57	−0.499	损、测
3266	−18.36	−39.25	−0.457	−9.33	−33.28	−0.433	
3278	−9.33	−39.20	−0.478	−12.34	−113.20	−0.499	损、测
⋮	⋮	⋮	⋮	⋮	⋮	⋮	

按照式（4-4）~式（4-6）进行计算分析。无损伤单元杆件轴力、应力和应变等数据均符合"规律二"，在测点范围内有损单元杆件轴力、应力和应变等数据均符合"规律一"。利用有限元编程和通过测点应变值等数据，分别计算出未直接测量的损伤杆单元（56、1120）应变值等数据，见表 4-16。

4.5.3 动力传感器优化布置

4.5.3.1 无损状态下结构动力数值分析

以结构临界承载力作为结构稳定性的控制参数，通过单元节点位移的检测，计算出结构受损状态的临界承载力。通过对图 4-18 计算模型进行模态分析，得到该结构前 10 阶自振频率、振型参与系数见表 4-17，振型如图 4-21 所示。

表 4-17 结构前 10 阶自振频率、振型参与系数

模 态	自振频率（Hz） 周期	振型参与系数		
		X-d	Y-d	Z-d
1	1.5531	−0.4587	0.4587	0.0512
2	1.6442	−0.7786	0.5686	0.0647
3	1.9212	−0.4587	0.4587	0.0547
4	1.9214	−0.4521	0.4587	0.0341
5	1.9218	−0.4581	0.8588	0.0547
6	1.9221	−0.4213	0.4581	0.0647
7	1.9223	−0.4587	0.8580	0.0543
8	1.9221	−0.4586	0.6587	0.0647
9	1.9224	−0.4387	0.8587	0.0542
10	1.9227	−0.4587	0.9580	0.0447

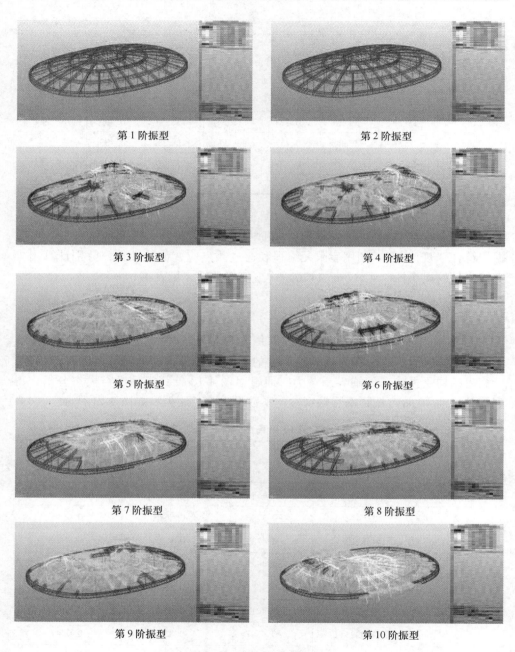

图 4-21　结构前 10 阶振型

4.5.3.2　加速度传感器优化布置

通过查看模型可知，该结构节点几千余个，自由度的数目极多。这里选取前三阶模态，依据式（4-7），计算出该结构的各阶模态中各个自由度的动能，并按照从大到小的顺序依次排列，最终得到初始候选自由度数。由于得到的数据量庞大，本书仅列出经过三次迭代后得到的部分有效无关 E_{ij}，三次迭代后有效无关 E_{ij} 的自由度数见表 4-18。

表 4-18   三次迭代后有效无关 E_{ij} 的自由度数

自由度号	344x	244z	224x	234z	244x	244z	234y
E_{ij}	0.685	0.752	0.312	0.685	0.475	0.785	0.412
自由度号	1332x	2232z	1234x	2132z	2331x	2133z	2233y
E_{ij}	0.685	0.752	0.312	0.685	0.475	0.785	0.412
自由度号	42324x	5335z	52424x	53423z	5434x	6332z	4324y
E_{ij}	0.685	0.752	0.312	0.685	0.475	0.785	0.412
自由度号	7585x	7589z	8746x	8456z	8877x	8790z	8646y
E_{ij}	0.685	0.752	0.312	0.685	0.475	0.785	0.412
⋮	⋮	⋮	⋮	⋮	⋮	⋮	⋮

注：表中自由度标号的数字表示节点号，x、y、z 分别表示节点的自由度方向，如 $3x$ 为第三节点 X 方向的自由度。

由表 4-18 可以看出，有效无关的自由度数约为 28 个。加速度传感器一般在结构的竖直 Z 方向安装，考虑对称性原则，本方案选择在 869z、1016z 等共 30 个节点的竖向上安装加速度传感器，因此，本次检测共安装 30 个三维加速度传感器，传感器布置如图 4-22 所示。

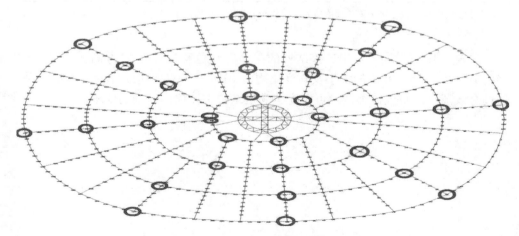

图 4-22   结构加速传感器布设位置

4.5.3.3 测点方案及模拟结果分析

在计算模型的 869、785、1257、256 等 30 个节点上布置传感器，对结构在所选结构荷载作用下的最大位移进行测试。采用 Midas/gen 结构软件进行模拟计算。通过对结构进行屈曲分析，得到该结构在所选结构荷载作用下的 10 阶屈曲模态和 1 阶模态各节点在 X、Y、Z 方向的位移值见表 4-19。

表 4-19　1 阶模态各节点 X、Y、Z 方向位移值　　　　　　（m）

节点	U_X （×10⁻³）	U_Y （×10⁻³）	U_Z （×10⁻³）	节点	U_X （×10⁻³）	U_Y （×10⁻³）	U_Z （×10⁻³）
869	-0.6874	0.5213	-0.5521	785	-0.4587	0.6874	0.5213
232	-0.4587	0.4587	-0.4581	1340	-0.7588	0.4587	0.4587
1257	-0.7786	0.4521	0.4213	624	-0.4581	0.7786	0.4213
256	-0.4587	0.4581	0.4587	895	-0.8580	0.4587	0.8587
4543	-0.4521	0.7213	-0.5686	468	-0.6587	0.4521	-0.4587
233	-0.5581	0.4587	-0.6587	576	-0.8580	0.5581	-0.7786
1213	-0.4213	0.7213	-0.4521	124	-0.4587	0.4213	-0.4587
234	-0.4587	0.4587	0.4581	645	-0.7686	0.4587	-0.4521
645	-0.6586	0.5521	0.4213	487	-0.4587	0.5521	-0.4581
867	-0.4387	0.4581	-0.5213	958	-0.5521	0.4581	-0.6213
455	-0.4587	0.4213	-0.4587	582	-0.4581	0.4213	0.4521
463	-0.6686	0.4587	-0.6587	483	-0.5213	0.6587	0.6581
485	-0.4587	0.5586	-0.5686	623	-0.4587	0.6586	0.4213
⋮	⋮	⋮	⋮	⋮	⋮	⋮	⋮

注：1. 表中在 X、Y、Z 方向位移值均为零的节点略去；2. 结构在 X、Y、Z 方向的位移最大值节点分别为 1346、256、1016。

由表 4-19 可以明确看出，该结构的整体节点位移以及在 Z 方向上的最大位移值节点是 1016，其值的大小及其变化均由 1016 号节点加速度传感器监测得到。通过有效节点法布置传感器，可以完全满足结构整体损伤识别的要求。

5　结构安全性数值模拟方法

5.1　在役大跨度钢结构安全性损伤识别

5.1.1　在役大跨度钢结构损伤识别

目前，大部分损伤识别方法的基本思想是根据结构损伤前后结构参数和各项动静力性能产生的变化及其不同程度的改变来进行结构安全性评定。其基本工作原理为结构损伤前后结构刚度、质量等结构参数产生的变化，亦会导致结构的静力、动力行为在结构损伤前后产生相应的变化。而在结构损伤识别方法中，主要有以下几种方法：无损检测、静力检测、动力检测、有限元模型修正方法。

（1）无损检测方法。随着科技的不断发展无损检测方法近年来日渐成熟，较为常见的检测方法有超声法、红外诊断法、探地雷达法、射线法等。无损检测亦称为局部检测，该方法专注于结构构件的某一具体属性，检测目的性强，特点是操作方便，工作量大，缺点是具有一定的局限性，不能反映结构的整体信息，亦不能给出结构的整体损伤程度。

（2）静力检测方法，通过相关仪器设备测量和分析结构损伤前后这些静力参数的变化值，我们可以清晰地得到结构的损伤位置以及程度（结构损伤前后其整体的刚度大小会发生变化，而变形、应变、挠度是与结构性能息息相关的静力参数，也会发生相应的变化），但静力测试的方法存在信息量少、加载路径受结构自身的限制等局限性。

（3）动力检测方法。动力检测法是基于振动的结构损伤进行检测，其核心思想是：在分析现场结构实测振动信息的基础上，分析对比初始模型振动信息，研究频率、模态、阻尼等模态参数的改变来分析结构的局部刚度和承载力的变化，进而识别损伤的位置和程度。该方法主要分三大类：1）基于模态域数据的方法（基于频率改变法、基于模态振型改变法、基于曲率模态法、基于能量变化的人工智能方法、基于频响函数的方法）；2）基于时间域数据的方法；3）基于时频域数据的方法。

（4）有限元模型修正方法。利用结构静动力响应来反演结构的损伤位置及程度在数学上是一个反问题的求解，而有限元模型修正方法是求解这类反问题的一种高效方法。有限元模型修正方法是首先建立一个初始非损伤的基准有限元模型，然后对结构进行各种实际环境下的静动力响应分析，利用获得的试验数据通过相应的理论和算法来校正，即不断地修正基准有限元模型中单元刚度等模型参数，不断改进分析模型和试验结果的相关性，最终得出一个与试验结果相一致的基准有限元模型，利用修正模型中的局部单元刚度变化来指示结构的损伤位置与程度。

5.1.2   有限元模型修正及判定准则

5.1.2.1   有限元模型修正流程

利用有限元模型分析进行定量、准确地结构损伤识别，首先要建立结构的基准有限元模型。但是，往往存在各种材料参数不确定、支撑刚度和连接刚度不恰当模拟、边界条件近似、阻尼特性精确度不高、理论假设等因素影响着初始有限元模型的精度，其与实际模型之间不可避免地存在误差，这就要求对初始有限元模型进行修正，有限元模型修正流程如图5-1所示。

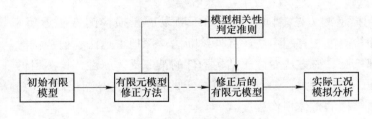

图 5-1   有限元模型修正流程

5.1.2.2   初始有限元模型修正方法对比分析

模型修正方法大致可以分为两类：

（1）最优矩阵修正法。以有限元模型的刚度矩阵元素和质量矩阵元素作为修正的对象，该方法计算简便，修正结果的模态数据与实测的模态数据一致，但存在刚度矩阵和质量矩阵被修正为满矩阵，有时还会出现虚元和负刚度值的现象。

（2）设计参数型法。以结构参数如弹性模量、截面面积、密度等参数作为修正对象，该方法可以很好地保留结构的力学特性，因此常被采用。

此外，有限元模型修正方法还可按计算方法、模型修正对象、按功能需求、按模型修正范围等情况有着不同的分类方式。较为常见的模型修正方法按所采用的数据类型进行分类，分为基于静力的模型修正方法、基于动力的模型修正方法、基于智能计算的模型修正方法和其他模型修正方法，见表5-1。

表 5-1 有限元模型修正方法对比分析

序号	方法	方法释义	特 点
1	基于静力的模型修正	结构的静力参数主要包括结构刚度、结构的位移和应变，结构的刚度和位移反映结构的整体效应，结构应变反映结构的局部效应。采用静力测试数据进行有限元模型修正研究	对位移或应变等静力参数进行测量，对静力参数的计算与测量值间的残差进行分析，来实现对结构的有限元模型修正
2	基于动力的模型修正	矩阵优化法：以实测模态参数和有限元模型（质量矩阵 M、刚度矩阵 K、阻尼矩阵 C）作为参考基，寻找满足特征方程、正交条件、对称矩阵条件等，且与参考基最逼近的修正过的有限元模型	得到的质量矩阵和刚度矩阵不仅改变了原矩阵的带状性和稀疏性，且物理意义不明确，有时矩阵主对角线元素会出现虚元和负刚度或负质量
		设计参数法：是直接对结构设计参数进行修正，即结构的几何特性和物理特性参数：如构件的截面惯性矩、材料的弹性模量、密度等	其结果具有明确的物理意义，便于实际结构分析计算，并与其他优化设计过程兼容，实用性强
		灵敏度分析法：可求出结构各部分质量、刚度及阻尼变化对结构特征值、特征向量或频响函数改变的敏感程度	从而指示修改何处的结构参数对结构总体的动态特性影响最大且最为有效
		特征结构配置法：借用经典自动控制的闭环反馈控制技术，把局部修正看作反馈回路来研究它对原系统的影响，从而达到模型修正的目的	求解反馈增益矩阵，使闭环系统中固有频率和模态与实测值吻合，而高阶频率和模态保持不变。缺点在于修正后的模型参数矩阵有可能丧失原来的对称性以及原模型各单元的连接信息
		频响函数法：频响函数反映了系统的输入和输出之间的关系，反映了系统的固有特性，是系统在频域中的一个重要特征量。基于频响函数的模型修正算法可以分为方程残差和输出力残差两大类	残差为空间参数的线性函数，修正可以很快收敛。输出力残差的优点是精度高，当实验结果具有零均值的噪声时，参数估计是无偏的。缺点是要求在所有可选自由度进行测量以保证测试数据的完备性，且因噪声污染，参数是有偏的。因引入非线性罚函数，使计算收敛时间增加

序号	方法	方法释义	优 点
3	基于智能计算的模型修正方法	神经网络法：瞿伟廉等建立了基于径向基神经网络的空间网架结构有限元模型修正的计算方法，依据神经网络方法完成了大型空间网架结构节点固结系数的识别	不求解灵敏度矩阵，自适应处理由噪声引起的测量模态失真和克服数据不完整造成缺陷，具有强大非线性映射功能。随着结构自由度数目的增加，计算样本数量急剧增加，网络训练时收敛过程也会变得困难得多，结果常不稳定
		随机优化方法：随机优化方法较为广泛的是遗传算法和模拟退火法，它们按概率寻找问题的最优解	可较好解决陷入局部最优问题，较好地找到全局最优解，具有很强的鲁棒性。模拟退火法进行修正得到的结果均要好于采用遗传算法修正的结果
4	其他模型修正方法	基于响应面方法：基于方差分析的参数筛选、基于回归分析的响应面拟合、利用响应面进行模型修正三种方法	可较好解决陷入局部最优问题，较好地找到全局最优解，具有很强的鲁棒性。模拟退火法进行修正得到的结果均要好于采用遗传算法修正的结果

5.1.2.3　有限元模型修正相关性判定准则

通过有限元模型修正方法得到修正后的模型后，需要通过一定的目标函数定义来检验修正后的有限元模型是否正确，即模型相关性判定准则。

（1）静力特性相关性准则。通过百分比误差来表示实测位移和应变等参数与有限元计算出的位移和应变等对应的参数之间的相关性。用 U_t 表示实测位移，U_a 表示计算位移；用 ε_t 表示实测应变，ε_a 表示计算应变；U_t 与 U_a 之间，ε_t 与 ε_a 之间的相关程度分别表达如下：

$$e_u = \frac{|U_t - U_a|}{U_t} \times 100, \quad e_\varepsilon = \frac{|\varepsilon_t - \varepsilon_a|}{\varepsilon_t} \times 100 \tag{5-1}$$

由于有限元模型是简化的光滑模型，模型中给出的是单元上的平均应变，而实测应变是一个局部量，跟位置密切相关。因此，基于静力的有限元模型修正过程中，应变数据误差则可适当放宽，位移数据误差可以控制得偏小一些。

（2）频率相关性准则。通过百分比误差来表示固有频率与有限元计算出的频率之间的相关性。固有频率是动态检测的最基本参数，比模态振型向量更容易准确测量。用 f_{ti} 表示检测频率，f_{ai} 表示计算频率；f_{ti} 与 f_{ai} 之间的相关程度表达如下：

$$e_{ft} = \frac{|f_{ti} - f_{ai}|}{f_{ti}} \times 100, \; e_f = \frac{\sum_{i=1}^{p}(f_{ti} - f_{ai})}{\sum_{i=1}^{p}f_{ti}^2} \tag{5-2}$$

（3）振型相关性准则。通过百分比误差来表示计算振型与实测振型之间的相关性。其相关性 MAC_i 可以通过模态置信准则来计算。$\text{MAC}_i = 1$ 表示模态完全相关，$\text{MAC}_i = 0$ 表示模态完全不相关。除此此外，误差表达式亦可以使用如下公式进行相关性评价：

$$e_{\varphi} = \left[1 - \frac{1}{p}\sqrt{\sum_{i=1}^{p}(\text{MAC}_i)^2}\right] \times 100 \tag{5-3}$$

5.2 在役大跨度钢结构有限元模型修正

5.2.1 基于实测数据的有限元模型

利用有限元模型对实际工程结构进行数值仿真分析，具有分析速度快、设计周期短、适应性广和试验费用低等优点。基于实测数据的有限元模型修正方法研究在过去 20 多年来引起广泛重视，常见的方法分类主要有基于实测数据的静力模型修正方法、基于实测数据的动力模型修正方法。

5.2.1.1 基于实测数据的静力模型修正方法

基于实测静力数据的有限元模型修正方法是以弹性范围内的静力实测数据值与初始有限元模型计算值相比较，从而发现理论有限元模型中与实际结构中存在的误差位置和误差性质，该方法相比试验数据进行修正的方法，具有工作周期短、效率高、测试数据更加准确和受噪音干扰小等优点，修正流程见图 5-2。

5.2.1.2 基于实测数据的动力模型修正方法

基于实测动力数据的有限元模型修正是结合动力检测数据分析得到结构的频率等特性参数，以此修正有限元模型的边界约束条件、刚度等参数使模型的振动参数与实际结构一致，与基于实测数据的静力模型修正方法相似，具有工作周期短、效率高、测试数据更加准确和受噪音干扰小等优点，具体修正流程见图 5-3。

5.2.2 基于实测数据的在役大跨度钢结构有限元模型修正

基于实测数据的在役弦支穹顶结构有限元模型修正方法实施过程，首先，根据已知施加到结构上的荷载建立初始有限元模型，其次，根据第 4 章所述的在役大跨度钢结构安全性检测方法关于传感器位置优化布置的理论，在结构关键位置布置数据传感器，并分析采集到的检测数据，基于分析结果对有限元模型进行修正；最后，根据修正后的基准有限元模型得到该结构的损伤位置与程度。

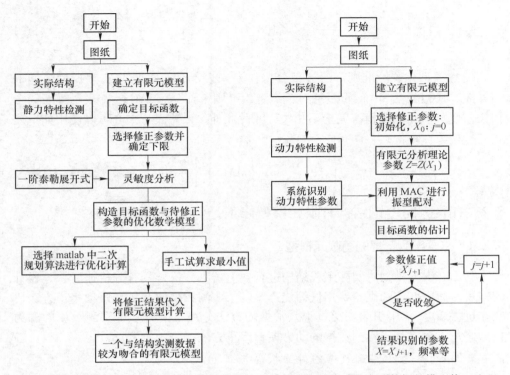

图 5-2　基于静力实测数据的模型修正流程　　图 5-3　基于动力实测数据的模型修正流程

　　结构的静力参数主要包括结构的刚度、结构的位移和应变，结构的刚度和位移反映结构的整体效应，结构的应变反映结构的局部效应。结构的动力参数主要包括结构的频率等特性参数，结构的频率等特性参数反映结构的整体效应。因此，结构静力测试中，结构的位移测试精度较高且反映结构整体效应，而应变测试数据主要反映结构局部效应（损伤识别阶段更充分地反应局部性能）。结构动力测试中，结构的频率测试精度较高且能反映结构的整体效应，但振型测试精度较差。

　　因此，在役大跨度钢结构有限元模型需要反映在役大跨度钢结构整体性能，这其中，不仅需要结构静力检测数据，而且还需要结构动力检测数据。而为了弥补动静力实测数据有限元模型修正方法单一性的特点，克服单一检测数据无法全面反映结构整体性能这一局限性，旨在增加结构有限元模型的可利用信息，本研究结合对基于实测静力数据的有限元模型修正方法和基于实测动力数据的有限元模型修正方法分析的基础上，考虑结构有限元模型结构安全性损伤识别对结构整体性能参数的需求，亦旨在使修正后的基准模型更准确地反映结构的静力和动力性能，构建基于静力和动力实测数据的结构有限元模型的修正方法，具体方法如下：

（1）特征向量扩充。对于在役大跨度钢结构有限元模型的自由度数非常多，相对应的，结构安全性检测布设的测点数量相对较少，因此，将无阻尼结构的振动特征值方程写成分块形式，如式（5-4）所示，选用的特征向量扩充技术旨在保证检测自由度与有限元模型自由度相匹配。

$$\left(\begin{bmatrix} K_{pp} & K_{ps} \\ K_{ps}^T & K_{ss} \end{bmatrix} - \omega_i^2 \begin{bmatrix} K_{pp} & K_{ps} \\ K_{ps}^T & K_{ss} \end{bmatrix} \right) \begin{bmatrix} \varphi_{pi} \\ \varphi_{si} \end{bmatrix} = 0 \tag{5-4}$$

式（5-4）中，质量矩阵 M 和刚度矩阵 K 按检测自由度和待扩充自由度写成分块形式。字母 ω_i 代表第 i 阶测试频率，字母 φ_{si} 代表第 i 阶未测试自由度对应的振型向量，字母 φ_{pi} 代表第 i 阶测试自由度对应的振型向量，检测自由度用字母用 p 表示，待扩充自由度用字母 s 表示。将式（5-4）写成两个等价的式，可分别求得 φ_{si}，即写成联合矩阵形式见式（5-5）：

$$\varphi_{si} = - \begin{bmatrix} K_{ps} - \omega_i^2 M_{ps} \\ K_{ss} - \omega_i^2 M_{ss} \end{bmatrix}^+ \begin{bmatrix} K_{pp} - \omega_i^2 M_{pp} \\ K_{ps}^T - \omega_i^2 M_{ps}^T \end{bmatrix} \varphi_{pi} \tag{5-5}$$

式（5-5）给出了特征向量动力算法，其中 $[\bullet]^+$ 表示广义逆。式（5-5）的求解过程可以得到待扩充振型向量的唯一解，而且求解过程不仅清晰且非常可靠，此外，求解逆过程中包含了所有的自由度，满足要求。

（2）模型工作振型质量归一化。模型工作振型质量归一化是进行结构有限元模型修正的前提，本研究选用基于质量矩阵正交化的方法对工作振型进行质量归一化处理，旨在避免因环境激励下获得工作振型造成质量尚无法归一化处理这一现状，实现对结构有限元模型修正之前对该结构的现场实测振型进行归一化处理。该方法的工作思路如下：假定结构有限元模型质量矩阵与现场实际测得的质量矩阵相互一致，即认为结构的质量基本不会发生什么变化，至此，其工作振型质量归一化表达式如下：

$$\phi_{ij} = \frac{\varphi_{ij}}{\sqrt{\varphi_j^T M \varphi_j}} \tag{5-6}$$

式（5-6）中，第 j 阶质量标准化振型的第 i 个元素用字母 φ_{ij} 表示，第 j 阶测试振型的第 i 个元素用字母 φ_{ij} 表示，第 j 阶测试振型用 φ_j 表示，有限元模型质量矩阵用字母 M 表示。

（3）基于静、动力检测数据的模型修正目标函数。目标函数的选取是结构模型修正的关键与核心，本研究提出基于静、动力检测数据的结构有限元模型修正目标函数，不仅结合了结构位移、频率和振型等实测参数信息，而且给出的目标函数增大了位移、频率和振型等参数识别结果的可靠性和有效性，亦能够有效地克服仅依靠静力或动力检测数据而导致结构有限元模型修正的局限性。需要说明的是，动力测试中的模态置信准则、频响函数、频率、模态柔度、振型等，静力测试中的位移和应变等亦是目标函数。基于静、动力检测数据的模型修正的结构目标函数如下：

$$J = J_1 + J_2 + J_3 = \sum_{j=1}^{L} \sum_{i=1}^{n} \alpha_{ij} \left(\frac{U_{tij} - U_{aij}}{U_{tij}} \right)^2 + \sum_{i=1}^{\mu} \beta_i \left(\frac{f_{ti} - f_{ai}}{f_{ti}} \right) + \sum_{i=1}^{\mu} \gamma_i \frac{(1 - \sqrt{\text{MAC}_i})^2}{\text{MAC}_i}$$

(5-7)

式中，静力位移目标函数用字母 J_1 表示，字母 J_2 表示频率目标函数，字母 J_3 表示振型（MAC 置信准则）目标函数。MAC_i 是第 i 阶振型的模态置信准则值，字母 γ_i 是可取不同值的权重因子，字母 p 表示测试振型、频率个数。字母 U_{tij} 表示第 j 次荷载工况第 i 个自由度的测试位移，字母 U_{aij} 表示对应的计算位移，字母 α_{ij} 表示可取不同值的权重因子，字母 β_i 表示可取不同值的权重因子，字母 f_{ti} 表示第 i 阶测试频率，字母 f_{ai} 表示第 i 阶计算频率，字母 n 表示位移测点个数，字母 L 表示荷载工况数。至此，基于静、动力检测数据的模型修正目标函数式（5-7）的约束条件如下：

$$\begin{cases} 0 \leqslant |U_{ai} - U_{ti}| \leqslant U_R \\ 0 \leqslant |f_{ai} - f_{ti}| \leqslant f_R \\ M_L \leqslant \text{MAC}_i \leqslant 1 \end{cases}$$

(5-8)

式（5-8）中，MAC_i 值的下限用字母 M_L 表示，测试频率与计算频率之间误差的上限用字母 f_R 表示，测试位移与计算位移之间误差的上限用字母 U_R 表示。

（4）模型参数优化算法。在役大跨度钢结构有限元模型修正的过程就是利用其结构的实测静动力特性进行参数优化的过程，而优化问题的基本思路是运用各种优化方法针对构建的优化模型，满足其设计要求条件下的迭代运算，从而得以求出目标函数的极值，最终得到最优的优化计算结果。在经过基于静、动力检测数据的模型修正目标函数式（5-7）和约束条件式（5-8）处理后，结构有限元模型修正问题已经转变为结构参数的约束优化问题。本研究根据结构特点，采用 Midas 有限元软件提供的一阶优化算法对基于静、动力检测数据的结构模型修正目标函数进行求解，它通过对基于静、动力检测数据的结构模型目标函数添加罚函数将问题转换为非约束优化（在每次迭代中，利用共轭度法确定搜索方向，并用线性搜索法对非约束问题进行最小化处理）。

（5）基于灵敏度的模型修正参数选取。结构参数修正方法和物理参数修正方法是常见的有限元模型修正参数方法。本研究采用物理参数进行结构有限元模型修正。其中，物理参数包括了结构的材料密度信息、几何参数信息、弹性模量信息等，将其作为结构有限元模型修正参数，能够有效地保证结构质量矩阵和刚度矩阵原有的物理意义。这里需要说明的是，选择的修正参数不宜过多，修正参数灵敏度的选择应该较大，一方面，是因为结构现场实测数据信息是十分有限的，而模型修正参数过多非常容易导致求解方程病态；另一方面，如此选择是为了能够反映结构建模误差所在位置。因此，对于满足质量归一化振型向量 $\boldsymbol{\varphi}_i$，结合灵敏度分析的基本理论，结构的固有频率对质量、刚度的灵敏度分别为：

$$\frac{\partial \omega_i}{\partial m_{ef}} = \begin{cases} -\omega_i \varphi_{ei} \varphi_{fi} (e \neq f) \\ -\omega_i \varphi_{ei}^2 /2 (e = f) \end{cases}, \frac{\partial \omega_i}{\partial k_{ef}} = \begin{cases} \varphi_{ei} \varphi_{fi} /\omega_i (e \neq f) \\ \varphi_{ei}^2 /2\omega_i (e = f) \end{cases} \tag{5-9}$$

在役大跨度钢结构振型向量对质量、刚度的灵敏度分别如下所示：

$$\frac{\partial \boldsymbol{\varphi}_i}{\partial m_{ef}} = \sum_{k=1}^{n} \alpha_k \varphi_k, \frac{\partial \boldsymbol{\varphi}_i}{\partial k_{ef}} = \sum_{k=1}^{n} \beta_k \varphi_k \tag{5-10}$$

$$\alpha_k = \frac{\omega_i^2}{\omega_k^2 - \omega_i^2} (\varphi_{ek} \varphi_{fi} + \varphi_{ei} \varphi_{fk}), \beta_k = \frac{1}{\omega_k^2 - \omega_i^2} (\varphi_{ek} \varphi_{fi} + \varphi_{ei} \varphi_{fk}) (e \neq f)(k \neq i)$$

$$\alpha_k = \frac{\omega_i^2}{\omega_k^2 - \omega_i^2} \varphi_{ek} \varphi_{ei}, \beta_k = \frac{1}{\omega_k^2 - \omega_i^2} \varphi_{ek} \varphi_{ei} (e = f)(k \neq i)$$

$$\alpha_k = -\varphi_{ei} \varphi_{fi}, \beta_k = 0 (e \neq f)(k \neq i)$$

$$\alpha_k = -\varphi_{ei}^2 /2, \beta_k = 0 (e = f)(k = i) \tag{5-11}$$

由此可知，第 i 阶实测振型 $\boldsymbol{\varphi}_i^e$ 与第 j 阶有限模型分析振型 $\boldsymbol{\varphi}_j^a$ 的模态置信准则值 MAC_{ij} 相对应结构的质量、刚度的灵敏度表达式为式（5-12）、式（5-13），其中，关于基于灵敏度的模型修正参数选取的第 j 阶有限元分析振型 $\boldsymbol{\varphi}_j^a$ 对质量和刚度的灵敏度 $\frac{\partial \boldsymbol{\varphi}_j^a}{\partial m_{ef}}$ 和 $\frac{\partial \boldsymbol{\varphi}_j^a}{\partial k_{ef}}$ 见式（5-10）、式（5-11）。

$$\frac{\partial MAC_{ij}}{\partial m_{ef}} = \frac{2(\boldsymbol{\varphi}_i^{eT} \boldsymbol{\varphi}_j^a) \frac{\partial \boldsymbol{\varphi}_j^a}{\partial m_{ef}}}{(\boldsymbol{\varphi}_i^{eT} \boldsymbol{\varphi}_i^e)(\boldsymbol{\varphi}_j^{eT} \boldsymbol{\varphi}_j^e)} - \frac{2(\boldsymbol{\varphi}_i^{eT} \boldsymbol{\varphi}_j^a)^2 \boldsymbol{\varphi}_j^{aT} \frac{\partial \boldsymbol{\varphi}_j^a}{\partial m_{ef}}}{(\boldsymbol{\varphi}_i^{eT} \boldsymbol{\varphi}_i^e)^2 (\boldsymbol{\varphi}_j^{eT} \boldsymbol{\varphi}_j^e)^2} \tag{5-12}$$

$$\frac{\partial MAC_{ij}}{\partial k_{ef}} = \frac{2(\boldsymbol{\varphi}_i^{eT} \boldsymbol{\varphi}_j^a) \frac{\partial \boldsymbol{\varphi}_j^a}{\partial k_{ef}}}{(\boldsymbol{\varphi}_i^{eT} \boldsymbol{\varphi}_i^e)(\boldsymbol{\varphi}_j^{eT} \boldsymbol{\varphi}_j^e)} - \frac{2(\boldsymbol{\varphi}_i^{eT} \boldsymbol{\varphi}_j^a)^2 \boldsymbol{\varphi}_j^{aT} \frac{\partial \boldsymbol{\varphi}_j^a}{\partial k_{ef}}}{(\boldsymbol{\varphi}_i^{eT} \boldsymbol{\varphi}_i^e)^2 (\boldsymbol{\varphi}_j^{eT} \boldsymbol{\varphi}_j^e)^2} \tag{5-13}$$

从式（5-9）~式（5-13）可以看出，结构各阶振型向量的线性组合是结构振型向量灵敏度的表示，其中，模态置信准则值的灵敏度则与振型向量的灵敏度息息相关，第 k 阶振型向量对灵敏度的权重用 α_k 或 β_k 表示。由此可见，上述结构参数对结构质量元素的灵敏度均比对刚度元素的灵敏度要大。

需要说明的是，振型向量、高阶固有频率和模态置信准则值因质量的变化而变化，影响较大，而振型向量、低阶固有频率和模态置信准则因刚度的变化而变化。此外，截面面积、惯性矩、弹性模量和密度等物理参数受结构的刚度和质量的直接影响。一方面，这里将质量描述为密度与体积的乘积形式，而材料密度与振型向量、结构频率和模态置信准则值这三者对在役大跨度钢结构材料密度具有非常大的灵敏度，这三者之间对材料密度的灵敏度和这三者之间对质量的灵敏度成正比例关系。因此，在进行结构有限元模型修正时，对结构的材料密度参数稍作修改即可显著地影响结构模态参数的数值变化。另一方面，这里将刚度写成应变矩阵、弹性模量、截面面积 A（或惯性矩）的积分函数形式，而振型向量、结构频率和模态置信准则值这三者分别对弹性模量、截面面积（或惯性矩）的灵敏度都与振型向量、结构频率和模态置信准则值这三者相对应于刚度的灵敏度成正比例关系。因此，振型向量、结构频率和模态置信准则值这三者分别对弹性模量、截面尺寸、对惯性矩的灵敏度都要小于振型向量、结构频率和模态置信准则值这三者对材料密度的灵敏度。通过上述分析可知，在一般状况下，结构弹性模量数值大于其截面面积（或惯性矩），由此可见，振型向量、结构频率和模态置信准则值这三者对截面面积（或惯性矩）的灵敏度通常大于振型向量、结构频率和模态置信准则值这三者对材料弹性模量的灵敏度。

综上，在进行结构模型修正时，在一定合理的范围内，应按照结构杆件的材料密度 ρ、结构杆件的材料截面尺寸 A（截面惯性矩）、结构杆件的材料弹性模量 E 的先后优先顺序来考虑修改结构的设计参数。

5.3 某大跨度钢网架结构数值模拟过程分析实例

5.3.1 有限元模型修正过程

5.3.1.1 有限元计算模型建立与修正

利用初始有限元模型对该模型结构进行静动力特性计算，与荷载变化的现场实测荷载挠度曲线和荷载应变曲线进行对比。

在役大跨度钢网架结构有限元模型采用杆单元模拟整体有限元模型的结构杆件，在役大跨度钢网架结构杆件单元的单元质量矩阵和刚度矩阵在其单元局部坐标系中的定义为：

$$\boldsymbol{m}_\mathrm{e} = \frac{\rho A L}{6}\begin{bmatrix} 2 & 1 \\ 1 & 2 \end{bmatrix}, \ \boldsymbol{K}_\mathrm{e} = \frac{EA}{L}\begin{bmatrix} 1 & -1 \\ -1 & 1 \end{bmatrix} \tag{5-14}$$

式中，ρ 为在役大跨度钢网架结构杆件的材料密度；A 为在役大跨度钢网架结构杆件单元的截面面积；L 为在役大跨度钢网架结构单元的长度；E 为在役大跨度钢网架结构杆件材料的弹性模量。

由质量矩阵和刚度矩阵分析可知，除了杆件长度影响在役大跨度钢网架结构的质量和刚度外，在役大跨度钢网架结构杆件材料密度、杆件截面面积、杆件弹性模量亦是主要影响因素。因此，本研究针对该在役大跨度钢网架结构的有限元模型修正，选取在役大跨度钢网架结构杆件截面面积、材料密度和节点质量这三类物理参数作为有限元模型修正的基本参数。通过初始有限元的建立过程可知，有限元整体计算模型如图 5-4 所示。

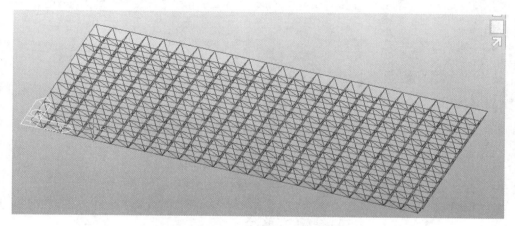

图 5-4 在役大跨度钢网架结构整体计算模型

本研究将该在役大跨度钢网架结构模型组按力学特点、受力特性、杆件对结构静动力特性的敏感度分解成多个子结构，即上弦杆、腹杆、下弦杆（如图 5-5 所示）。对这三种构件进行修正，也就是通过对所有在役大跨度钢网架结构各杆件和质量节点进行重新细部再分组，如图 5-6 所示。

为了便于理解，这里拿网架下弦杆来具体阐述，首先将在役大跨度钢网架结构中下弦杆的截面面积 A_i 和相互对应和涉及的所有节点质量 m 分别作为统一的具体数值进行修正，最后再考虑对所有杆件的材料密度参数 ρ 进行修正，至此，可知该在役大跨度钢网架结构合计共有 2+2+2+1＝7 个修正参数。

按上述方法进行分组的主要原因是：一方面，为保证修正后的在役大跨度钢网架结构模型的各种参数仍符合实际，既要保证修正后的各杆件截面尺寸偏差在合理范围内，又要保证修正后的结构仍然为对称结构；另一方面，由于该在役大跨度钢网架结构模型杆件有 2070 个杆件，节点有 494 个，如果选择所有杆件和节点的上述三类参数进行在役大跨度钢网架结构模型修正则共计有 3554 种参数，若直接按上述方法直接进行修正，修正参数的数量远远大于现场实测数据的数

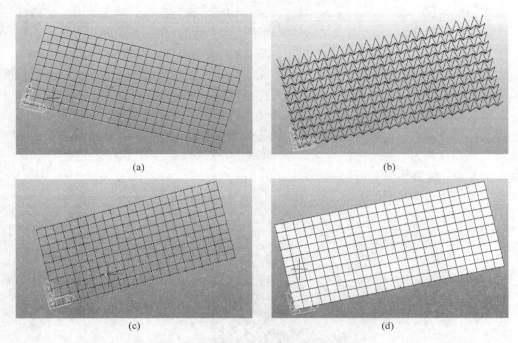

图 5-5　在役大跨度钢网架结构杆件细部分组

（a）桁架上弦杆；（b）桁架腹杆；（c）桁架下弦杆；（d）屋面板

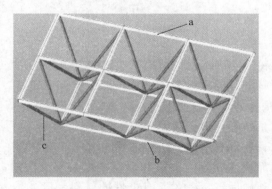

图 5-6　在役大跨度钢网架结构有限元模型各修正参数分组

a—上弦杆（杆件 A_1、节点 m_1）；b—下弦杆（杆件 A_2、节点 m_2）；

c—腹杆（杆件 A_3、节点 m_3）

量，这一状况会导致有限元模型修正过程中方程组发生病态现象。至此，按上述方法进行处理后，在役大跨度钢网架结构模型修正参数个数大幅减少，在役大跨度钢网架结构模型修正计算效率大幅提高。

对在役大跨度钢网架结构的 7 个修正参数采用静动力目标函数即式（5-4）

进行统一的一阶优化，其中，公式之中的加权因子分别取 $\alpha_l = 0.65$，$\beta_l = 1$，$\gamma_l = 1$，而且根据在役大跨度钢网架结构受力特点，静载约束条件的选择也将会适当放宽。结合该工况下实测的结构构件挠度数据和固有频率与模态置信准则值数据作为优化数据，最终，确定了该在役大跨度钢网架结构截面面积 A_i 的修正区间范围为 $0.35A_0 \leqslant A_i \leqslant A_0$，在役大跨度钢网架结构节点质量 m 修正区间范围为 $m_0 \leqslant m \leqslant 1.1m_0$，在役大跨度钢网架结构材料密度 ρ 修正区间范围为 $\rho_0 \leqslant \rho \leqslant 1.1\rho_0$，其中 A_0、m_0、ρ_0 为初始在役大跨度钢网架结构有限元建模时所采用的基本参数。

在役大跨度钢网架结构杆件的截面面积 A_i 修正范围根据初始有限元模型计算频率与现场实际测得并计算出的频率数据差而定，当数据差较大时，杆件的截面面积 A_i 适当放宽，当数据差较小时，杆件的截面面积 A_i 适当收紧，而该在役大跨度钢网架结构初始有限元模型计算频率与现场实际测得并计算出的频率数据差约为 53%。至此，7 种修正参数的修正结果如表 5-2 所示。

表 5-2 在役大跨度钢网架结构模型修正参数修正结果

修正参数	A_1	m_1	A_2	m_2	A_3	m_3	ρ
	$10^{-4}\,\text{m}^2$	kg	$10^{-4}\,\text{m}^2$	kg	$10^{-4}\,\text{m}^2$	kg	kg/m^3
修正前	62.17	19.47	62.17	19.47	31.65	12.35	7850
修正后	65.23	20.34	65.23	20.34	33.32	15.32	8431

5.3.1.2 修正模型与实测数据对比

为校核计算模型的正确性，特将修正后的在役大跨度钢网架结构模型计算结果与对应的现场检测数据进行对比，以验证修正模型的可信度及可靠性。

A 修正后模型计算结果

（1）应力比。经计算后，结构具体的受力及变形情况，如图 5-7、图 5-8 所示。

由计算结果分析可知，屋盖结构的最大应力比为 0.87<1.0。

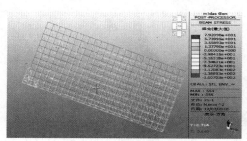
图 5-7 模型整体应力比

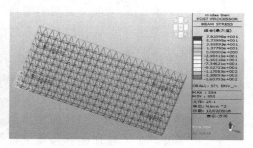
图 5-8 最大应力比

（2）挠度。如图 5-9、图 5-10 所示，图中"黑色区域"的杆件，代表最不利区域，为重点考察目标。

图 5-9　模型整体变形　　　　　　　　图 5-10　模型整体竖向变形

依据《空间网格结构技术规程》（JGJ 7—2010）中表 3.5.1，对于有悬挂起重设备的屋盖结构，其最大挠度值不宜大于结构跨度的 1/400。由计算结果分析可知，屋盖结构的最大竖向变形为 30.35mm < 27000/400 = 67.5mm。

B　现场检测结果对比

现场检测工作，检测到了该分析工况下的屋顶下弦 8 个节点的挠度情况。部分挠度数据对比情况，见表 5-3。

表 5-3　现场检测数据与模型计算结果的挠度值的对比情况　　　　（mm）

节点编号	（1）现场检测值	（2）模型计算值	（2）/（1）
181	9	12	1.333
285	13	14	1.077
269	22	20	0.909
⋮	⋮	⋮	⋮

由表分析可知，除节点（编号 181）的实测值与计算值相比有较大差异外，其余已测节点的对比结果较为相近，表明模型的计算结果是较为正确的，表明计算模型具有较强的可靠性。通过如上分析可知，模型修正后的在役大跨度钢网架结构有限元计算结果与现场实测结果吻合度较好，但仍存在一定的微小偏差，偏差产生的原因是由于本研究没有完全对静力目标函数的约束条件进行严格限制。

C　模型修正前后固有频率（Hz）误差（%）对比

在役大跨度钢网架结构模型修正前后固有频率与识别结果对比见表 5-4。可以看出，模型修正后固有频率的精度与实测频率相比有着明显的提高，其最大误差仅为 3.71%。此外通过对模型修正前后模态置信准则矩阵的数值分析可知，其前后变化幅度较小，存在部分元素位置变化的现象，表明结构弯曲振型的强弱轴发生了部分互换，而修正后模型与实际结构模型的振型是相互对应的。整体来说，修正后的在役大跨度钢网架结构有限元模型精度较高，可以直接用作于在役大跨度钢网架结构损伤识别的基准模型。模型修正前后固有频率（Hz）误差（%）对比结果见表5-4。

表5-4 模型修正前后固有频率（Hz）误差（%）对比

阶数	修正前	修正后	振型图	阶数	修正前	修正后	振型图
1	0.2347	0.2347		4	0.0801	0.0802	
2	0.2305	0.2303		5	0.0756	0.0757	
3	0.0975	0.0981		6	0.0491	0.0492	

此外，对分析工况结果查看可以看出，识别出的损伤位置均是传感器检测布置位置的涵盖范围，可见传感器的布置对损伤结果的影响很大，且布置在节点位置能更加有效地识别出损伤杆件。进而进一步验证了第4章关于在役大跨度钢网架结构中传感器优化布置方法研究的思路是切实可行的。

5.3.2 工况一计算结果2.6t

（1）应力模拟结果。由图5-11～图5-13可知，在工况一荷载作用下，构件最大应力处出现在支座附近，最大应力值为119.3MPa，未超出限值范围。

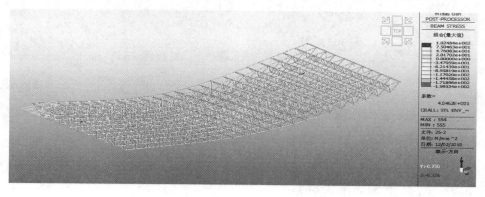

图5-11 荷载工况一应力整体计算结果

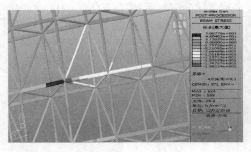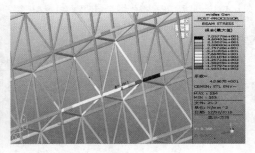

图 5-12 （荷载工况一）应力比（一）　　　图 5-13 （荷载工况一）应力比（二）

（2）位移模拟结果。结构变形情况如图 5-14 所示，由图 5-14～图 5-16 分析可知，屋盖结构的最大竖向变形为 42.6mm ＜27000/400＝67.5mm，计算结果满足要求。

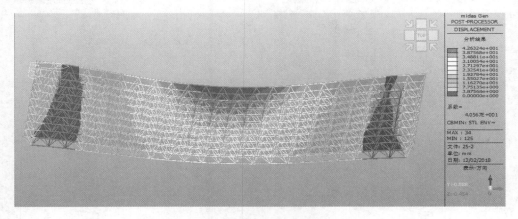

图 5-14 结构变形情况

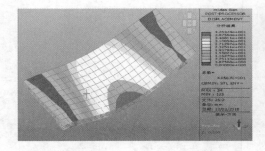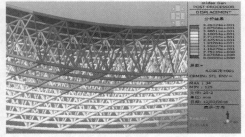

图 5-15 （荷载工况一）应力比（一）　　　图 5-16 （荷载工况一）应力比（二）

5.3.3 工况二计算结果 3.8t

（1）应力模拟结果。由图 5-17～图 5-19 可知，在工况二荷载作用下，构件最大应力处出现在支座附近，最大应力值为220.3MPa，未超出限值范围。

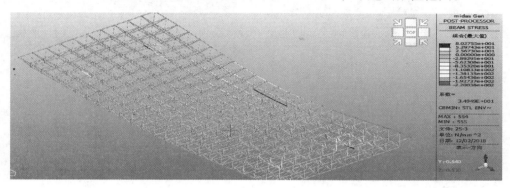

图 5-17　荷载工况二应力整体计算结果

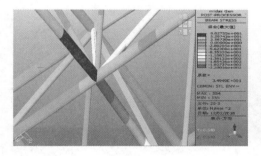

图 5-18　（荷载工况二）应力比（一）

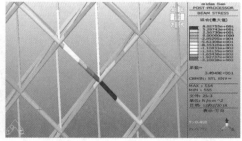

图 5-19　（荷载工况二）应力比（二）

（2）位移模拟结果。结构变形情况如图 5-20 所示，由图 5-20～图 5-22 分析可知，屋盖结构的最大竖向变形为 49.5mm＜27000/400＝67.5mm，计算结果满足要求。

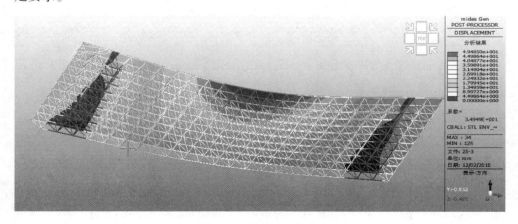

图 5-20　结构变形情况

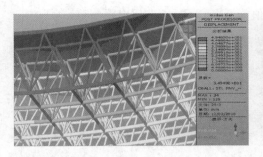

图 5-21　（荷载工况二）应力比（一）　　　图 5-22　（荷载工况二）应力比（二）

5.3.4　工况三计算结果 4.6t

（1）应力模拟结果。由图 5-23～图 5-25 可知，在工况三荷载作用下，构件最大应力处出现在支座附近，最大应力值为 235.4MPa，超出限值范围。

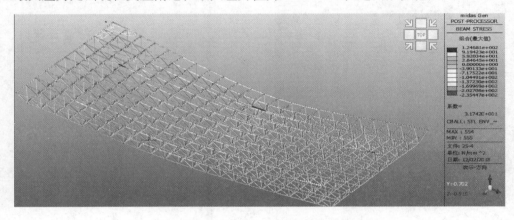

图 5-23　荷载工况三应力整体计算结果

图 5-24　（荷载工况三）应力比（一）　　　图 5-25　（荷载工况三）应力比（二）

（2）位移模拟结果。结构变形情况如图 5-26 所示，由图 5-26～图 5-28 分析可知，屋盖结构的最大竖向变形为 54.3mm ＜ 27000/400 = 67.5mm，计算结果满足要求。

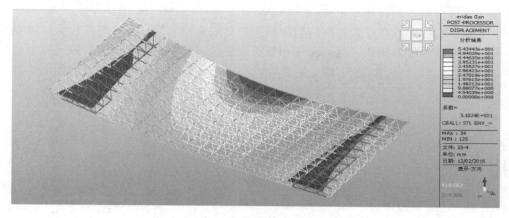

图 5-26 结构变形情况

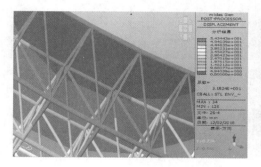

图 5-27 （荷载工况三）应力比（一）

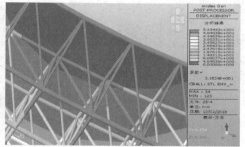

图 5-28 （荷载工况三）应力比（二）

5.4 某大跨度钢桁架结构数值模拟过程分析实例

5.4.1 有限元模型修正过程

5.4.1.1 有限元计算模型建立与修正

利用初始有限元模型对该模型结构进行了静动力特性计算，对应于荷载变化的现场实测荷载挠度曲线和荷载应变曲线。

在役大跨度钢桁架结构有限元模型采用杆单元模拟整体有限元模型的结构杆件，在役大跨度钢桁架结构杆件单元的单元质量矩阵和刚度矩阵在其单元局部坐标系中的定义为：

$$\boldsymbol{m}_{\mathrm{e}} = \frac{\rho A L}{6} \begin{bmatrix} 2 & 1 \\ 1 & 2 \end{bmatrix}, \quad \boldsymbol{K}_{\mathrm{e}} = \frac{EA}{L} \begin{bmatrix} 1 & -1 \\ -1 & 1 \end{bmatrix}$$

式中，ρ 为在役大跨度钢桁架结构杆件的材料密度；A 为在役大跨度钢桁架结构杆件单元的截面面积；L 为在役大跨度钢桁架结构单元的长度；E 为在役大跨度钢桁架结构杆件材料的弹性模量。

本研究针对该在役大跨度钢桁架结构的有限元模型修正，选取在役大跨度钢桁架结构杆件截面面积、材料密度和节点质量这三类物理参数作为有限元模型修正的基本参数。通过初始有限元的建立过程可知，有限元整体计算模型如图 5-29 所示。

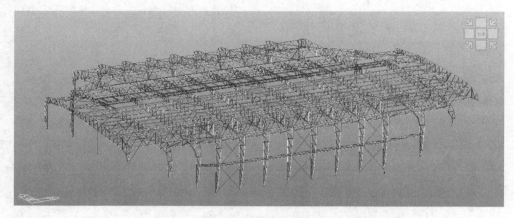

图 5-29   在役大跨度钢桁架结构整体计算模型

本研究将该在役大跨度钢桁架结构模型组按力学特点、受力特性、杆件对结构静动力特性的敏感度分解成多个子结构：主桁架、次桁架、钢拉杆、支撑钢架，如图 5-30 所示这四种构件进行修正，即通过对所有在役大跨度钢桁架结构各杆件和质量节点进行重新细部再分组，如图 5-31 所示。

为了便于理解，这里拿撑杆来具体阐述，首先将在役大跨度钢桁架结构中次桁架杆件的截面面积 A_i 和相互对应和涉及的所有节点质量 m 分别作为统一的具体数值进行修正，最后再考虑对所有杆件的材料密度参数 ρ 进行修正，至此，可知该在役大跨度钢桁架结构合计共由 2+2+2+1＝7 个修正参数。

按上述方法进行分组的主要原因是：一方面，为保证修正后的在役大跨度钢桁架结构模型的各种参数仍符合实际，既要保证修正后的各杆件截面尺寸偏差在合理范围内，又要保证修正后的结构仍然为对称结构；另一方面，由于该在役大跨度钢桁架结构模型杆件有 4091 个杆件，节点有 1810 个杆件，如果选择所有杆件和节点的上述三类参数进行在役大跨度钢桁架结构模型修正，则共计有 5903 种参数，若直接按上述方法直接进行修正，修正参数的数量远远大于现场实测数据的数量这一状况会导致有限元模型修正过程中方程组发生病态现象。至此，按上述方法进行处理后，在役大跨度钢桁架结构模型修正参数个数大幅减少，在役大跨度钢桁架结构模型修正计算效率大幅提高。

对在役大跨度钢桁架结构的 7 个修正参数采用静动力目标函数即式（5-4）

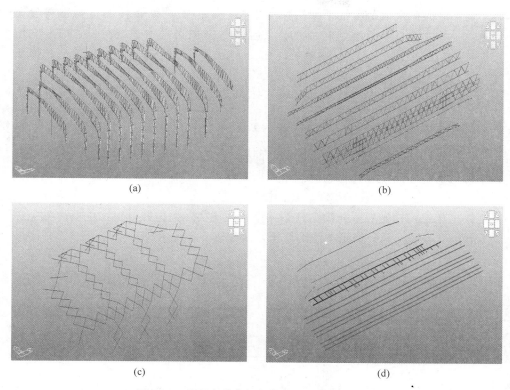

(a)　　　　　　　　　　　　(b)

(c)　　　　　　　　　　　　(d)

图 5-30　在役大跨度钢桁架结构杆件细部分组
（a）主桁架；（b）次桁架；（c）钢拉杆；（d）LED 支撑钢架

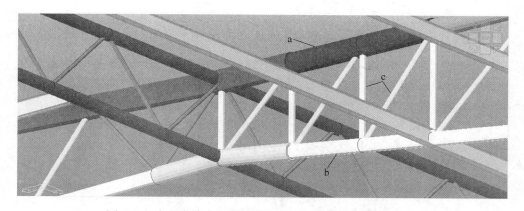

图 5-31　在役大跨度钢桁架结构有限元模型各修正参数分组
a—杆件 A_1、节点 m_1；b—杆件 A_2、节点 m_2；c—杆件 A_3、节点 m_3

进行统一的一阶优化，其中，公式之中的加权因子分别取 $\alpha_l = 0.65$，$\beta_l = 1$，$\gamma_l =$

1，而且根据在役大跨度钢桁架结构受力特点，静载约束条件的选择也将会适当放宽。根据该工况下实测的结构构件挠度数据和固有频率与模态置信准则值数据作为优化数据，最终，确定了该在役大跨度钢桁架结构截面面积 A_i 的修正区间范围为 $0.35A_0 \leqslant A_i \leqslant A_0$，在役大跨度钢桁架结构节点质量 m 修正区间范围为 $m_0 \leqslant m \leqslant 1.1m_0$，在役大跨度钢桁架结构材料密度 ρ 修正区间范围为 $\rho_0 \leqslant \rho \leqslant 1.1\rho_0$，其中 A_0、m_0、ρ_0 为初始在役大跨度钢桁架结构有限元建模时所采用的基本参数。

在役大跨度钢桁架结构杆件的截面面积 A_i 修正范围根据初始有限元模型计算频率与现场实际测得并计算出的频率数据差而定，当数据差较大时，杆件的截面面积 A_i 适当放宽，当数据差较小时，杆件的截面面积 A_i 适当收紧，而该在役大跨度钢桁架结构初始有限元模型计算频率与现场实际测得并计算出的频率数据差约为 65%。至此，7 种修正参数的修正结果如表 5-5 所示。

表 5-5　在役大跨度钢桁架结构模型修正参数修正结果

修正	A_1	m_1	A_2	m_2	A_3	m_3	ρ
参数	10^{-4}m^2	kg	10^{-4}m^2	kg	10^{-4}m^2	kg	kg/m^3
修正前	254.340	53.65	198.456	45.79	36.298	4.98	7850
修正后	258.298	54.36	201.325	46.23	39.268	6.32	8431

5.4.1.2　修正模型与实测数据对比

为校核计算模型的正确性，特将修正后的在役大跨度钢桁架结构模型计算结果与对应的现场检测数据进行对比，以验证修正模型的可信度及可靠性。

A　修正后模型计算结果

（1）应力比。经计算后，结构具体的受力及变形情况，如图 5-32、图 5-33所示。

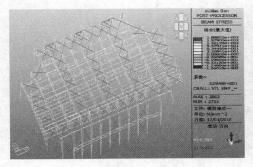

图 5-32　模型整体应力比

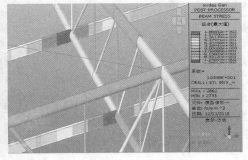

图 5-33　最大应力比

由计算结果分析可知，屋盖结构的最大应力比为 0.96 < 1.0。

（2）挠度。如图 5-34、图 5-35 所示，图中"黑色区域"的杆件，代表最不利区域，为重点考察目标。

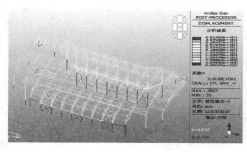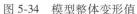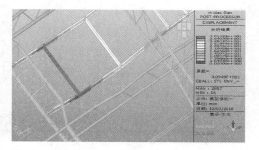

图 5-34 模型整体变形值　　　　　　　图 5-35 模型整体竖向变形

依据《空间网格结构技术规程》（JGJ 7—2010），对于有悬挂起重设备的屋盖结构，其最大挠度值不宜大于结构跨度的 1/400。由计算结果分析可知，屋盖结构的最大竖向变形为 40.2mm ＜ 75000/400 ＝ 187.5mm。

B　现场检测结果对比

现场检测工作，检测到了该分析工况下的屋顶主桁架下弦 24 个节点的挠度情况。部分挠度数据对比情况，见表 5-6。

表 5-6　现场检测数据与模型计算结果的挠度值的对比情况　　　　（mm）

节点编号	（1）现场检测值	（2）模型计算值	（2）/（1）
934	36.2	37.3	1.030
955	33.1	32.5	0.982
1069	25.7	26.4	1.027
1156	36.2	38.3	1.058
1257	25.8	30.2	1.171
⋮	⋮	⋮	⋮

由表分析可知，除节点（编号 1257）的实测值与计算值相比有较大差异外，其余已测节点的对比结果较为相近，表明模型的计算结果是较为正确的，表明计算模型具有较强的可靠性。通过如上分析可知，模型修正后的在役大跨度钢桁架结构有限元计算结果与现场实测结果吻合度较好，但仍存在一定的微小偏差，偏差产生的原因是由于本研究没有完全对静力目标函数的约束条件进行严格限制。

C　模型修正前后固有频率（Hz）误差（%）对比

在役大跨度钢桁架结构模型修正前后固有频率与识别结果对比见表 5-7。可以看出，模型修正后固有频率的精度与实测频率相比有着明显的提高，其最大误差仅为 3.71%。此外通过对模型修正前后模态置信准则矩阵的数值分析可知，其前后变化幅度较小，存在部分元素位置变化的现象，表明结构弯曲振型的强弱轴发生了部分互换，而修正后模型与实际结构模型的振型是相互对应的。整体来说，修正后的在役大跨度钢桁架结构有限元模型精度较高，可以直接用作于在役大跨度钢桁架结构损伤识别的基准模型。模型修正前后固有频率（Hz）误差（%）对比结果见表 5-7。

表 5-7　模型修正前后固有频率（Hz）误差（%）对比

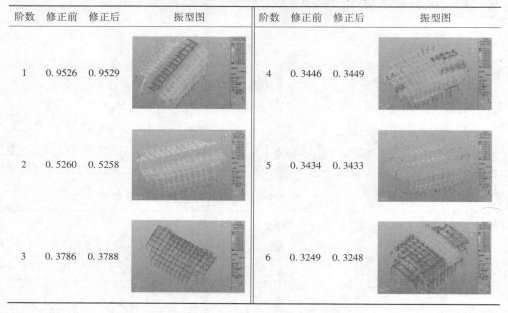

阶数	修正前	修正后	振型图	阶数	修正前	修正后	振型图
1	0.9526	0.9529		4	0.3446	0.3449	
2	0.5260	0.5258		5	0.3434	0.3433	
3	0.3786	0.3788		6	0.3249	0.3248	

此外，对分析工况结果查看可以看出，识别出的损伤位置均是传感器检测布置位置的涵盖范围，可见传感器的布置对损伤结果的影响很大，且布置在节点位置能更加有效地识别出损伤杆件。进而进一步验证了第 4 章关于在役大跨度弦支穹顶结构中传感器优化布置方法研究的思路是切实可行的。

5.4.2　工况一计算结果 12.8t

（1）应力模拟结果。由图 5-36 ~ 图 5-38 可知，在工况一荷载作用下，构件最大应力处出现在支座附近，最大应力值为 257.76MPa，未超出限值范围。

（2）位移模拟结果。结构变形情况如图 5-39 所示，由图 5-39 ~ 图 5-41 分析可知，屋盖结构的最大竖向变形为 53.81mm < 75000/400 = 187.5mm，计算结果满足要求。

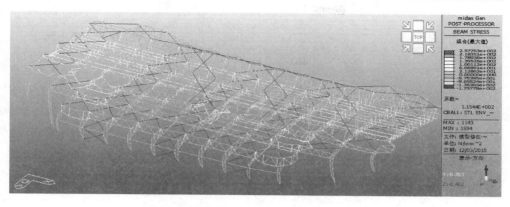

图 5-36　荷载工况一应力整体计算结果

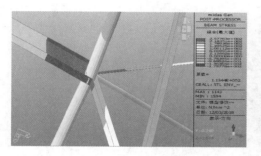

图 5-37　（荷载工况一）应力比（一）

图 5-38　（荷载工况一）应力比（二）

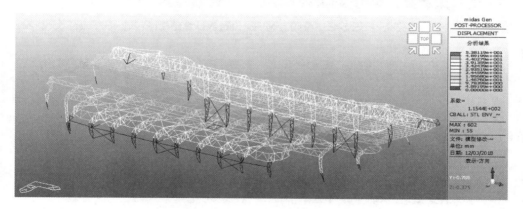

图 5-39　结构变形情况

5.4.3　工况二计算结果 14.7t

（1）应力模拟结果。由图 5-42～图 5-44 可知，在工况一荷载作用下，构件最大应力处出现在支座附近，最大应力值为 291.09MPa，未超出限值范围。

图 5-40　　（荷载工况一）应力比（一）

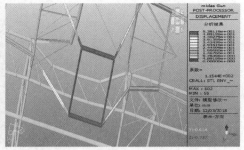

图 5-41　　（荷载工况一）应力比（二）

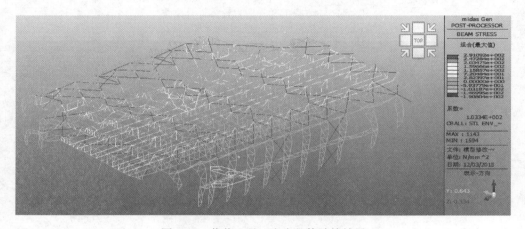

图 5-42　荷载工况一应力整体计算结果

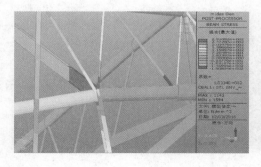

图 5-43　　（荷载工况一）应力比（一）

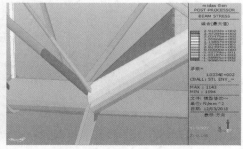

图 5-44　　（荷载工况一）应力比（二）

（2）位移模拟结果。结构变形情况如图 5-45 所示，由图 5-45～图 5-47 分析可知，屋盖结构的最大竖向变形为 60.25mm ＜75000/400 ＝187.5mm，计算结果满足要求。

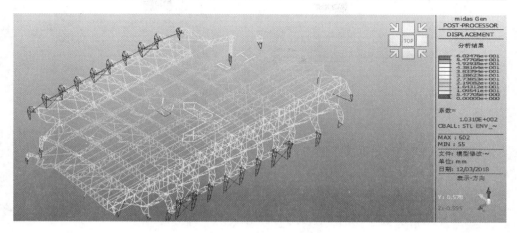

图 5-45 结构变形情况

图 5-46 （荷载工况二）应力比（一）

图 5-47 （荷载工况二）应力比（二）

5.4.4 工况三计算结果 17.9t

（1）应力模拟结果。由图 5-48～图 5-50 可知，在工况一荷载作用下，构件最大应力处出现在支座附近，最大应力值为 347.34MPa，超出限值范围。

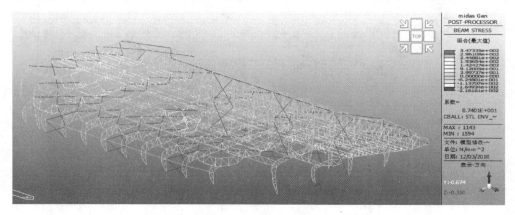

图 5-48 荷载工况一应力整体计算结果

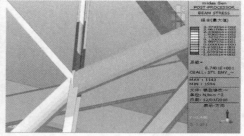

图 5-49　（荷载工况一）应力比（一）　　　图 5-50　（荷载工况一）应力比（二）

（2）位移模拟结果。结构变形情况如图 5-51 所示，由图 5-51～图 5-53 分析可知，屋盖结构的最大竖向变形为 71.24mm ＜ 75000/400 ＝ 187.5mm，计算结果满足要求。

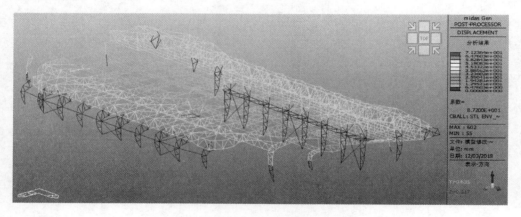

图 5-51　结构变形情况

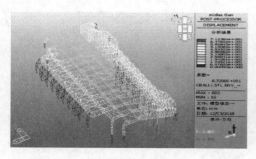

图 5-52　（荷载工况一）应力比（一）　　　图 5-53　（荷载工况一）应力比（二）

5.4.5　工况四计算结果 19.4t

（1）应力模拟结果。由图 5-54～图 5-56 可知，在工况一荷载作用下，构件最大应力处出现在支座附近，最大应力值为 373.37MPa，超出限值范围。

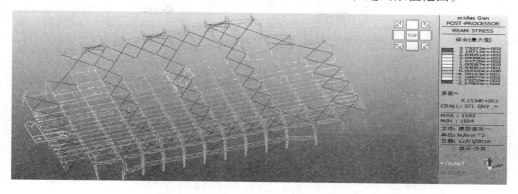

图 5-54 荷载工况一应力整体计算结果

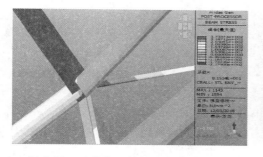

图 5-55 （荷载工况一）应力比（一）

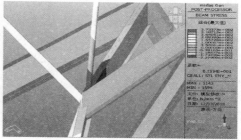

图 5-56 （荷载工况一）应力比（二）

（2）位移模拟结果。结构变形情况如图 5-57 所示，由图 5-57～图 5-59 分析可知，屋盖结构的最大竖向变形为 76.36mm<75000/400 = 187.5mm，计算结果满足要求。

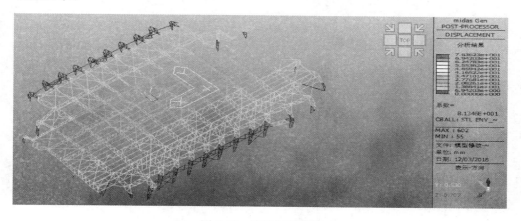

图 5-57 结构变形情况

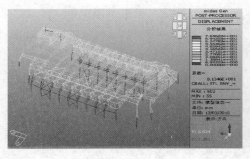 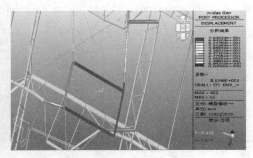

图 5-58   （荷载工况一）应力比（一）   图 5-59   （荷载工况一）应力比（二）

5.5 某大跨度弦支穹顶结构数值模拟过程分析实例

5.5.1 有限元模型修正过程

对于结构安全性检测，模型修正的最终目的就是使修正后的结构模型能够更加精确地预测结构的静动力响应，并可以通过结合实测结果对结构进行损伤识别和结构安全性评定。而为测得大跨度弦支穹顶结构模型的自振频率及振型，同时为比较测试自由度完备性对有限元模型修正、结构损伤识别等结果的影响，本研究采用第 4 章所述的传感器优化布置理论，综合确定了多种测点工况的传感器布置，并进行数据采集。在进行上述静动力试验之前，本研究根据原始设计图纸中结构的几何尺寸和材料特性，以大连体育馆在役大跨度弦支穹顶结构为例，建立了该大跨度弦支穹顶结构的初始有限元模型，其中，杆件截面面积、弹性模量等参数取规范设计值。

5.5.1.1 初始有限元计算模型建立

采用建筑结构通用有限元分析与设计软件 Mids/gen 进行建模与分析。本模型中，将采用线单元模拟主体结构部分，采用锁单元（施加了初始预拉力）来模拟主结构当中的预应力钢绞线单元。本模型中，支座的边界条件，按原设计要求，将约束竖向位移，而不约束其径向位移，从而正确反映其"滑动支座"的功能。模型的支座约束情况，如图 5-60 所示。

建模完成后，屋盖主体结构的整体计算模型，见图 5-61。

模型计算参数如下：

设计使用年限：50 年。抗震设防标准：按乙类建筑（《建筑抗震设计规范》（GB 50011—2010））。抗震设防烈度：7 度，0.1g，第一组（按提高一度，即 8 度设防）。

（1）恒载。

1）灯具及其连接荷载。荷载总重：178.8kN；荷载在马道上的分布长度：

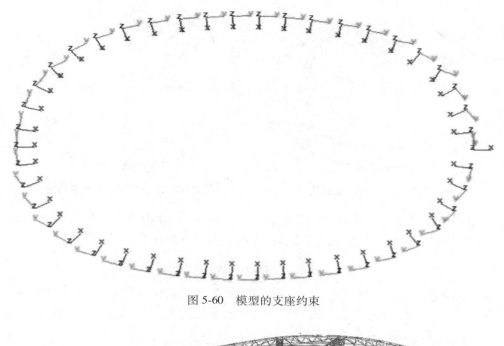

图 5-60 模型的支座约束

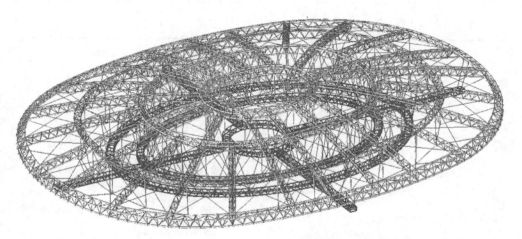

图 5-61 结构的整体计算模型

323m，其中，在马道内环为 116m，马道外环为 207m；加荷方式：按线荷载施加在马道上，线荷载大小为 0.55kN/m。荷载在马道上的分布示意，如图 5-62 所示。

2）消防水炮及其连接荷载。荷载总重：194.5kN；荷载在马道外环上的分布长度：262m；加荷方式：按线荷载施加在马道最外环上，线荷载大小为 0.74kN/m。荷载在马道上的分布示意，如图 5-63 所示。

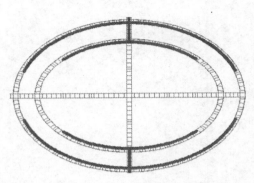

图 5-62 灯具及其连接荷载

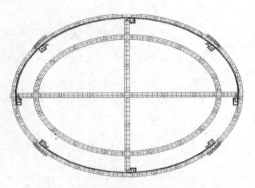

图 5-63 消防水炮及其连接荷载

3）风管及其连接件荷载。荷载总重：749.6kN；加荷方式：按点荷载施加于各弦支梁对应的吊挂点处，具体各吊点荷载值，见表5-8。

表 5-8 风管及其连接件荷载

吊挂点分类	吊挂点标识	吊挂点数量	每个吊点荷载/kN	总吊挂荷载/kN
1	●	144	1.575	226.8
2	▲	16	23.35	373.6
3	■	8	18.65	149.2

荷载在屋盖主钢结构分布的示意图，如图 5-64 所示。

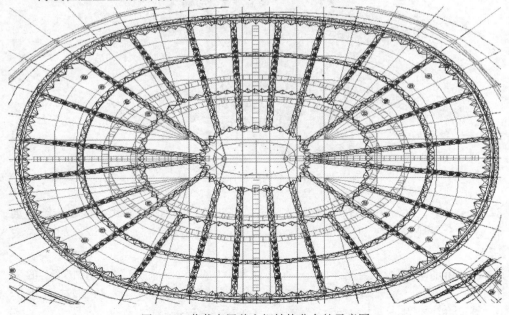

图 5-64 荷载在屋盖主钢结构分布的示意图

4）扩声系统及其连接荷载。荷载总重：122.69kN；加荷方式：按点荷载施加于马道及各弦支梁对应的吊挂点处，具体各吊点荷载值，见表 5-9。荷载的分布示意图，如图 5-65 所示。

表 5-9　扩声系统及其连接荷载

荷载类型	吊挂点数量	每个吊点荷载/kN	总吊挂荷载/kN
扩声	4	23	92
音响	18	1.3	23.4
旗杆	2	3.645	7.29

5）屋面围护结构荷载。玻璃屋面均布荷载（含檩条自重）：0.93kN/m²；铝板屋面均布荷载（含檩条自重）：0.8kN/m²。加荷方式：按均布荷载加载。荷载的分布示意图，如图 5-66 所示。

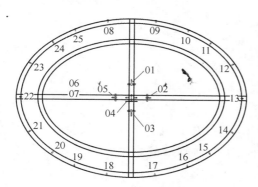

图 5-65　扩声系统及其连接荷载分布

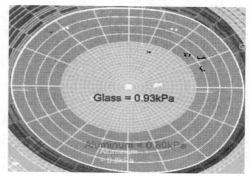

图 5-66　屋面围护结构荷载分布

（2）活载。

1）母架荷载。荷载总重：226.5kN，其中，母架自重 110.7kN，电葫芦吊挂系统自重 115.8kN；加荷方式：按点荷载施加于各弦支梁对应的吊挂点处，共 17 个吊点，每个吊点荷载值为 13.32kN。荷载在屋盖主钢结构下弦分布的示意图（局部），如图 5-67 所示。

2）不上人屋面荷载。屋面均布荷载：0.5kN/m²；加荷方式：按均布荷载加载。

3）马道荷载。均布荷载：0.5kN/m²（按原设计）；加荷方式：按均布荷载加载。

4）斗屏荷载。荷载总重：650kN；加荷方式：按点荷载施加于各弦支梁对应的吊挂点处，共 10 个吊点，每个吊点荷载值为 65kN。荷载在屋盖主钢结构下弦分布的示意图（整体），如图 5-68 所示。

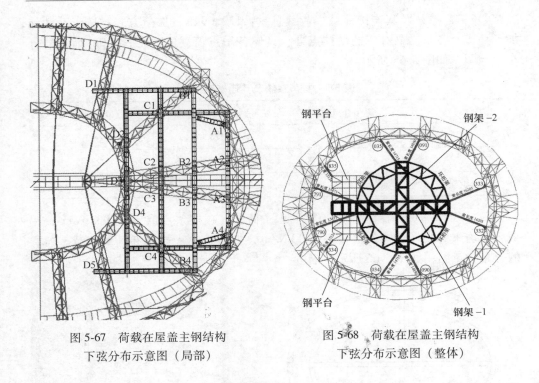

图 5-67 荷载在屋盖主钢结构
下弦分布示意图（局部）

图 5-68 荷载在屋盖主钢结构
下弦分布示意图（整体）

5）分隔幕荷载。荷载总重：252.6kN；荷载总长度为 357m；加荷载方式：按线荷载施加于屋盖下弦，大小为 0.70kN/m。荷载的分布示意图，如图 5-69 所示。

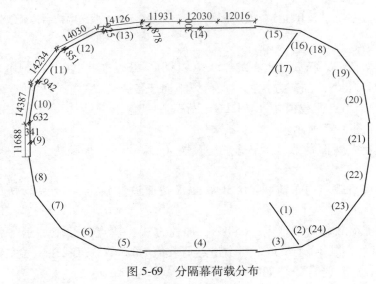

图 5-69 分隔幕荷载分布

（3）其他荷载。基本风压（100年一遇）：0.75kN/m²；基本雪压（100年一遇）；温度荷载：正温+30℃，负温−30℃。

（4）现场实际状态的模拟。

本节的荷载工况按实际使用荷载考虑（非设计极限状态），此种情况又是将模型计算结果与现场实际检测结果相结合的工况，对分析、校核已建立的计算模型的正确性至关重要。此种荷载工况下，所有荷载系数取1.0。在计算模型中，仅施加了实际工程中真实存在的荷载（已考虑了母架的自重荷载）情况，且不考虑风、雪、地震力等设计荷载的作用。在计算模型上，施加了母架的自重荷载22.65t，共17个点荷载，每个点荷载取值为22.65/17 = 1.33t = 13.3kN，加荷过程，如图5-70所示。

吊挂与马道结构的位置关系：由于所有吊点均位于马道结构的上方，某些理想的吊点将受到马道结构的遮挡，因此在布置吊点时应引进注意。吊挂与马道结构的位置关系如图5-71所示。

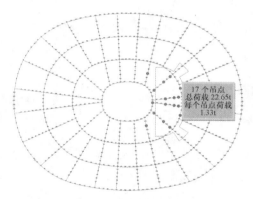

图5-70　加载位置在下弦杆

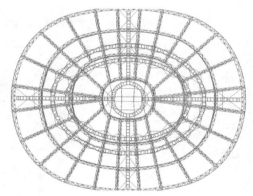

图5-71　吊挂与马道结构的位置关系

5.5.1.2　有限元计算模型修正过程

利用初始有限元模型对该模型结构进行了静动力特性计算，对应于荷载变化的现场实测荷载挠度曲线和荷载应变曲线。

由所建立的屋盖主体结构的整体计算模型可知，该模型由四类结构组成：屋盖主桁架结构、马道及其拉索结构、预应力拉索结构、屋顶中央结构。为更直观了解该计算模型中的杆件布置，现将模型中的部件单独显示，屋盖主桁架结构的模型，如图5-72所示。马道及其拉索结构的模型，如图5-73所示。预应力拉索结构的模型，如图5-74所示。屋顶中央结构，如图5-75所示。

为了更为直观地了解该工程结构中预应力索的种类，特在模型中，将此部分单独显示，如图5-76所示。

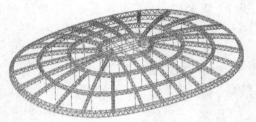

图 5-72　屋盖主桁架结构的模型

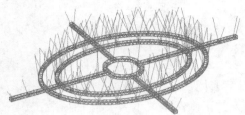

图 5-73　马道及其拉索结构的模型

图 5-74　预应力拉索结构的模型

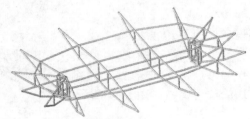

图 5-75　屋顶中央结构模型

径向拉索

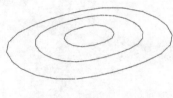

环向拉索

交叉索

图 5-76　预应力拉索结构（分结构部分）

　　在役大跨度弦支穹顶结构有限元模型采用杆单元模拟整体有限元模型的结构杆件，在役大跨度弦支穹顶结构杆件单元的单元质量矩阵和刚度矩阵在其单元局部坐标系中的定义为：

$$m_e = \frac{\rho AL}{6} \begin{bmatrix} 2 & 1 \\ 1 & 2 \end{bmatrix}, \quad K_e = \frac{EA}{L} \begin{bmatrix} 1 & -1 \\ -1 & 1 \end{bmatrix}$$

式中，ρ 为在役大跨度弦支穹顶结构杆件的材料密度；A 为在役大跨度弦支穹顶结构杆件单元的截面面积；L 为在役大跨度弦支穹顶结构单元的长度；E 为在役大跨度弦支穹顶结构杆件材料的弹性模量。

　　针对该在役大跨度弦支穹顶结构的有限元模型修正，选取在役大跨度弦支穹顶结构杆件截面面积、材料密度和节点质量这三类物理参数作为有限元模型修正的基本参数。通过初始有限元的建立过程可知，有限元整体计算模型如图 5-77 所示。

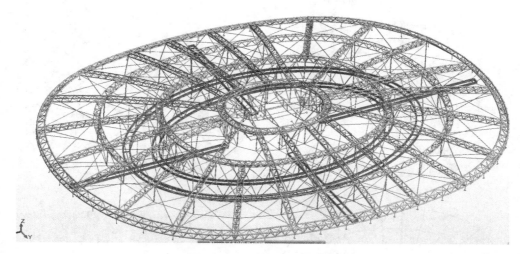

图 5-77 在役大跨度弦支穹顶结构整体计算模型

本研究将该在役大跨度弦支穹顶结构模型组按力学特点、受力特性、杆件对结构静动力特性的敏感度分解成多个子结构，即桁架上弦杆、桁架腹杆、桁架上弦杆、撑杆、上弦支撑、索（如图 5-78 所示）6 种构件进行修正，也就是通过对所有在役大跨度弦支穹顶结构各杆件和质量节点进行重新细部再分组，如图5-79 所示。

为了便于理解，这里拿撑杆来具体阐述，首先将在役大跨度弦支穹顶结构中撑杆结构杆件的截面面积 A_i 和相互对应和涉及的所有节点质量 m 分别作为统一的具体数值进行修正，最后再考虑对所有杆件的材料密度参数 ρ 进行修正，至此，可知该在役大跨度弦支穹顶结构合计共有 2+2+2+1＝7 个修正参数。

按上述方法进行分组的主要原因是：一方面，为保证修正后的在役大跨度弦支穹顶结构模型的各种参数仍符合实际，既要保证修正后的各杆件截面尺寸偏差在合理范围内，又要保证修正后的结构仍然为对称结构；另一方面，由于该在役大跨度弦支穹顶结构模型杆件有 64 个杆件，节点有 128 个杆件，如果选择所有杆件和节点的上述三类参数进行在役大跨度弦支穹顶结构模型修正则共计有 194 种参数，若直接按上述方法直接进行修正，修正参数的数量远远大于现场实测数据的数量这一状况会导致有限元模型修正过程中方程组发生病态现象。至此，按上述方法进行处理后，在役大跨度弦支穹顶结构模型修正参数个数大幅减少，在役大跨度弦支穹顶结构模型修正计算效率大幅提高。

对在役大跨度弦支穹顶结构的 7 个修正参数采用静动力目标函数即式（5-4）进行统一的一阶优化，其中，公式之中的加权因子分别取 $\alpha_l = 0.65$，$\beta_l = 1$，$\gamma_l = 1$，而且根据在役大跨度弦支穹顶结构受力特点，静载约束条件的选择也将会适

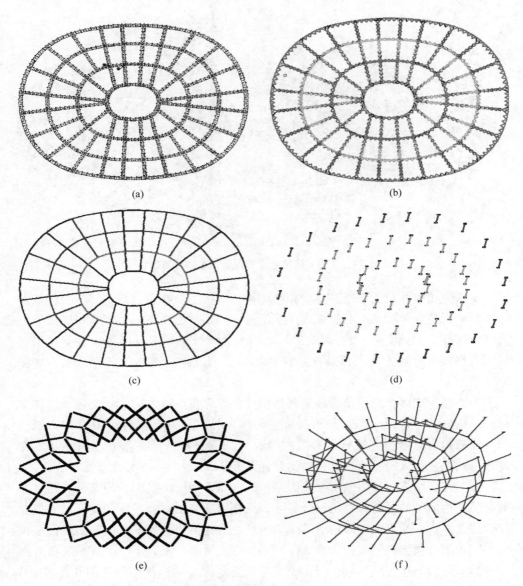

图 5-78   在役大跨度弦支穹顶结构杆件细部分组
（a）桁架上弦杆；（b）桁架腹杆；（c）桁架下弦杆；（d）撑杆；（e）上弦支撑；（f）索

当放宽。结合该工况下实测的结构构件挠度数据和固有频率与模态置信准则值数
据作为优化数据，最终，确定了该在役大跨度弦支穹顶结构截面面积 A_i 的修正区
间范围为 $0.35A_0 \leqslant A_i \leqslant A_0$，在役大跨度弦支穹顶结构节点质量 m 修正区间范围
为 $m_0 \leqslant m \leqslant 1.1m_0$，在役大跨度弦支穹顶结构材料密度 ρ 修正区间范围为 $\rho_0 \leqslant \rho$

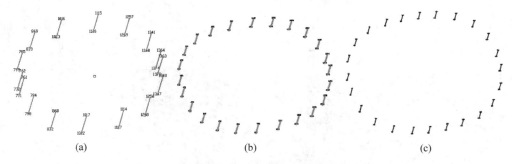

图 5-79 在役大跨度弦支穹顶结构有限元模型各修正参数分组
（a）撑杆一（杆件 A_1、节点 m_1）；（b）撑杆二（杆件 A_2、节点 m_2）；
（c）撑杆三（杆件 A_3、节点 m_3）

$\leqslant 1.1\rho_0$，其中 A_0、m_0、ρ_0 为初始在役大跨度弦支穹顶结构有限元建模时所采用的基本参数。

在役大跨度弦支穹顶结构杆件的截面面积 A_i 修正范围根据初始有限元模型计算频率与现场实际测得并计算出的频率数据差而定，当数据差较大时，杆件的截面面积 A_i 适当放宽，当数据差较小时，杆件的截面面积 A_i 适当收紧，而该在役大跨度弦支穹顶结构初始有限元模型计算频率与现场实际测得并计算出的频率数据差约为 65%。至此，7 种修正参数的修正结果如表 5-10 所示。

表 5-10 在役大跨度弦支穹顶结构模型修正参数修正结果

修正参数	A_1	m_1	A_2	m_2	A_3	m_3	ρ
	$10^{-4}\,\mathrm{m}^2$	kg	$10^{-4}\,\mathrm{m}^2$	kg	$10^{-4}\,\mathrm{m}^2$	kg	kg/m³
修正前	65.970	25.26	106.690	54.86	108.2	56.4	7850
修正后	68.154	26.52	109.126	57.45	106.9	56.1	8431

5.5.1.3 修正模型与实测数据对比

为校核计算模型的正确性，特将修正后的在役大跨度弦支穹顶结构模型计算结果与对应的现场检测数据进行对比，以验证修正模型的可信度及可靠性。

A 修正后模型计算结果

（1）应力比。经计算后，结构具体的受力及变形情况，如图 5-80、图 5-81 所示。

由计算结果分析可知，屋盖结构的最大应力比为 1.01<1.05。

（2）挠度。如图 5-82、图 5-83 所示，图中"深色区域"的杆件，代表最不利区域，为重点考察目标。

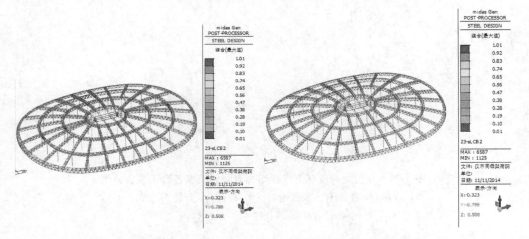

图 5-80　模型整体应力比　　　　　　　　图 5-81　最大应力比

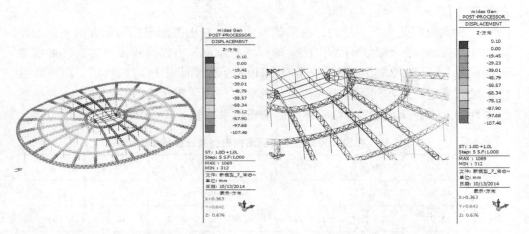

图 5-82　模型整体竖向变形　　　　　　　图 5-83　模型最大竖向变形

依据《空间网格结构技术规程》（JGJ 7—2010），对于有悬挂起重设备的屋盖结构，其最大挠度值不宜大于结构跨度的 1/400。由计算结果分析可知，屋盖结构的最大竖向变形为 107mm < 116000/400 = 290mm。

（3）索力。计算结果如图 5-84、图 5-85 所示，依据《预应力钢结构技术规程》（CECS 212：2006）第 18 页可知，该工程所使用的预应力索的抗拉强度标准值为 1670MPa，对应的抗拉强度设计值为 930MPa。由以上两图分析可知，预应力索的最大应力为 585.4MPa < 930MPa。

B　现场检测结果对比

（1）挠度。现场检测工作，检测到了该分析工况下的屋顶主桁架下弦 28 个节点的挠度情况。部分挠度数据对比情况，见表 5-11。

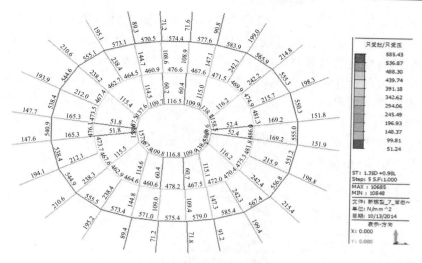

图 5-84　全部索力值

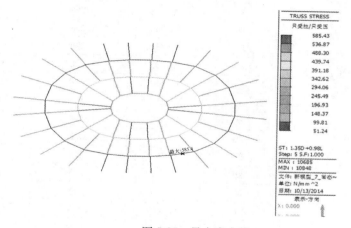

图 5-85　最大索力值

表 5-11　现场检测数据与模型计算结果的挠度值的对比情况　　　　（mm）

节点编号	（1）现场检测值	（2）模型计算值	（2）/（1）
784	105	90	0.857
785	78	86	1.102
869	92	90	0.978
1256	98	102	1.040
1257	109	105	0.963
1340	98	102	1.040
1363	99	101	1.020
1364	99	101	1.020
⋮	⋮	⋮	⋮

由表分析可知，除节点（编号 784）的实测值与计算值相比有较大差异外，其余已测节点的对比结果较为相近，表明模型的计算结果是较为正确的，计算模型具有较强的可靠性。通过如上分析可知，模型修正后的在役大跨度弦支穹顶结构有限元计算结果与现场实测结果吻合度较好，但仍存在一定的微小偏差，偏差产生的原因是由于本研究没有完全对静力目标函数的约束条件进行严格限制。

（2）预应力索力值。工程共有 128 根主拉索，根据实际条件，根据上述荷载工况对其中的 26 根拉索进行了测试，首先确定拉索系数 K，见表 5-12。

表 5-12   拉索系数计算表

单元编号	索位置类型	截面直径 /mm	长度 /mm	单位长度质量 /kg·m⁻¹	系数 K
1633	中环径向	80	12.654	32.8	21.009
1636		80	12.118	32.8	19.265
1639		80	15.349	32.8	30.908
1642		80	16.013	32.8	33.643
1644		80	14.344	32.8	26.994
1646		80	16.035	32.8	33.734
1685		80	12.425	32.8	20.255
3529		80	12.622	32.8	20.902
3550		80	16.180	32.8	34.345
3552		80	14.192	32.8	26.426
3554		80	16.013	32.8	33.643
3557		80	11.841	32.8	18.396
3560		80	12.821	32.8	21.565
3563		80	12.556	32.8	20.685
1634	外环径向	105	12.296	56.6	34.229
1635		105	12.531	56.6	35.551
1640		105	14.542	56.6	47.876
1641		105	15.303	56.6	53.017
1643		105	13.535	56.6	41.474
1645		105	15.730	56.6	56.022
3551		105	15.730	56.6	56.022
3553		105	13.621	56.6	42.001
3555		105	15.580	56.6	54.958
3556		105	14.580	56.6	48.129
3561		105	12.531	56.6	35.551
3562		105	12.296	56.6	34.229

采用振动传感器对拉索自振频率进行测量并计算索拉力，结果汇总见表 5-13。

表 5-13 拉索索力测量结果汇总表

单元编号	系数 K	自振频率 F1 /Hz	（1）实测索拉力 /kN	（2）计算索拉力 /kN	（2）/（1）
1633	21.009	5.200	568.08	493	0.868
1636	19.265	5.799	647.85	653	1.008
1639	30.908	5.913	1080.65	1077	0.997
1642	33.643	5.596	1053.54	964	0.915
1644	26.994	6.310	1074.80	1082	1.007
1646	33.734	5.080	870.55	746	0.857
1685	20.255	5.415	593.92	499	0.840
3529	20.902	5.220	569.55	498	0.874
3550	34.345	4.939	837.80	746	0.890
3552	26.426	6.389	1078.69	1082	1.003
3554	33.643	5.424	989.77	964	0.974
3557	18.396	6.156	1012	1077	1.064
3560	21.565	5.623	681.84	653	0.958
3563	20.685	5.252	570.56	492	0.862
1634	34.229	4.337	543.83	537	0.987
1635	35.551	4.725	693.70	670	0.966
1640	47.876	6.249	1569.56	1586	1.010
1641	53.017	5.563	1540.72	1465	0.951
1643	41.474	6.463	1432.38	1475	1.030
1645	56.022	2.794	1087.33	1106	1.017
3551	56.022	4.860	1123.22	1106	0.985
3553	42.001	6.438	1440.85	1474	1.023
3555	54.958	5.622	1537.05	1464	0.952
3556	48.129	6.256	1583.65	1587	1.002
3561	35.551	4.650	698.70	670	0.959
3562	34.229	4.337	5463.83	5537	1.013

注：1645 索受遮挡物影响导致索力测量误差较大，其结果不具备参考价值。

由上表的数据分析可知，大部分索拉力的模型计算值与现场测试值相同，表明模型具备一定的可信性。将实测索力与模型计算结果相比较可知，与模型相似程度高，模型分析结果可信。但是，大部分索力检测值均大于计算值，表明该工程在实际使用中，其真实索力值可能会超过原始的设计值。

C 模型修正前后固有频率（Hz）误差（%）对比

在役大跨度弦支穹顶结构模型修正前后固有频率与识别结果对比见表 5-14。可以看出，模型修正后固有频率的精度与实测频率相比有着明显的提高，其最大误差仅为 3.71%。此外通过对模型修正前后模态置信准则矩阵的数值分析可知，其前后变化幅度较小，存在部分元素位置变化的现象，表明结构弯曲振型的强轴弱轴发生了部分互换，而修正后模型与实际结构模型的振型是相互对应的。整体来说，修正后的在役大跨度弦支穹顶结构有限元模型精度较高，可以直接用作于在役大跨度弦支穹顶结构损伤识别的基准模型。模型修正前后固有频率（Hz）误差（%）对比结果见表5-14。

表5-14　模型修正前后固有频率（Hz）误差（%）对比

阶数	修正前	修正后	振形图	阶数	修正前	修正后	振形图
1	1.5541	1.5431		6	1.9422	1.9231	
2	1.6541	1.6342		7	1.9427	1.9253	
3	1.9313	1.9212		8	1.9523	1.9321	
4	1.9314	1.9195		9	1.9525	1.9327	
5	1.9314	1.9215		10	1.9531	1.9335	

此外，从工况结果分析可以看出，识别出的损伤位置均是传感器检测布置位置的涵盖范围，可见传感器的布置对损伤结果的影响很大，且布置在节点位置能更加有效地识别出损伤杆件。进而进一步验证了第4章关于在役大跨度弦支穹顶结构中传感器优化布置方法研究的思路是切实可行的。

5.5.2　荷载工况组合及说明

根据修正后的计算模型及所有的外加荷载，参考国际演出荷载吊挂说明（北京张学友演唱会、碧昂斯演唱会、席琳迪翁演唱会、太阳天团演唱会、重金属乐队演唱会），建立以下几种荷载组合工况，展开对该工程结构安全性的评定，并根据数值模拟结果对比现场实际情况，深入分析修正模型的可靠性。

（1）不使用母架的最大吊挂荷载。不考虑现有母架的作用，将各吊点重新布置的情况，以获得合理、可行的吊挂点位及容许荷载，假设母架和环电葫芦并未安装在屋顶下。

1）仅近端舞台荷载作用（荷载工况一）。●每点施加吊挂荷载（含吊挂设备）= 1.5t；●每点施加吊挂荷载（含吊挂设备）= 2.3t；●每点施加吊挂荷载（含吊挂设备）= 3.0t。吊挂布置如图 5-86 所示。

2）近端+远端+中央舞台荷载（荷载工况二）。按照 27%、19%、54%的荷载比例，远端舞台 17.6t，中央舞台吊顶 12t，近端舞台吊顶 34.8t，总计 64.4t，将进行试算。吊挂布置如图 5-87 所示。

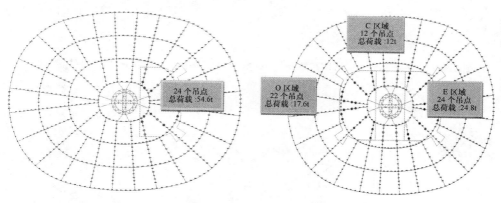

图 5-86 （荷载工况一）吊挂布置图　　　　　图 5-87 （荷载工况二）吊挂布置图

●每点施加吊挂荷载（含吊挂设备）= 1.8t；●每点施加吊挂荷载（含吊挂设备）= 1.5t；●每点施加吊挂荷载（含吊挂设备）= 1.0t；●每点施加吊挂荷载（含吊挂设备）= 1.0t；●每点施加吊挂荷载（含吊挂设备）= 0.8t。

（2）使用母架的最大容许吊挂荷载。仅近端舞台荷载作用（荷载工况三）：重点分析"在 80t 母架荷载作用下"，结构的安全性。实际工程中，母架共设有 17 个吊点，每个吊点力为 80t/17 = 4.7t，在研究 80t 母架荷载作用后，研究 55t 母架荷载。吊挂布置如图 5-88 所示。

（3）仅中央舞台 30t 荷载作用（荷载工况四）。在近端舞台区域存在 23t 母架自重的情况下，计算中央舞台，屋顶结构能承受的最大荷载。中央舞台区域内 30t 荷载，共 30 个吊点，每个吊点荷载值为 30t/30 = 1t；母架自重 23t 荷载，共 17 个吊点，每个吊点荷载值为 1.4t。吊挂布置如图 5-89 所示。

（4）远端舞台荷载作用（荷载工况五）。在近端舞台区域存在母架自重的情况下，将计算远端区域内，屋顶结构能承受的最大荷载。远端舞台区域内 40t 荷载，共 16 个吊点，每个吊点荷载值为 40t/16 = 2.5t。母架自重 23t 荷载，共 17 个吊点，每个吊点荷载值为 1.4t。吊挂布置如图 5-90 所示。

（5）近端+远端+中央舞台荷载（荷载工况六）。按 20%、30%、50%的荷载比例，远端舞台 12t，中央舞台吊顶 20t，近端舞台吊顶 33t，总计 65t。远端舞台区域内 12t 荷载，中央舞台区域内 20t 荷载，近端舞台区域内 33t 荷载。吊挂布置如图 5-91 所示。

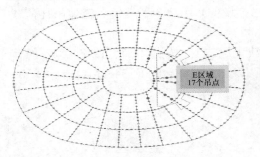

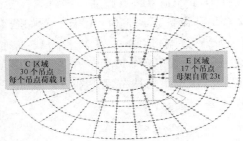

图 5-88 （荷载工况三）吊挂布置图　　　　图 5-89 （荷载工况四）吊挂布置图

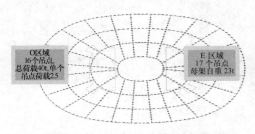

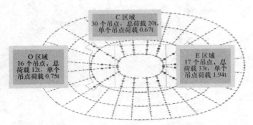

图 5-90 （荷载工况五）吊挂布置图　　　　图 5-91 （荷载工况六）吊挂布置图

（6）屋盖使用极限荷载分析说明（荷载工况七）。将屋盖的荷载吊点图，划分为区域"E""C""O"三个区域。区域"E"表示近端舞台区域，用▱▱示之；区域"C"表示中央舞台区域，用▨▨示之；区域"O"表示远端舞台区域，用▨▨示之，如图 5-92 所示。

将屋顶的最大承重荷载 W，按 20%、30%、50%的比例，分别布置在"远端+中央+近端"三个区域内。加载位置在下弦杆，各区域荷载分布情况，如图 5-93 所示。试算 W = 172t、160t、140t、120t、100t、80t、70t 等 7 种情况。

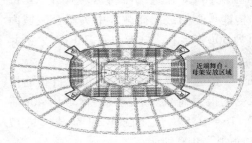

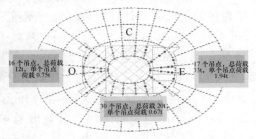

图 5-92 （荷载工况七）屋盖　　　　　图 5-93 （荷载工况七）屋盖使用荷载
使用荷载分布　　　　　　　　　　　（各区域荷载分布）

所有荷载吊点必须布置在下弦杆节点，所有吊挂设备与结构之间的连接必须采用机械连接，不得采用焊接的方式。其重量均指静荷载，起吊重物需考虑动力系数1.4，考虑动力系数后的荷载不应超过上述荷载限值。当吊挂荷载作用方向与竖向夹角不小于45°时，如图5-94所示，吊挂荷载应乘以0.7的折减系数。其中，所有荷载吊点必须布置在下弦杆节点300mm的范围内。吊挂布置如图5-95所示。

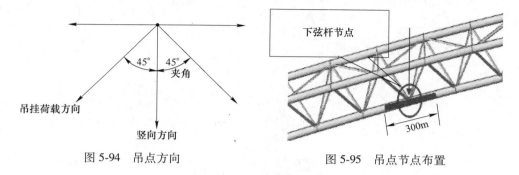

图5-94　吊点方向　　　　　　　　　　图5-95　吊点节点布置

5.5.3　工况一至工况七计算结果

（1）荷载工况一计算结果。近端舞台荷载作用桁架结构应力水平计算结果如图5-96~图5-99所示。

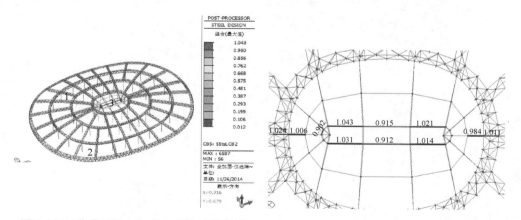

图5-96　（荷载工况一）应力整体计算结果　　图5-97　（荷载工况一）应力比超限的构件3

由上图可知，在54.6t荷载作用下，尽管承载力失效的构件（应力比超过1.0）有7根，但每根杆件的应力比均小于1.05。但为了今后更为安全地使用母架结构，当吊挂荷载达到最大容许吊挂荷载90%时（54.6×0.9＝49.14t），建议重点关注应力比超过0.9的14根构件。

（2）荷载工况二计算结果。近端+远端+中央舞台荷载桁架结构应力水平计算结果如图5-100~图5-103所示。

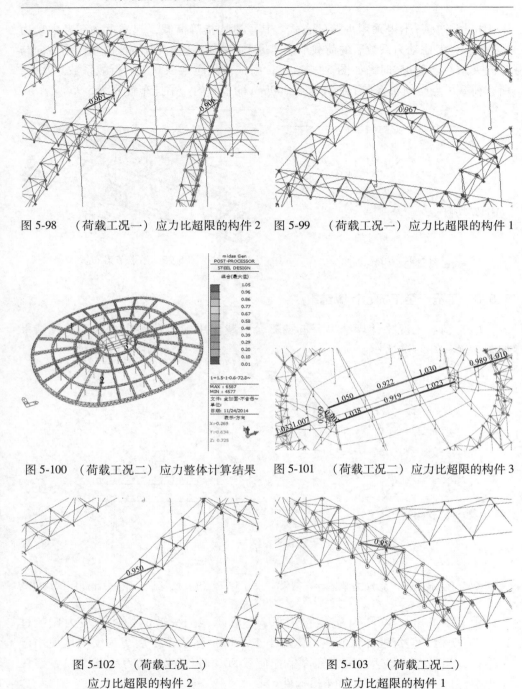

图 5-98 （荷载工况一）应力比超限的构件 2　图 5-99 （荷载工况一）应力比超限的构件 1

图 5-100 （荷载工况二）应力整体计算结果　图 5-101 （荷载工况二）应力比超限的构件 3

图 5-102 （荷载工况二）
应力比超限的构件 2

图 5-103 （荷载工况二）
应力比超限的构件 1

　　由上图可知，在 64.4t 荷载作用下，尽管承载力失效的构件（应力比超过 1.0）有 7 根，但每根杆件的应力比均小于 1.05。但是，为了今后更为安全地使用母架结构，当吊挂荷载达到最大容许吊挂荷载的90%（64.4×0.9＝58t）时，建议重点关注应力比超过0.9的14根构件。

（3）荷载工况三计算结果。经计算后，结构具体的受力及变形情况，如图5-104~图5-106所示。

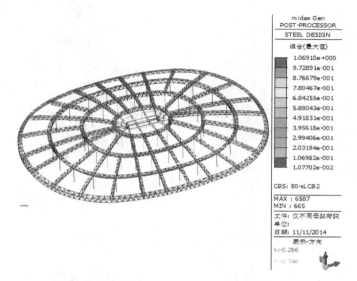

图 5-104 （荷载工况三）应力整体计算结果

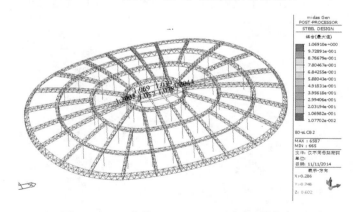

图 5-105 （荷载工况三）应力比超限的构件

1）不安全的80t母架荷载。

① 应力比。通过分析可知，在80t母架荷载作用下，危险构件共8根（即应力比超过1.0的杆件），其中，有2根杆件的应力比超过规范5%（根据《钢结构设计规范》（GB 50017—2014）），较为危险。因此，本次模型的承载力计算结果不满足规范要求。

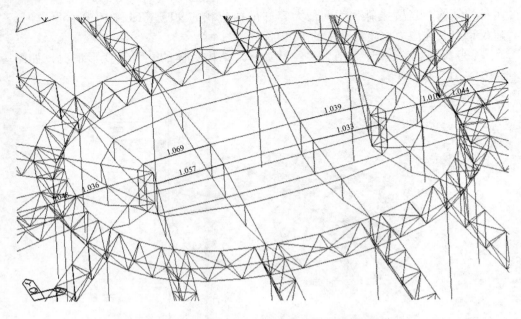

图 5-106 （荷载工况三）应力比超限的构件（局部）

② 挠度。由图 5-107 分析可知，屋盖结构的最大竖向变形为 257mm < 116000/400 = 290mm，说明本次模型的挠度计算结果满足规范要求。

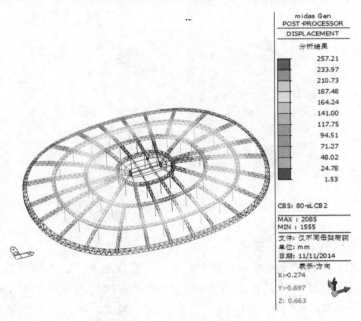

图 5-107 （荷载工况三）最大竖向变形

③ 索力。由图 5-108 分析可知，预应力索的最大应力为 664.5MPa＜930MPa，说明本次模型的索力计算结果满足规范要求。综上，当母架荷载为 80t 时，屋顶结构的承载力不满足要求，建议重点关注应力比超过 0.9 的 8 根构件。

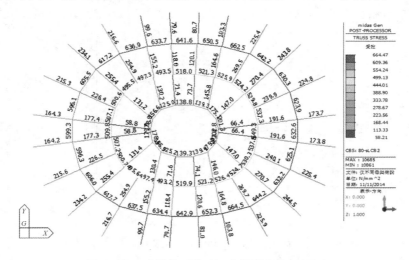

图 5-108 （荷载工况三）全部索应力（MPa）

2）安全母架荷载 55t。将通过模型的试算，找出现阶段屋顶能承受的最大安全母架荷载。由于在 80t 母架荷载作用下，模型的挠度、索力均满足要求。为此，在任何小于 80t 母架荷载作用（均含包括母架自重）的情况下，本次计算只需要考查承载力因素，计算结果如图 5-109、图 5-110 所示。

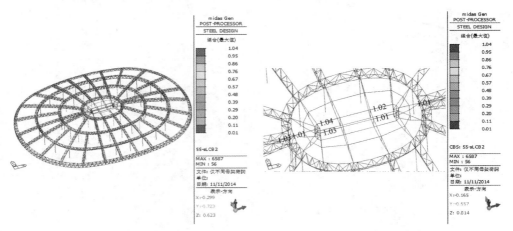

图 5-109 （荷载工况三）55t 母架
荷载作用下屋顶结构的应力比

图 5-110 （荷载工况三）
应力比超限的构件

由图5-111~图5-114可知，在55t母架荷载（包括23t母架结构系统自重）作用下，尽管承载力失效的构件（应力比超过1.0）有7根，但每根杆件的应力比均小于1.05。但是，为了今后更为安全地使用母架结构，当吊挂荷载达到最大容许吊挂荷载的90%时（即55×0.9＝49.5t），建议重点关注应力比超过0.9的12根构件。

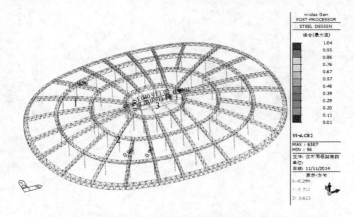

图5-111 （荷载工况三）55t母架荷载下应力比超限构件

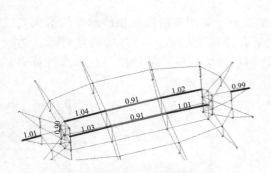

图5-112 应力比超限构件3

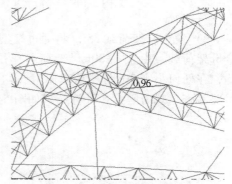

图5-113 应力比超限构件1

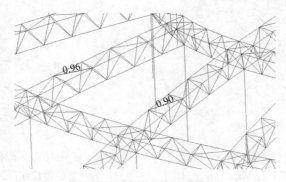

图5-114 应力比超限构件2

（4）荷载工况四计算结果。仅中央舞台 30t 荷载作用桁架结构应力水平计算结果如图 5-115~图 5-118 所示。

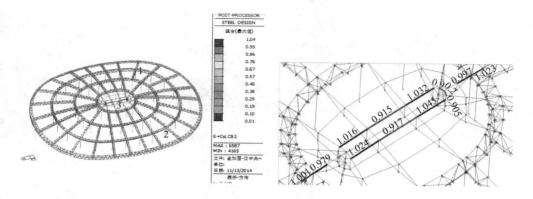

图 5-115　仅中央舞台 30t 荷载作用
（荷载工况四）应力计算结果

图 5-116　应力比超限的构件 3

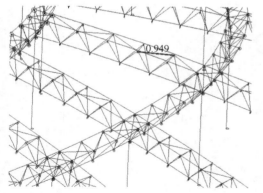

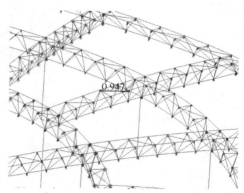

图 5-117　应力比超限的构件 2

图 5-118　应力比超限的构件 1

由上图可知，在 30t 荷载作用下，尽管承载力失效的构件（应力比超过 1.0）有 6 根，但每根杆件的应力比均小于 1.05，根据常规工程的设计经验判断，该屋顶主体钢结构仍处于安全状态。但是，为了今后更为安全地使用母架结构，当吊挂荷载达到最大容许吊挂荷载的 90% 时（30×0.9＝27t），建议对应力比超过 0.9 的 12 根构件都进行加固。

（5）荷载工况五计算结果。远端舞台荷载作用桁架结构应力水平计算结果如图 5-119~图 5-122 所示。

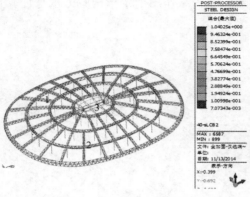

图 5-119 应力比超限的构件

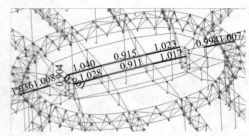

图 5-120 应力比超限的构件 3

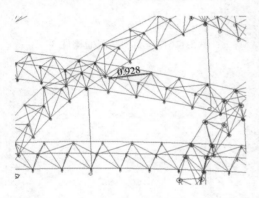

图 5-121 应力比超限的构件 1

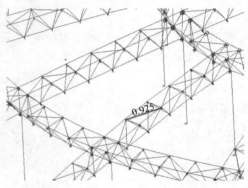

图 5-122 应力比超限的构件 2

由上图可知，在 40t 荷载作用下，尽管承载力失效的构件（应力比超过 1.0）有 7 根，但每根杆件的应力比均小于 1.05。但是，为了今后更为安全地使用母架结构，当吊挂荷载达到最大容许吊挂荷载的 90% 时（40×0.9 = 36t），建议重点关注应力比超过 0.9 的 14 根构件。

（6）荷载工况六计算结果。近端+远端+中央舞台荷载桁架结构应力水平计算结果如图 5-123 ~ 图 5-127 所示。

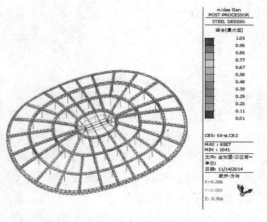

图 5-123 桁架整体应力水平

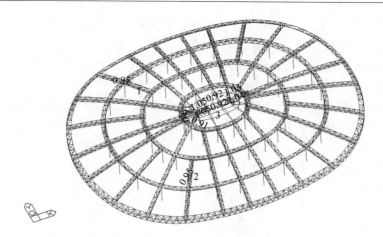

图 5-124　应力比超限的构件

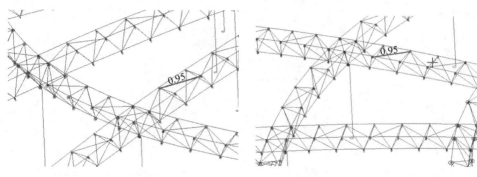

图 5-125　应力比超限的构件 2　　　　　图 5-126　应力比超限的构件 1

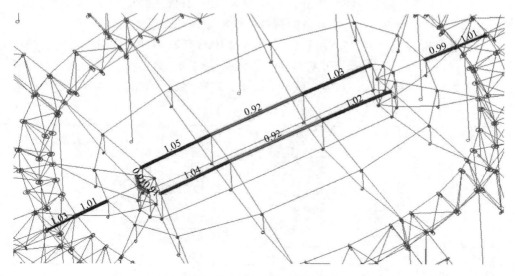

图 5-127　应力比超限的构件 3

由上图可知，在65t荷载作用下，尽管承载力失效的构件（应力比超过1.0）有7根，但每根杆件的应力比均小于1.05，但是，为了今后更为安全地使用母架结构，当吊挂荷载达到最大容许吊挂荷载的90%时（65×0.9＝58.5t），建议重点关注应力比超过0.9的14根构件。

结构变形情况如图5-128所示，由图分析可知，屋盖结构的最大竖向变形为253mm＜116000/400＝290mm，计算结果满足要求。

由图5-129分析可知，预应力索的最大应力为656.4MPa＜930MPa，说明本次模型的索力计算结果满足规范要求。

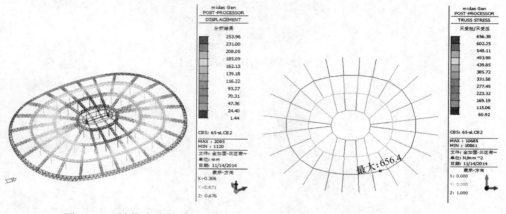

图 5-128　结构变形情况　　　　　　图 5-129　索力

（7）荷载工况七计算结果。

1）屋盖极限荷载分析。为此，试算 W＝172t、160t、140t、120t、100t、80t、70t 等7种情况。结构应力比及危险构件曲线如图5-130所示。

通过分析表5-15的1~5项可知，当施加100~172t吊挂荷载时，加固后的杆件的应力比也超过了1.05，针对该项目的结构形式和加固方法，已经加固过的杆件不能再被加固第二次。表明在该种情况下，对屋顶进行加固不具备可行性。针

表 5-15　结果统计表

No.	荷载级别 W/t	如果考虑母架自重存在的情况时	应力比超过0.9的杆件数量	杆件最大的应力比	已加固杆件最大应力比	加固是否可行
1	172	149.35	30	1.16	1.128	NO
2	160	137.35	28	1.14	1.117	NO
3	140	117.4	26	1.12	1.124	NO
4	120	97.35	17	1.10	1.104	NO
5	100	77.35	17	1.08	1.065	NO
6	80	57.35	16	1.07	1.047	YES
7	70	47.35	15	1.06	1.039	YES

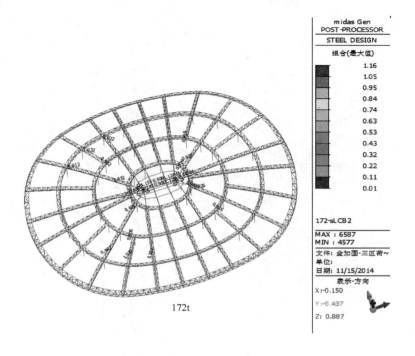

172t

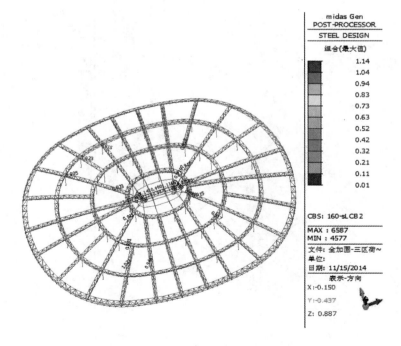

160t

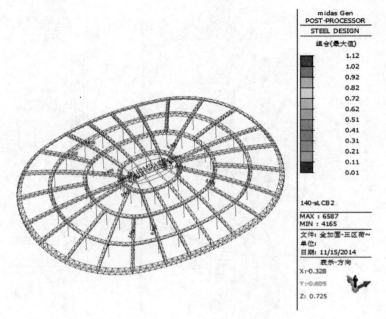

140t

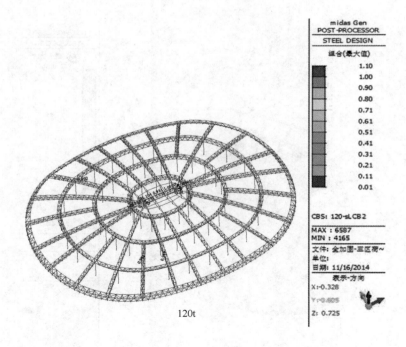

120t

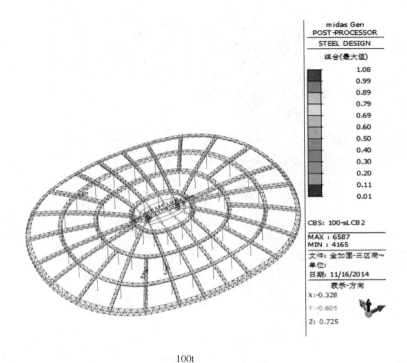

100t

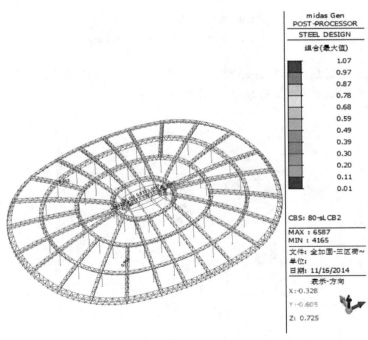

80t

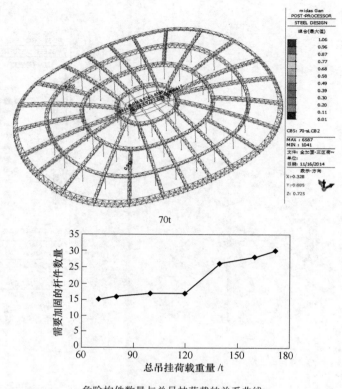

70t

危险构件数量与总吊挂荷载的关系曲线

图 5-130 结构应力比及危险构件曲线

对 6、7 项，通过后期的杆件加固，可以提高屋顶的吊挂承载力，具备一定的可行性。具体加固位置，如图 5-131 ~ 图 5-134 所示。

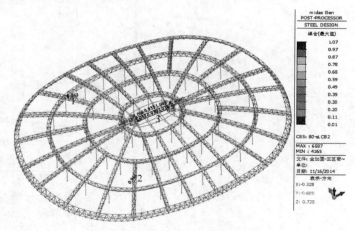

图 5-131 应力比超限的构件（整体）

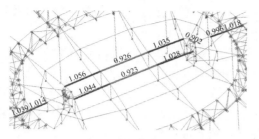

图 5-132 应力比超限的构件 3

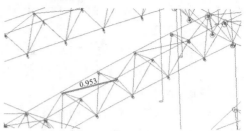

图 5-133 应力比超限的构件 2

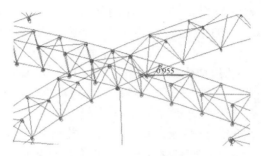

图 5-134 应力比超限的构件 1

此外，根据现场屋顶的加固情况，为保证 65t 吊挂荷载的正常使用，建议对所有应力比超过 0.9 的杆件进行重点观察或加固。

2）结构极限承载模拟结果及分析。将最大承重荷载 W，按 20%、30%、50% 的比例，分别布置在"远端+中央+近端"等三个区域内。加载位置在下弦杆，各区域荷载分布情况，如图 5-135、图 5-136 所示。

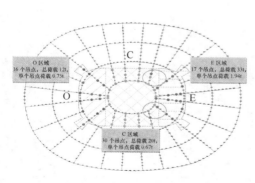

图 5-135 屋盖的下弦吊点布置图一

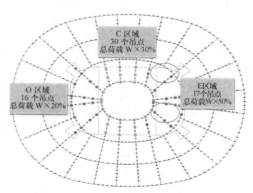

图 5-136 屋盖的下弦吊点布置图二

① 仅近端舞台区域允许总吊挂荷载。屋盖允许总吊挂荷载（含吊挂设备）

应不大于 55t；●表示允许吊挂的桁架下弦节点，每点允许吊挂荷载（含吊挂设备）不大于 3.2t。

②　仅中央舞台荷载作用允许总吊挂荷载。屋盖允许总吊挂荷载（含吊挂设备）应不大于 30t；●表示允许吊挂的桁架下弦节点，每点允许吊挂荷载（含吊挂设备）不大于 1t。

③　仅远端舞台荷载作用允许总吊挂荷载。屋盖允许总吊挂荷载（含吊挂设备）应不大于 40t；●表示允许吊挂的桁架下弦节点，每点允许吊挂荷载（含吊挂设备）不大于 2.5t。

④　近端+中央+远端舞台荷载组合作用允许总吊挂荷载。允许总吊挂荷载（含吊挂设备）应不大于 65t；▭▭▭ 表示该区域允许总吊挂荷载（含吊挂设备）不大于 33t；▨▨▨ 表示该区域允许总吊挂荷载（含吊挂设备）不大于 20t；▥▥▥ 表示该区域允许总吊挂荷载（含吊挂设备）不大于 12t。只允许在以下位置吊挂重物，相应吊挂荷载限制如下，各区域总重量不应超过如下规定：●表示允许吊挂的桁架下弦节点，每点允许吊挂荷载（含吊挂设备）不大于 1.94t；●表示允许吊挂的桁架下弦节点，每点允许吊挂荷载（含吊挂设备）不大于 0.67t；●表示允许吊挂的桁架下弦节点，每点允许吊挂荷载（含吊挂设备）不大于 0.75t。

6 结构安全性评定方法

6.1 在役大跨度钢结构安全性评定指标体系

6.1.1 结构构件重要性划分

6.1.1.1 结构传力分析中的简化原则

荷载作用经过结构内部的相应体系传给地基（支座）的传递线路称为传力路径。在对在役大跨度钢结构进行安全性评定时，根据其荷载传力路径的分析确定结构构件的重要性程度有利于对结构安全性进行更为准确的描述。结构传力分析中的简化原则见表 6-1。

表 6-1　结构传力分析中的简化原则

序号	原　　则	具　体　说　明
1	略去次要结构构件和结构部分	在役大跨度钢结构安全性评定的核心是结构构件的承载能力和结构稳定性，其关键是主要传力路径上的核心构件，因此为了更容易抓住结构传力路径，要略去次要构件和次要的结构，使结构简化为较为简单明确的核心构件传力体系
2	略去结构构件的次要受力特性	在分析结构传力过程中，在确定主要传力路径时，为了简化传力路径上构件的次要受力特性带来的干扰，首先需要明确传力路径上结构构件主要的受力特性，如抗压、抗拉、抗弯等，忽略其次要的受力特性，但这不是绝对的
3	简化集中连接、简化分散的铆连接	一方面通过简化集中连接为铰支或固支，另一方面通过简化分散的铆连接为连续连接使得传力分析在一个较为理想的结构模型中进行分析，这便于对传力路径进行确定，对构件的受力性能进行分析，仅就传力路径分析时应按此考虑

6.1.1.2 基于传力路径的构件重要性级别划分

通过对不同荷载传力途径下结构构件失效而导致的不安全影响和可能引起的破坏程度和范围的研究分析，依据结构传力分析的简化原则，明确各构件在结构体系中的作用，确定不同结构中相应构件对于整体结构的影响程度和影响范围。至此，将结构传力体系中的构件划分为三个级别，具体内容见表 6-2。

表 6-2   不同传力路径失效导致的失效范围程度、影响

序号	路　径	具　体　说　明
1	主要传力构件 （核心构件）	在结构传力体系中重要性级别最高的承重构件，其失效后可能导致传力路径的失效，严重影响结构传力体系的承重功能，并引起严重的后果
2	次要传力构件 （重要构件）	在结构传力体系中重要性级别较高，其失效后一般不会导致传力路径失效，对结构传力体系的承重功能影响相对较小，但可能导致相邻范围构件的破坏，后果较为严重
3	一般构件	在结构传力体系中重要性级别最低，其失效后不会导致传力路径的失效，对结构传力体系的承重功能影响相对最小，引起的破坏一般仅在本构件范围内，对相邻构件影响较小

6.1.2　评定指标体系的构建

　　本研究通过参考《民用建筑可靠性鉴定标准》（GB 50292—2015），遵循评定指标体系建立的一般原则（科学性、系统性、代表性、独立性、可行性原则），建立了如图 6-1 所示的在役大跨度钢结构安全性评定指标体系。

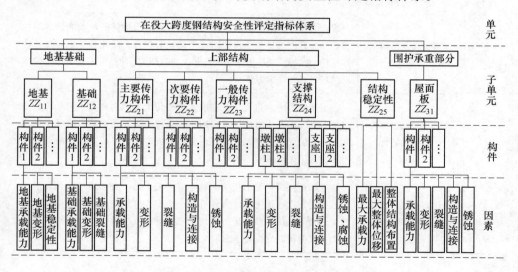

图 6-1　在役大跨度钢结构安全性评定指标体系层次示意

6.1.3　评定指标权重的计算

　　评定一个对象 $Z_i(i = 1, 2, \cdots, m)$ 优劣的各衡量指标 ZZ_{i1}，ZZ_{i2}，$\cdots$，ZZ_{in}

（$i = 1$，2，…，n）对于评定对象来说，其作用地位和重要程度不尽相同，通常各衡量指标的重要程度用权重系数来表示。

权重计算的方法有主客观赋权法两种，其中，主观赋权法操作较为简便，但其计算过程受人为影响因素较大，过于依赖赋权人员的专业水平和主观判断。而客观赋权法是根据对评估指标自身特征的统计分析与比较，数据自身产生较为重要的对比，该方法核心思想来源于数据本身，避免了人为影响，但单纯使用其中任意一种方法会对评估指标样本数据随机误差造成影响。

由于 AHP 法及熵值法相对比较成熟，与在役大跨度钢结构安全性评估研究调研过程中采集到的数据较为匹配，具有较强的适应性，能准确地反映研究所需。基于此，在役大跨度钢结构安全性评估采取组合赋权法确定权重，如此一来，既能充分利用客观信息，又能满足决策者的主观愿望。

（1）主观赋权。采用 AHP 法获得主观权重 W'，且 $W' = (w'_1, w'_2, \cdots, w'_n)$，$w'_j \geqslant 0$，$\sum_{j=1}^{m} w'_j = 1$。

（2）客观赋权。采用熵值法计算：

1）将各指标同度量化，$Y = (y_{ij}) m \times n$ 计算第 j 项指标下第 i 个方案指标值的比重 $p_{ij} = \dfrac{x_{ij}}{\sum_{i=1}^{m} x_{ij}}$。

2）计算第 j 项指标的熵值 $e_j = -k \sum_{i=1}^{m} p_{ij} \ln p_{ij}$，其中 e_j 为指标熵值，k 为大于零的正数，设定 $k = 1/\ln^m$，确保 $0 \leqslant e_j \leqslant 1$。

3）计算第 j 项指标的差异性系数 $g_j = 1 - e_j$，熵值越小，指标间差异系数越大，指标越重要。

4）定义权数 $w_i = \dfrac{g_i}{\sum_{j=1}^{m} g_j}$，为权重计算结果。

（3）组合赋权计算。本书在分别计算出主、客观权重的基础上，基于 Lagrange 条件极值原理进行综合赋权。

1）构造权重目标函数。综合主客观权重可得"综合权重"。令 α 和 β 分别表示 W' 和 W'' 的重要程度，有：

$$W = \alpha w + \beta w'' \tag{6-1}$$

W 为综合权重。设 α 和 β 满足单位约束条件 $\alpha^2 + \beta^2 = 1$，a_{ij} 是 x_{ij} 的规范化值，安全性评定指标的评估值为：

$$v_i = \sum_{j=1}^{n} a_{ij} w_j = \sum_{j=1}^{n} a_{ij}(\alpha w_j' + \beta w_j'') \quad (i = 1, 2, \cdots, m) \tag{6-2}$$

v_i 越大越好，至此，构造如下目标模型：

$$\begin{cases} \max Z = \sum_{i=1}^{m} \sum_{j=1}^{n} a_{ij}(\alpha w_j' + \beta w_j'') \\ \text{s. t. } \alpha^2 + \beta^2 = 1 \\ \alpha, \ \beta \geqslant 0 \end{cases} \tag{6-3}$$

2）应用 Lagrange 条件极值原理，计算主客权重各占比例：

$$\begin{cases} \alpha_1^* = \dfrac{\displaystyle\sum_{i=1}^{m} \sum_{j=1}^{n} a_{ij} w_j'}{\sqrt{\displaystyle\sum_{i=1}^{m} \sum_{j=1}^{n} a_{ij} w_j'^2 + \sum_{i=1}^{m} \sum_{j=1}^{n} a_{ij} w_j''^2}} \\[4ex] \beta_1^* = \dfrac{\displaystyle\sum_{i=1}^{m} \sum_{j=1}^{n} a_{ij} w_j''}{\sqrt{\displaystyle\sum_{i=1}^{m} \sum_{j=1}^{n} a_{ij} w_j'^2 + \sum_{i=1}^{m} \sum_{j=1}^{n} a_{ij} w_j''^2}} \end{cases} \tag{6-4}$$

对 α_1^* 和 β_1^* 进行归一化处理，

$$由 \begin{cases} \alpha^* = \dfrac{\alpha_1^*}{\alpha_1^* + \beta_1^*} \\[2ex] \beta^* = \dfrac{\beta_1^*}{\alpha_1^* + \beta_1^*} \end{cases} \tag{6-5}$$

$$得 \begin{cases} \alpha^* = \dfrac{\displaystyle\sum_{i=1}^{m} \sum_{j=1}^{n} a_{ij} w_j'}{\displaystyle\sum_{i=1}^{n} \sum_{j=1}^{n} a_{ij}(w_j' + w_j'')} \\[4ex] \beta^* = \dfrac{\displaystyle\sum_{i=1}^{m} \sum_{j=1}^{n} a_{ij} w_j''}{\displaystyle\sum_{i=1}^{m} \sum_{j=1}^{n} a_{ij}(w_j' + w_j'')} \end{cases} \tag{6-6}$$

则知 $w_j = \alpha^* w_j' + \beta^* w_j''$。

3）计算各级指标综合赋权后的权重值。各级指标均采用上述方法赋权，至此，在役大跨度钢结构安全性综合评定指标体系权重见表 6-3。

表6-3 在役大跨度钢结构安全性综合评定指标体系权重

一级指标	一级指标权重	二级指标权重	三级指标权重
围护结构	0.05	屋面板 1.00	0.39、0.17、0.15、0.22、0.07
上部结构	0.63	主要传力构件 0.37	0.39、0.16、0.09、0.25、0.11
		次要传力构件 0.18	0.39、0.16、0.09、0.25、0.11
		一般传力构件 0.08	0.39、0.16、0.09、0.25、0.11
		支撑结构 0.21	0.33、0.22、0.20、0.15、0.10
		结构稳定性 0.16	0.54、0.31、0.15
地基基础	0.32	地基 0.55	0.61、0.26、0.13
		基础 0.45	0.64、0.26、0.10

需要注意的是，若评估过程中个别指标缺失，则需将该指标的权系数平均分摊给其所在同级其他指标。

6.2 在役大跨度钢结构安全性模型

6.2.1 方法的比较与选择

结构安全性评定的方法有很多种，一般可分为定性和定量两大类。不同的评定方法都有着自身的优缺点和适用范围，在进行评定方法选择时需要针对工程项目的自身特点以及研究范围等诸多因素综合对比选择。比较常用的评定方法主要有专家打分法、层次分析法、德尔菲法等，详细见表6-4。

表6-4 评定方法优缺点对比

评估方法	主要内容	优 点	缺 点
专家打分法	邀请专家根据自己的经验对事先准备好的风险调查表进行评定，同时确定各风险因素的权重，最后相乘	操作简单，适用于缺乏具体数据资料的项目前期	对专家经验和决策者的意向依赖较大
德尔菲法	类似专家打分法，但各专家之间互不见面，通过反复函询专家和汇总专家意见得出评定结果	专家畅所欲言，避免了专家之间的相互影响	反复函询调查较为费时费力，易造成信息不对称
故障树分析法	根据以结果找原因的原则，以不期望的安全事故为分析目标，建立故障树，逐层演绎分析可能的风险因素，直到不能分解，并给出事故发生的概率	简明直观地寻找事故的发生原因，同时可检查系统中防护措施是否妥当	费时费力，若演绎过程中发生遗漏或错误，难以保证结果的准确

续表 6-4

评估方法	主要内容	优　点	缺　点
层次分析法	根据分析对象的性质将其分解为各个组成因素，按照因素间的关系再次分组，形成一个层层相连的结构，最终确定最低层相对最高层重要性权值并排序	有定性分析，同时也有定量分析，适用于准则和目标较多问题的分析	主观性较强，且要求评定指标及相互关系具体明确
模糊综合评判法	通过专家经验和历史数据模糊描述工程风险因素，依据各因素的重要性设置相应权重并计算其可能隶属度，通过建立模型确定工程风险水平	避免一般数学方法出现的"唯一解"，对因素较多的复杂系统评定效果好	确定的因素权重主观性大，且存在指标信息重复现象
灰色综合评判法	基于动态的观点，对影响评定对象的多数非线性或动态因素进行量化分析，并以分析的结果来客观反映因素之间的影响程度	适宜处理系统部分信息不明确的情况，适用于相关性大的系统	人工确定灰色问题白化函数导致评定能力有所限制
支持向量机法	以统计学为基础的机器学习模型，用于处理分类和回归问题。通过学习训练，获取变量的关系，进行预测	很好地处理小样本问题，避免了"维数灾难"等问题	没有有效且明确选择合适的核函数的方法
TOPSIS 法	在理想解和负理想解的延长线上找出一个虚拟最劣值向量 Z，取代最劣值向量，然后计算各评定方案与最优值和虚拟最劣值间的距离和，求出各评定方案与最优值的相对接近度，接近度越大说明项目效果越优	是一种逼近于理想解的排序法，是常用且有效的多目标决策方法，具备理想解和负理想解的两个基本概念	在评定之前依然需要通过其他方法确定指标的权重，因此指标权重的确定也是进行评定的关键
人工神经网络法	模仿人脑处理信息来处理问题，相连神经元集合不断从环境中学习，捕获本质线性和非线性的趋势，并预测包含噪声和部分信息新情况	网络自适应能力强，能够处理非线性、非局域性、非凹凸性的复杂系统	需要大量数据样本，精度不高易造成结果难以收敛
物元可拓综合评定方法	针对单级或多级评定指标体系，建立评判关联函数计算关联度和规范关联度，根据预先设定的衡量标准，确定评定对象的综合优度值，从而完成单级或多级指标体系的综合评定	评定一个对象（事物、策略、方案、方法等）优劣程度，定性与定量分析相结合，适用范围广	其指标的权重依然需要通过其他方法确定

　　本书结合前期的资料收集和调研情况，以及考虑到研究建立的在役大跨度钢结构安全性评定指标体系，通过表 6-4 方法对比分析，综合考虑选用物元可拓综合评定方法对在役大跨度钢结构安全性评定项目进行评定。

　　一方面，基于物元可拓综合评定方法的评定指标标准值为一个区间的量域值，通过因素关联度这一概念，更为贴切地由之前标准中的跳跃式量化标准转化为连续性量化方式，关联度的大小体现了各评定指标的特征参数与被研究对象的从属程度，客观地反映了实际情况。另一方面，基于物元可拓综合评定方法可以实现目前采集的在役大跨度钢结构安全性评定对结构因素层、构件层、子单元层、单元层的逐层评定的要求。

　　因为若单纯的采用专家打分法、层次分析法、德尔菲法和模糊综合评判法进行在役大跨度钢结构安全性评定，这就要求参与评定的专家学者的相关知识水平极高，若不满足这一要求，就极易造成评定结果的主观因素较强，若处理不当，评定结果往往与工程实践现场出入很大，造成评定结果不可信。若应用人工神经网络对在役大跨度钢结构安全性进行评定研究，其不需各评定指标权重计算这一特点虽然可以避免权重确定过程主观因素的影响，但是无法实现在役大跨度钢结构安全性评定对结构因素层、构件层、子单元层、单元层的逐层评定的这一客观要求，而应用 TOPSIS 法亦不能满足这一要求，TOPSIS 评定法无法做到进一步分析在役大跨度钢结构安全性评定的需求。不过，应用物元可拓综合评定方法进行在役大跨度钢结构安全性评定时，需要通过其他手段对评定的各级指标权重逐一确定。

6.2.2　可拓学理论的内涵

6.2.2.1　可拓学内涵

　　可拓学由蔡文提出，用于研究事物拓展的可能性和开拓创新的规律，以矛盾问题为研究对象，以其智能化处理为主要研究内容，其学科体系如图 6-2 所示。

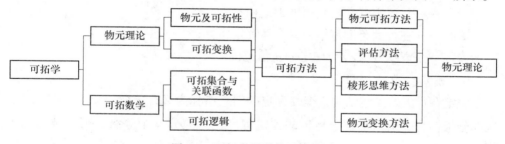

图 6-2　可拓学学科体系结构图

6.2.2.2　可拓学理论

　　可拓学理论是以可拓论、可拓方法论为框架的理论体系，见表 6-5。

表 6-5　可拓学理论

序号	理论体系	详细内容
1	可拓论	以基元理论、可拓集合理论、可拓逻辑为三大核心体系共同构成可拓学的理论基础
2	可拓方法论	将可拓论应用于科学实践活动工具，主要包括可拓分析方法、可拓变换方法、共轭分析方法和可拓几何方法等
3	可拓工程	将可拓学的基本理论与方法和各领域的专业知识、专业技术相结合所形成的应用技术

6.2.3　结构安全性评定模型的构建

6.2.3.1　确定衡量条件集、经典域、节域、待评物元

A　确定衡量条件集

物元是指事物的名称、特征和关于特征的量值组成的有序三元组。

给定事物的名称 N，关于特征 c 的量值为 V，则以有序三元组 $R = (N, ZZ, V)$，作为描述事物的基本元，简称物元。

一个事物具有 N 多个特征，若事物以 n 个特征 ZZ_1，ZZ_2，$\cdots$，ZZ_n 和相应的量值 V_1，V_2，$\cdots$，V_n 来描述，根据物元理论，评定在役大跨度钢结构安全性首先需要分析所涉及的各个因素，在役大跨度钢结构安全性评定模型由下列 n 维物元表示：

$$
R = (N_{mj}, ZZ_i, V_{mji}) = \begin{bmatrix} N_{mj} & ZZ_1 & V_{mj1} \\ & ZZ_2 & V_{mj2} \\ & \vdots & \vdots \\ & ZZ_n & V_{mjn} \end{bmatrix} \tag{6-7}
$$

式中　R——在役大跨度钢结构安全性；

N_{mj}——待评定的在役大跨度钢结构；

ZZ_i——在役大跨度钢结构安全性评定指标；

V_i——N 关于 ZZ_i 所确定的量值范围。

B　确定经典域

假定在役大跨度钢结构安全性评定的因素指标为 ZZ_1，ZZ_2，$\ldots$，ZZ_m，以这部分指标为基础，将各个指标的评定程度定量地分 n 个等级，则节域物元矩阵为：

$$
R_{oj} = (N_{oj}, ZZ_i, V_{oji}) = \begin{bmatrix} N_{oj} & ZZ_1 & V_{oj1} \\ & ZZ_2 & V_{oj2} \\ & \vdots & \vdots \\ & ZZ_n & V_{ojn} \end{bmatrix} = \begin{bmatrix} N_{oj} & ZZ_1 & <a_{oj1}, b_{oj1}> \\ & ZZ_2 & <a_{oj2}, b_{oj2}> \\ & \vdots & \vdots \\ & ZZ_n & <a_{ojn}, b_{ojn}> \end{bmatrix}
$$

$$
\tag{6-8}
$$

式中　R_{oj}——评定对象的经典域物元模型；

N_{oj}——评定对象所指定的分级标准中的第 j 级的物元模型；

ZZ_i——评定指标；

V_{oji}——N_{oj} 关于评定指标 ZZ_i 的量值范围，即经典域 $\langle a_{oji}, b_{oji} \rangle$。

至此，将在役大跨度钢结构安全性评定指标的经典域物元表示为：

$$R_{oj} = (N_{oj}, \ ZZ_i, \ V_{oji}) = \begin{bmatrix} N_{oj} & ZZ_1 & V_{oj1} \\ & ZZ_2 & V_{oj2} \\ & \vdots & \vdots \\ & ZZ_n & V_{ojn} \end{bmatrix} = \begin{bmatrix} N_{oj} & ZZ_1 & <a_{oj1}, \ b_{oj1}> \\ & ZZ_2 & <a_{oj2}, \ b_{oj2}> \\ & \vdots & \vdots \\ & ZZ_n & <a_{ojn}, \ b_{ojn}> \end{bmatrix}$$

(6-9)

式中 R_{oj} ——在役大跨度钢结构安全性评定的经典域物元模型；

      N_{oj} ——在役大跨度钢结构安全性评定等级为第 j 级时的物元模型；

      ZZ_i ——在役大跨度钢结构安全性评定指标；

      V_{oji} ——在役大跨度钢结构安全性评定第 j 级时的物元模型关于第 i 个评定
指标 ZZ_i 的量值范围，即经典域 $\langle a_{oji}, \ b_{oji} \rangle$ 。

   C   确定节域

综合各评定指标的允许取值范围形成的物元模型称为节域。假定在役大跨度
钢结构安全性评定的因素指标为 ZZ_1 ， ZZ_2 ， ... ， ZZ_m ，以这部分指标为基础，
将各个指标的评定程度定量地分 n 个等级，则节域物元矩阵为：

$$R_p = (N_p, \ ZZ_i, \ V_{pi}) = \begin{bmatrix} N_p & ZZ_1 & V_{p1} \\ & ZZ_2 & V_{p2} \\ & \vdots & \vdots \\ & ZZ_n & V_{pn} \end{bmatrix} = \begin{bmatrix} N_p & ZZ_1 & <a_{p1}, \ b_{p1}> \\ & ZZ_2 & <a_{p2}, \ b_{p2}> \\ & \vdots & \vdots \\ & ZZ_n & <a_{pn}, \ b_{pn}> \end{bmatrix}$$

(6-10)

式中 R_p ——物元模型的节域；

      N_p ——评定指标的全部等级（a、b、c、d 四个等级）；

      ZZ_i ——评定指标；

      V_{pi} —— N_p 中评定指标量值范围，即节域 $\langle a_{pi}, \ b_{pi} \rangle$ 。

至此，在役大跨度钢结构安全性评定的节域物元可以表示为：

$$R_p = (N_p, \ ZZ_i, \ V_{pi}) = \begin{bmatrix} N_p & ZZ_1 & V_{p1} \\ & ZZ_2 & V_{p2} \\ & \vdots & \vdots \\ & ZZ_n & V_{pn} \end{bmatrix} = \begin{bmatrix} N_p & ZZ_1 & <a_{p1}, \ b_{p1}> \\ & ZZ_2 & <a_{p2}, \ b_{p2}> \\ & \vdots & \vdots \\ & ZZ_n & <a_{pn}, \ b_{pn}> \end{bmatrix}$$

(6-11)

式中 R_p ——在役大跨度钢结构安全性评定物元模型的节域；

      N_p ——在役大跨度钢结构安全性评定的全部等级（四个等级）；

      ZZ_i ——在役大跨度钢结构安全性评定指标；

      V_{pi} —— N_p 中评定指标量值范围，即节域 $\langle a_{pi}, \ b_{pi} \rangle$ 。

D 确定待评物元

由待评定对象的信息构成的物元称为待评定物元，可表示成为：

$$R_o = (N_o, ZZ_i, V_i) = \begin{bmatrix} N_o & ZZ_1 & V_1 \\ & ZZ_2 & V_2 \\ & \vdots & \vdots \\ & ZZ_n & V_n \end{bmatrix} \tag{6-12}$$

式中 R_o——待评定对象的信息构成的待评定物元；

     N_o——待评定对象；

   ZZ_i——待评定对象评定指标；

     V_i——搜集到的待评定对象的评定指标对应的具体取值。

即对待评事物检测所得的具体数据，称为事物的待评物元。把在役大跨度钢结构安全性待评定事物 R 所检测得到的现场数据用物元表示为：

$$R_o = (N_o, ZZ_i, V_i) = \begin{bmatrix} N_o & ZZ_1 & V_1 \\ & ZZ_2 & V_2 \\ & \vdots & \vdots \\ & ZZ_n & V_n \end{bmatrix} \tag{6-13}$$

式中 R_o——在役大跨度钢结构安全性待评物元；

     N_o——在役大跨度钢结构安全性；

   ZZ_i——在役大跨度钢结构安全性评定指标；

     V_i——搜集到的在役大跨度钢结构安全性对象的评定指标对应的具体取值。

由于不同结构形式的在役大跨度钢结构安全性评定项目都存在着较大的差异性，所以在役大跨度钢结构安全性评定项目的"经典域"及"节域"都需要根据项目的实际情况来确定。

6.2.3.2 确定评定指标量值域及其数值标准化

A 衡量指标量值域的设定原则

根据在役大跨度钢结构安全性评定指标体系涉及的内容，将评定指标体系中涉及的语言性描述的指标转换为数学性描述以便量化。最低层的评定等级划分为四个等级：a、b、c、d。此外，各评定指标具有不同的计量单位，所以应按以下原则对数据进行标准化处理：

（1）定性指标的定量标准化。对于无法定量描述的定性指标，采用类比法对某一类因素按照 a、b、c、d 四个等级进行划分，相应的该类因素的量值标准按五种关联程度进行划分" −0.5   −0.25   0   0.25   0.5"。

（2）定量指标的无量纲化处理。在役大跨度钢结构安全性评定如有若干个定量因素同时作用时，其判定标准根据各个因素对结构安全性的影响大小而定，而为了减少和规避各指标量纲不同而带来的评定结果的误差，在本研究中，在役大跨度钢结构安全性评定指标体系中对定性指标采取如下的无量纲化处理：

$$x' = \frac{x^* - x_{\min}^*}{x_{\max}^* - x_{\min}^*} \tag{6-14}$$

$$x' = \frac{x_{\max}^* - x^*}{x_{\max}^* - x_{\min}^*} \tag{6-15}$$

式中　$x_{\max}^*$——评定指标归一化后取值范围的最大值；

　　　$x_{\min}^*$——评定指标归一化后取值范围的最小值；

　　　x——评定指标归一化无量纲的评定值。

B　构件承载能力量化标准

在役大跨度钢结构构件承载能力等级，主要根据构件抗力与荷载效应比值的方法进行评定：

$$\eta = R/(\gamma_0 S) \tag{6-16}$$

式中　η——抗力与效应比；

　　　R——结构构件的抗力；

　　　γ_0——结构重要度系数；

　　　S——结构构件承载能力极限状态下的作用效应。

在役大跨度钢结构构件安全性评级根据承载能力评定时，需首先对整体结构的传力路径进行分析，并对结构构件的重要性进行分类，最后，采用表 6-6 的量化评定标准进行构件级评定。索力采用表 6-7 的量化评定标准。

表 6-6　构件承载能力的量化标准

结构类型	构件类别	抗力与效应比 $\eta = R/(\gamma_0 S)$			
		a 级	b 级	c 级	d 级
混凝土结构	重要、次要构件	≥1.00	≥0.95，且<1	≥0.90，且<0.95	<0.90
	一般构件	≥1.00	≥0.90，且<1	≥0.85，且<0.90	<0.85
钢结构	重要、次要构件	≥1.00	≥0.95	≥0.90	<0.90
	一般构件	≥1.00	≥0.92	≥0.87	<0.87

表 6-7　索力限值的量化标准

结构类型	构件类别	实测值与设计之比			
		a 级	b 级	c 级	d 级
索	重要、次要构件	≥1.00	≥0.93	≥0.90	<0.85
	一般构件	≥1.00	≥0.91	≥0.86	<0.81

C 构件外观、变形和位移的量化标准

当支座以下的混凝土构件针对其结构的外观、变形和位移进行评定时，在役大跨度钢结构构件应按表 6-8 所列的评定项目与标准进行评定。

表 6-8 混凝土结构或钢结构构件不适于继续承载的侧向位移及量化标准

结构类型	构件类型	检查项目	a 级	b 级	c 级	d 级
混凝土结构或钢结构	多层建筑	顶点位移	≤H/750	≤H/550	≤H/450	>H/450
		层间位移	≤H_i/600	≤H_i/450	≤H_i/350	>H_i/350
	高层（框架）	顶点位移	≤H/850	≤H/650	≤H/550	>H/550
		层间位移	≤H_i/650	≤H_i/500	≤H_i/450	>H_i/450

注：H 为结构顶点高度；H_i 为第 i 层层间高度。

当钢结构构件按其外观、变形和位移进行评定时，在役大跨度钢结构构件应按表 6-9 所列的评定项目与标准进行评定。

表 6-9 钢结构受弯构件不适于继续承载的变形及量化标准

结构类型	构件类别			检查项目	a 级	b 级	c 级	d 级
钢结构受弯构件	网架	屋盖（短向）	主要次要构件	挠度	≤l_s/500	≤l_s/300	≤l_s/200	>l_s/200，且可能发展
		屋盖（长向）			≤l_s/550	≤l_s/350	≤l_s/250	>l_s/250，且可能发展
	主梁、托梁				≤l_0/600	≤l_0/400	≤l_0/300	>l_0/300
	其他梁		一般构件		≤l_0/480	≤l_0/280	≤l_0/180	>l_0/180
	檩条等				≤l_0/420	≤l_0/220	≤l_0/120	>l_0/120
	深梁			侧向弯曲矢高	≤l_0/480	≤l_0/280	≤l_0/180	>l_0/180
	一般实腹梁				≤l_0/880	≤l_0/680	≤l_0/580	>l_0/580

注：l_0 为计算跨度，l_s 为网架短向计算跨度。

D 构件裂缝的量化标准

当钢结构构件按其锈蚀进行评定时，在役大跨度钢结构构件应按表 6-10 所列的评定项目与标准进行评定。

表 6-10 钢结构构件不适于继续承载的锈蚀的评定及量化标准

结构类型	检查项目	a 级	b 级	c 级	d 级
钢结构	在结构的主要受力部位构件	0.01t>Δt	0.05t ≥Δt>0.01t	0.1t ≥Δt>0.05t	Δt>0.1t

注：t 为锈蚀部位构件原截面的壁厚，或钢板的板厚；Δt 为截面平均锈蚀深度。

当混凝土构件按其裂缝及开展情况进行评定时，在役大跨度钢结构构件应按表 6-11、表 6-12 所列的评定项目与标准进行评定。

表6-11 混凝土构件不适于继续承载的裂缝宽度及量化标准（受力裂缝）

结构类型	构件类型	检查项目及环境（裂缝）		a级	b级	c级	d级
混凝土构件受力裂缝	主要构件	钢筋混凝土	正常湿度环境	≤0.10	≤0.20	≤0.50	>0.50
		预应力混凝土		≤0.05	≤0.10	≤0.20	>0.30
	一般构件	钢筋混凝土		≤0.10	≤0.20	≤0.50	>0.50
		预应力混凝土		≤0.10	≤0.15	≤0.30	>0.50
	所有构件	钢筋混凝土	高湿度环境	≤0.10	≤0.15	≤0.40	>0.40
		预应力混凝土		≤0.03	≤0.05	≤0.10	>0.20
剪切裂缝		钢筋混凝土及预应力混凝土	—	正常	基本正常	出现细微裂缝	出现肉眼可见裂缝

表6-12 混凝土构件不适于继续承载的裂缝宽度及量化标准（非受力裂缝）

结构类型	检查项目	a级	b级	c级	d级
混凝土构件非受力裂缝	锈蚀裂缝	完全符合标准	基本符合	因主筋锈蚀产生的沿主筋方向的细微裂缝，其宽度已小于1mm	因主筋锈蚀产生的沿主筋方向的裂缝，其裂缝宽度已大于1mm
	温度裂缝	完全符合标准	基本符合	因温度收缩等作用产生的细微裂缝，弯曲裂缝宽度小于50%	因温度收缩等作用产生的裂缝，弯曲裂缝宽度已经超出50%
	受压区混凝土裂缝	完全符合标准	基本符合	受压区混凝土存在轻微压坏趋势	受压区混凝土存在压坏迹象
	混凝土保护层裂缝	完全符合标准	基本符合	因主筋锈蚀导致构件轻微掉角以及混凝土保护层轻微脱落	因主筋锈蚀导致构件掉角以及混凝土保护层严重脱落，不论裂缝宽度

E 结构构造与连接量化标准

当构件安全性根据构造连接进行评定时，在役大跨度钢结构构件应按表6-13所列的评定项目与标准进行评定。

表6-13 基于构造连接的构件安全性评定及量化标准

结构类型	检查项目	a级	b级	c级	d级
混凝土结构	连接及构造	符合国家现行设计标准	构件连接方式正确，构造符合现行国家标准规范要求，仅有局部的表面缺陷或无缺陷，工作正常	构件连接方式不当，构造有严重缺陷，导致焊缝或螺栓等发生明显变形、滑移、局部拉脱、剪切或裂缝，工作异常的现象	构件连接方式严重不当，构造有严重缺陷，已导致焊缝或螺栓等发生明显变形、滑移、局部拉脱、剪切或裂缝，工作异常

结构类型	检查项目	a 级	b 级	c 级	d 级
混凝土结构	受力预埋件	符合国家现行设计标准	受力预埋件构造合理，受力及连接可靠，无变形、松动、滑移或其他损坏	预埋件构造有缺陷，导致预埋件发生明显变形、松动、滑移或其他损坏的现象	预埋件构造有严重缺陷，已导致预埋件发生明显变形、松动、滑移或其他损坏
钢结构	连接及构造	符合国家现行设计标准	构件连接方式正确，仅有局部的表面缺陷或无缺陷，构件工作正常，构造符合现行国家标准规范要求	构件连接方式不当，构造有缺陷，螺栓或焊缝等已发生变形、滑移、局部拉脱或裂缝，工作异常	构件连接方式不当，构造有严重缺陷，螺栓或焊缝等已发生明显变形、滑移、局部拉脱或裂缝，工作异常

F　结构整体性量化标准

当构件安全性按照结构整体性进行评定时，这里主要考虑一些其他的相关因素，在役大跨度钢结构构件按表 6-14 所列评定项目与标准进行评定。

表 6-14　结构整体性等级的评定及量化标准

结构类型	检查项目	a 级	b 级	c 级	d 级
混凝土结构	体型及基本参数	符合国家现行设计标准	建筑物高度、层数、高宽比等略小于现行设计规范要求	建筑物高度、层数、高宽比等低于现行设计规范要求	建筑物高度、层数、高宽比等不符合现行设计规范要求
	结构布置	符合国家现行设计标准	结构体系合理，传力路径明确，建筑物平（立）面的规则性、变形缝的设置、质量及刚度的分布、贴建房屋的布置等略小于现行设计规范要求	结构体系不合理，传力路径不明确，存在薄弱环节，建筑物平（立）面的规则性、变形缝的设置、质量及刚度的分布、贴建房屋的布置等存在一定缺陷	结构体系不合理，传力路径不明确，存在薄弱环节，建筑物平（立）面的规则性、变形缝的设置、质量及刚度的分布、贴建房屋的布置等存在较大缺陷
	结构间的连接及构造	符合国家现行设计标准	梁柱的连接等略小于现行设计规范要求	梁柱的连接等低于现行设计规范要求	梁柱的连接等不符合现行设计规范要求
钢结构	结构布置及构造	符合国家现行设计标准	结构体系布置合理，传力路径明确或基本明确；结构形式和构件选型、整体性构造和连接等略小于或基本符合现行设计规范要求	结构体系布置不合理，传力路径不明确或不当；结构形式和构件选型、整体性构造和连接等不符合现行设计规范要求，影响安全	结构体系布置不合理，传力路径不明确或不当；结构形式和构件选型、整体性构造和连接等不符合或严重不符合现行设计规范要求，严重影响安全

续表 6-14

结构类型	检查项目	a 级	b 级	c 级	d 级
钢结构	支撑系统	符合国家现行设计标准	支撑系统布置合理，形成完整的支撑系统；支撑杆件长细比及节点构造符合或基本略小于现行国家标准规范的要求，无明显缺陷或损伤	支撑系统布置不合理，基本未形成完整的支撑系统；支撑杆件长细比及节点构造不符合现行国家标准规范的要求，有一定缺陷或损伤	支撑系统布置不合理，基本上未形成或未形成完整的支撑系统；支撑杆件长细比及节点构造严重不符合现行国家标准规范的要求，有明显缺陷或损伤
	结构间的连接及构造	符合国家现行设计标准	承重构件的连接等略小于现行设计规范要求	承重构件的连接等低于现行设计规范要求	承重构件的连接等不符合现行设计规范要求

G 地基基础的量化标准

通过对《建筑地基基础设计规范》（GB 50007—2011）和《民用建筑可靠性鉴定标准》（GB 50292—2015）标准的研究，当对在役大跨度钢结构地基基础（构件）的安全性进行安全性评定时，地基基础量化标准见表 6-15 和表 6-16。

表 6-15 地基基础的量化标准 1

结构类型	检查项目	a 级	b 级	c 级	d 级
各类结构	地基不均匀沉降（沉降高差/两测点距离）	≤0.001	≤0.003	≤0.005	>0.005
	基础裂缝	≤0.20	≤0.30	≤0.40	>0.40

表 6-16 地基基础的量化标准 2

级别	地基（桩基）变形	地基稳定性（斜坡）
a 级	不均匀沉降小于现行国家标准《建筑地基基础设计规范》（GB 5007—2002）规定的允许沉降差，或建筑物无沉降裂缝、变形或位移	建筑场地地基稳定，无滑动迹象及滑动史
b 级	不均匀沉降大于现行国家标准《建筑地基基础设计规范》（GB 5007—2002）规定的允许沉降差，且连续 2 个月地基沉降速度小于每月 2mm	场地地基在历史上曾有过局部滑动，经治理后已经停止滑动，近期不会再滑动
c 级	不均匀沉降大于现行国标《建筑地基基础设计规范》（GB 5007—2002）规定的允许沉降差，或连续 2 个月地基沉降速度大于每月 2mm	场地地基在历史上发生过滑动，目前虽已经停止滑动，但若触动诱发因素，今后还会滑动
d 级	不均匀沉降大于现行国标《建筑地基基础设计规范》（GB 5007—2002）规定的允许沉降差，或连续 2 个月地基沉降速度大于每月 2mm，且尚有变化趋势；或建筑物上部结构的沉降裂缝发展明显	场地地基在历史上发生过滑动，目前又有滑动或滑动迹象

6.2.3.3 确定评定指标的权重

在役大跨度钢结构安全性评定中综合考虑结构安全性评定的特点，结合权重方法确定的特点，采取组合赋权确定权重，详情见 6.1.3 指标权重的计算。

6.2.3.4 关联函数的建立

关联函数是可拓学理论中的量化工具，通过关联函数建立指标的评定值与指标量值域之间的关联度，由此进行评定。根据已经设定的安全性评定衡量指标的量值域属性，选用关联函数为最优点不在区间中点的初等关联函数。这里引入测距的概念进行分析，因为并不是所有事物最合适的量值位置都是在区间 X_0 的中点。

A 关联函数的定义

定义 1：（左侧距）给定区间 $X_0 = <a, b>$，$x_0 \in \left(a, \dfrac{a+b}{2}\right)$ 称

$$\rho_1(x, x_0, X_0) = \begin{cases} a - x, & x \leqslant a \\ \dfrac{b - x_0}{a - x_0}(x - a), & a < x < a_0 \\ x - b, & x \geqslant x_0 \end{cases} \tag{6-17}$$

x 与区间 X_0 关于 x_0 的左侧距。

定义 2：（右侧距）给定义区间 $X_0 = <a, b>$，$x_0 \in \left(\dfrac{a+b}{2}, b\right)$ 称

$$\rho_1(x, x_0, X_0) = \begin{cases} a - x, & x \leqslant x_0 \\ \dfrac{a - x_0}{b - x_0}(b - x), & x_0 < x < b \\ x - b, & x \geqslant b \end{cases} \tag{6-18}$$

x 与区间 X_0 关于 x_0 的右侧距。

设 $X_0 = <a, b>$，$X = <c, d>$，$x_0 \in <a, b>$，$X_0 \subset X$，且无公共端点，至此，建立相应的初等关联函数式（6-19）：

$$k(x) = \frac{\rho(x, x_0, X_0)}{D(x, X_0, X)} \tag{6-19}$$

所建立的关联函数式（6-19）可实现定性描述到定量化描述事物的转变，其中：

$k(x) > 0($ 正数$)$——$x \in X_0$ 的程度

$k(x) < 0($ 正数$)$——$x \notin X_0$ 的程度

$k(x) = 0($ 正数$)$——$x \in X_0$ 又 $x \notin X_0$ 的情况

B 评定因素关联函数的建立

设 x_i 为某一因素（如承载力）的物理量，经无量纲化后取 $a_{ai} < x_i < 1$（a 级）；$a_{bi} < x_i < b_{bi}$（b 级）；$a_{ci} < x_i < c_{ci}$（c 级）；$0 < x_i < b_{di}$（d 级）；

经极差正规化以后，得到因素相对应的 a、b、c、d 各级的关联函数表达式。

a 级的关联函数：

$$K_a(x_i) = \begin{cases} (a_{ai} - x_i)/(a_{pi} - a_{ai}), & x_i \in [0, a_{ai}] \\ x_i - a_{ai}, & x_i \in [a_{ai}, b_{ai}] \\ 1, & x_i \in (b_{ai}, +\infty) \end{cases} \quad (6\text{-}20a)$$

b 级的关联函数：

$$K_b(x_i) = \begin{cases} (a_{bi} - x_i)/(a_{pi} - a_{bi}), & x_i \in [0, a_{bi}] \\ x_i - a_{bi}, & x_i \in [a_{bi}, b_{bi}] \\ (x_i - b_{bi})/(b_{bi} - b_{pi}), & x_i \in (b_{bi}, +\infty) \end{cases} \quad (6\text{-}20b)$$

c 级的关联函数：

$$K_c(x_i) = \begin{cases} (a_{ci} - x_i)/(a_{pi} - a_{ci}), & x_i \in [0, a_{ci}] \\ x_i - a_{ci}, & x_i \in [a_{ci}, b_{ci}] \\ (x_i - b_{ci})/(b_{ci} - b_{pi}), & x_i \in (b_{ci}, +\infty) \end{cases} \quad (6\text{-}20c)$$

d 级的关联函数：

$$K_d(x_i) = \begin{cases} x_i - a_{di}, & x_i \in [0, b_{di}] \\ (x_i - b_{di})/(b_{di} - b_{pi}), & x_i \in (b_{di}, +\infty) \end{cases} \quad (6\text{-}20d)$$

6.2.3.5 评定的标准与流程

根据在役大跨度钢结构安全性评定的要求和物元可拓法对评定标准一般设定原则，研究确立如下评定过程，如图 6-3 所示。

A 确定一级关联度可拓物元（构件级）

（1）确定一级关联度可拓物元。设在役大跨度钢结构安全性评定 N 关于评定等级 j 的关联度为：

$$K_{ikj}(N) = \sum_{l=1}^{n} a_{ikl} K_j(v_{ikj}) \quad (6\text{-}21)$$

式中 $K_{ikj}(N)$——在役大跨度钢结构安全性评定一级可拓物元（关联度）；

a_{ikl}——根据指标 ZZ 所确定分配的权重系数，$l = 1, 2, \cdots, n$，l 为子因素。

（2）构件级等级可拓评定。$K_{ikj}(v_{ikl})(l = 1, 2, \cdots, m)$，代表第 i 类指标下的第 k 类因素关于 j 等级的关于第 l 个子因素的关联度，根据下式：

$$K_{ikj}(N) = \text{Max}\{ K_{ikj}(N) \mid j = 1, 2, \cdots, n \} \quad (6\text{-}22)$$

计算最大关联度，判定待评在役大跨度钢结构安全性 N 中的构件级属于哪一等级。在确定该类构件的评定等级时，若多个构件参与评级时，按取大的原则进行关联度的计算与选择。

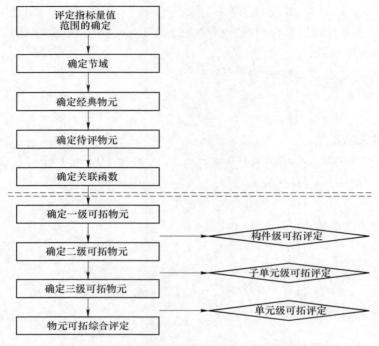

图 6-3 在役大跨度钢结构安全性综合评定流程

B 确定二级关联度可拓物元（子单元级）

（1）确定二级关联度可拓物元。依据所确定的一级关联度可拓物元，根据各评定指标的权重 a_{ik}，待评物元与等级 j 评定的关联度计算模型为：

$$K_{ij}(N) = \sum_{l=1}^{n} a_{ik} K_{ikj}(N) \tag{6-23}$$

（2）子单元级等级可拓评定。在求得在役大跨度钢结构安全性 N 关于各评定等级的关联度 $K_{ikj}(N)$ 后，确定在役大跨度钢结构安全性 N 的评定等级，若：

$$K_j(N) = \text{Max}\{K_{ij}(N) \mid j = 1, 2, \cdots, n\} \tag{6-24}$$

即可判定待评在役大跨度钢结构安全性 N 中的构件级属于哪一等级。

C 确定三级关联度可拓物元（单元级）

（1）确定三级关联度可拓物元。依据所确定的二级可拓物元，根据所确定的各评定指标的权重 a_i，待评物元与等级 j 评定的关联度计算模型为：

$$K_j(N) = \sum_{l=1}^{n} a_i K_{ij}(N) \tag{6-25}$$

式中 $K_j(N)$ ——关联度，数值表示评定单元符合某等级范围的关联程度。

（2）单元级等级可拓评定。在求得在役大跨度钢结构安全性 N 关于四个评定等级的关联度 $\{K_j(N) \mid j = 1, 2, 3, 4\}$ 后，确定在役大跨度钢结构安全性 N 单元的评定等级，则该待评定项目的等级为 j_0 级。

$$K_{j0}(N) = \text{Max}\{K_j(N) \mid j = 1, 2, 3, 4\} \tag{6-26}$$

式中 j_0 ——单元级可拓评定等级。

最后，通过式（6-27）、式（6-28）计算变量特征值 j^*，并根据表 6-17 判定待评在役大跨度钢结构安全性单元等级属于哪一等级。

$$\overline{K}_j = \frac{K_j(N) - \min\limits_j K_j(N)}{\max\limits_j K_j(N) - \min\limits_j K_j(N)} \tag{6-27}$$

$$j^* = \frac{\sum\limits_{j=1}^{n} j \times \overline{K}_j(N)}{\sum\limits_{j=1}^{n} \overline{K}_j(N)} \tag{6-28}$$

式中 j^* ——N 的级别变量特征值。

D 评级标准的比较分析

关联函数处理将现行规范标准跳跃式评级连续化，标准及说明见表 6-17。

表 6-17 在役大跨度钢结构安全性等级划分标准及说明

等级	风险值	接受准则	安全风险程度描述	说 明
A 级	1.0~2.0	结构安全	结构承载力能满足正常承载要求，未发现危险情况，结构安全，使用完全正常	与国家规范 "Asu" 安全性相当
B 级	1.5~3.0	结构基本安全	结构承载力基本满足正常使用要求，个别构件出现险情，但不影响主体结构，基本满足正常使用	与国家规范 "Bsu" 安全性相当
C 级	2.0~3.5	结构不安全	结构承载力不能满足承载使用要求，局部出现险情，整体结构不安全，使用不正常	与国家规范 "Csu" 安全性相当
D 级	3.0~4.0	结构严重不安全	承重结构承载力已不能满足承载使用要求，整体结构严重不安全，无法正常使用	与国家规范 "Dsu" 安全性相当

6.3 某大跨度钢网架结构安全性评定实例

6.3.1 工程安全评定指标

6.3.1.1 评定信息

该建筑目前处于正常运营状态，经过对屋盖系统的现场普查，结构钢构件未见明显锈蚀、变形及机械损伤等可能影响构件结构性能的缺陷。

结合第 3 章及第 4 章关于该项目结构安全性检测与损伤识别的研究成果，本次实例分析过程分别考虑对工况一至工况三分别做结构安全性评定分析，由于篇幅有限，此处以工况一为例，详细阐述基于物元可拓法的在役大跨度钢结构安全性评定模型的计算过程，其中各工况汇总结果见表 6-18。

表 6-18　评定项目各工况信息汇总

序	工况名称	项目工况描述
1	小型 LED 荷载作用（荷载工况一）	施加荷载 = 2.9t 进行试算
2	中型 LED 荷载作用（荷载工况二）	施加荷载 = 3.8t 进行试算
3	大型 LED 荷载作用（荷载工况三）	施加荷载 = 4.6t 进行试算

6.3.1.2　传感器等数据收集汇总

该项目按传感器优化布置方法布置了若干个检测点，如图 6-4 所示。其中，支座变形检测依靠原结构上建成初期长期进行的支座位移数据监测数据与初始设计数据进行对比分析得到。

图 6-4　现场数据收集（全站仪测量）

6.3.2　构建评定模型

（1）建立经典域物元。

1）地基经典域物元

$$R_{oa} = (N_{oa},\ ZZ_i,\ V_{oai}) = \begin{bmatrix} a\ 级 & ZZ_{111} & <0.66,\ 1.00> \\ & ZZ_{112} & <0.90,\ 1.00> \end{bmatrix} \qquad (6-29)$$

$$R_{ob} = (N_{ob},\ ZZ_i,\ V_{obi}) = \begin{bmatrix} b\ 级 & ZZ_{111} & <0.63,\ 0.66> \\ & ZZ_{112} & <0.70,\ 0.90> \end{bmatrix} \qquad (6-30)$$

$$R_{oc} = (N_{oc},\ ZZ_i,\ V_{oci}) = \begin{bmatrix} c\ 级 & ZZ_{111} & <0.60,\ 0.63> \\ & ZZ_{112} & <0.50,\ 0.70> \end{bmatrix} \qquad (6-31)$$

$$R_{od} = (N_{od}, \; ZZ_i, \; V_{odi}) = \begin{bmatrix} d \text{ 级} & ZZ_{111} & < 0.00, \; 0.60 > \\ & ZZ_{112} & < 0.00, \; 0.50 > \end{bmatrix} \tag{6-32}$$

2) 基础经典域物元

$$R_{oa} = (N_{oa}, \; ZZ_i, \; V_{oai}) = \begin{bmatrix} a \text{ 级} & ZZ_{121} & < 0.66, \; 1.00 > \\ & ZZ_{123} & < 0.80, \; 1.00 > \end{bmatrix} \tag{6-33}$$

$$R_{ob} = (N_{ob}, \; ZZ_i, \; V_{obi}) = \begin{bmatrix} b \text{ 级} & ZZ_{121} & < 0.63, \; 0.66 > \\ & ZZ_{123} & < 0.70, \; 0.80 > \end{bmatrix} \tag{6-34}$$

$$R_{oc} = (N_{oc}, \; ZZ_i, \; V_{ocj}) = \begin{bmatrix} c \text{ 级} & ZZ_{121} & < 0.60, \; 0.66 > \\ & ZZ_{123} & < 0.60, \; 0.70 > \end{bmatrix} \tag{6-35}$$

$$R_{od} = (N_{od}, \; ZZ, \; V_{odi}) = \begin{bmatrix} d \text{ 级} & ZZ_{121} & < 0.00, \; 0.60 > \\ & ZZ_{123} & < 0.00, \; 0.60 > \end{bmatrix} \tag{6-36}$$

3) 主要传力构件经典域物元

$$R_{oa} = (N_{oa}, \; SS_i, \; V_{oai}) = \begin{bmatrix} a \text{ 级} & ZZ_{211} & < 0.66, \; 1.00 > \\ & ZZ_{212} & < 0.67, \; 1.00 > \\ & ZZ_{215} & < 0.92, \; 1.00 > \end{bmatrix} \tag{6-37}$$

$$R_{ob} = (N_{ob}, \; SS_i, \; V_{obi}) = \begin{bmatrix} b \text{ 级} & ZZ_{211} & < 0.63, \; 0.66 > \\ & ZZ_{212} & < 0.50, \; 0.67 > \\ & ZZ_{215} & < 0.58, \; 0.92 > \end{bmatrix} \tag{6-38}$$

$$R_{oc} = (N_{oc}, \; SS_i, \; V_{oci}) = \begin{bmatrix} c \text{ 级} & ZZ_{211} & < 0.60, \; 0.63 > \\ & ZZ_{212} & < 0.33, \; 0.50 > \\ & ZZ_{215} & < 0.17, \; 0.58 > \end{bmatrix} \tag{6-39}$$

$$R_{od} = (N_{od}, \; SS_i, \; V_{odi}) = \begin{bmatrix} d \text{ 级} & ZZ_{211} & < 0.00, \; 0.60 > \\ & ZZ_{212} & < 0.00, \; 0.33 > \\ & ZZ_{215} & < 0.00, \; 0.17 > \end{bmatrix} \tag{6-40}$$

4) 次要传力构件经典域物元

$$R_{oa} = (N_{oa}, \; SS_i, \; V_{oai}) = \begin{bmatrix} a \text{ 级} & ZZ_{221} & < 0.66, \; 1.00 > \\ & ZZ_{222} & < 0.67, \; 1.00 > \\ & ZZ_{225} & < 0.92, \; 1.00 > \end{bmatrix} \tag{6-41}$$

$$R_{ob} = (N_{ob}, \; SS_i, \; V_{obi}) = \begin{bmatrix} b \text{ 级} & SS_{221} & < 0.63, \; 0.66 > \\ & SS_{222} & < 0.50, \; 0.67 > \\ & SS_{225} & < 0.58, \; 0.92 > \end{bmatrix} \tag{6-42}$$

$$R_{oc} = (N_{oc}, \; SS_i, \; V_{oci}) = \begin{bmatrix} c \text{ 级} & ZZ_{221} & < 0.60, \; 0.63 > \\ & ZZ_{222} & < 0.33, \; 0.50 > \\ & ZZ_{225} & < 0.17, \; 0.58 > \end{bmatrix} \tag{6-43}$$

$$R_{od} = (N_{od}, \ SS_i, \ V_{odi}) = \begin{bmatrix} \text{d 级} & ZZ_{221} & < 0.00, \ 0.60 > \\ & ZZ_{222} & < 0.00, \ 0.33 > \\ & ZZ_{225} & < 0.00, \ 0.17 > \end{bmatrix} \quad (6\text{-}44)$$

5) 一般传力构件经典域物元

$$R_{oa} = (N_{oa}, \ SS_i, \ V_{oai}) = \begin{bmatrix} \text{a 级} & ZZ_{231} & < 0.83, \ 1.00 > \\ & ZZ_{232} & < 0.75, \ 1.00 > \\ & ZZ_{235} & < 0.80, \ 1.00 > \end{bmatrix} \quad (6\text{-}45)$$

$$R_{ob} = (N_{ob}, \ SS_i, \ V_{obi}) = \begin{bmatrix} \text{b 级} & ZZ_{231} & < 0.77, \ 0.83 > \\ & ZZ_{232} & < 0.57, \ 0.75 > \\ & ZZ_{235} & < 0.58, \ 0.80 > \end{bmatrix} \quad (6\text{-}46)$$

$$R_{oc} = (N_{oc}, \ SS_i, \ V_{oci}) = \begin{bmatrix} \text{c 级} & ZZ_{231} & < 0.73, \ 0.77 > \\ & ZZ_{232} & < 0.33, \ 0.57 > \\ & ZZ_{235} & < 0.17, \ 0.58 > \end{bmatrix} \quad (6\text{-}47)$$

$$R_{od} = (N_{od}, \ SS_i, \ V_{odi}) = \begin{bmatrix} \text{d 级} & ZZ_{231} & < 0.00, \ 0.73 > \\ & ZZ_{232} & < 0.00, \ 0.33 > \\ & ZZ_{235} & < 0.00, \ 0.17 > \end{bmatrix} \quad (6\text{-}48)$$

6) 支撑结构经典域物元

$$R_{oa} = (N_{oa}, \ ZZ_i, \ V_{oai}) = \begin{bmatrix} \text{a 级} & ZZ_{241} & < 0.66, \ 1.00 > \\ & ZZ_{242} & < 0.67, \ 1.00 > \\ & ZZ_{245} & < 0.92, \ 1.00 > \end{bmatrix} \quad (6\text{-}49)$$

$$R_{ob} = (N_{ob}, \ ZZ_i, \ V_{obi}) = \begin{bmatrix} \text{b 级} & ZZ_{241} & < 0.63, \ 0.66 > \\ & ZZ_{242} & < 0.50, \ 0.67 > \\ & ZZ_{245} & < 0.58, \ 0.92 > \end{bmatrix} \quad (6\text{-}50)$$

$$R_{oc} = (N_{oc}, \ ZZ_i, \ V_{oci}) = \begin{bmatrix} \text{c 级} & ZZ_{241} & < 0.60, \ 0.63 > \\ & ZZ_{242} & < 0.33, \ 0.05 > \\ & ZZ_{245} & < 0.17, \ 0.58 > \end{bmatrix} \quad (6\text{-}51)$$

$$R_{od} = (N_{od}, \ ZZ_i, \ V_{odi}) = \begin{bmatrix} \text{d 级} & ZZ_{241} & < 0.00, \ 0.06 > \\ & ZZ_{242} & < 0.00, \ 0.33 > \\ & ZZ_{245} & < 0.00, \ 0.17 > \end{bmatrix} \quad (6\text{-}52)$$

7) 结构稳定性经典域物元

$$R_{oa} = (N_{oa}, \ ZZ_i, \ V_{oai}) = \begin{bmatrix} \text{a 级} & ZZ_{251} & < 0.81, \ 1.00 > \\ & ZZ_{252} & < 0.83, \ 1.00 > \end{bmatrix} \quad (6\text{-}53)$$

$$R_{ob} = (N_{ob}, \ ZZ_i, \ V_{obi}) = \begin{bmatrix} b \ 级 & ZZ_{251} & < 0.77, \ 0.81 > \\ & ZZ_{252} & < 0.67, \ 0.83 > \end{bmatrix} \quad (6\text{-}54)$$

$$R_{oc} = (N_{oc}, \ ZZ_i, \ V_{oci}) = \begin{bmatrix} c \ 级 & ZZ_{251} & < 0.53, \ 0.77 > \\ & ZZ_{252} & < 0.43, \ 0.67 > \end{bmatrix} \quad (6\text{-}55)$$

$$R_{od} = (N_{od}, \ ZZ_i, \ V_{odi}) = \begin{bmatrix} d \ 级 & ZZ_{251} & < 0.00, \ 0.83 > \\ & ZZ_{252} & < 0.00, \ 0.43 > \end{bmatrix} \quad (6\text{-}56)$$

8）屋盖板经典域物元

$$R_{oa} = (N_{oa}, \ ZZ_i, \ V_{oai}) = \begin{bmatrix} a \ 级 & ZZ_{311} & < 0.83, \ 1.00 > \\ & ZZ_{312} & < 0.67, \ 1.00 > \\ & ZZ_{315} & < 0.92, \ 1.00 > \end{bmatrix} \quad (6\text{-}57)$$

$$R_{ob} = (N_{ob}, \ ZZ_i, \ V_{obi}) = \begin{bmatrix} b \ 级 & ZZ_{311} & < 0.77, \ 0.83 > \\ & ZZ_{312} & < 0.56, \ 0.67 > \\ & ZZ_{315} & < 0.58, \ 0.92 > \end{bmatrix} \quad (6\text{-}58)$$

$$R_{oc} = (N_{oc}, \ ZZ_i, \ V_{oci}) = \begin{bmatrix} c \ 级 & ZZ_{311} & < 0.73, \ 0.77 > \\ & ZZ_{312} & < 0.43, \ 0.56 > \\ & ZZ_{315} & < 0.17, \ 0.58 > \end{bmatrix} \quad (6\text{-}59)$$

$$R_{od} = (N_{od}, \ ZZ_i, \ V_{odi}) = \begin{bmatrix} d \ 级 & ZZ_{311} & < 0.00, \ 0.73 > \\ & ZZ_{312} & < 0.00, \ 0.43 > \\ & ZZ_{315} & < 0.00, \ 0.17 > \end{bmatrix} \quad (6\text{-}60)$$

（2）建立节域。

$$R_p = (N_p, \ ZZ_i, \ V_{pi}) = \begin{bmatrix} ZZ_{11} & ZZ_{111} & < 0, \ 1 > \\ & ZZ_{112} & < 0, \ 1 > \end{bmatrix} \quad (6\text{-}61)$$

$$R_p = (N_p, \ ZZ_i, \ V_{pi}) = \begin{bmatrix} ZZ_{12} & ZZ_{121} & < 0, \ 1 > \\ & ZZ_{123} & < 0, \ 1 > \end{bmatrix} \quad (6\text{-}62)$$

$$R_p = (N_p, \ ZZ_i, \ V_{pi}) = \begin{bmatrix} ZZ_{21} & ZZ_{211} & < 0, \ 1 > \\ & ZZ_{212} & < 0, \ 1 > \\ & ZZ_{215} & < 0, \ 1 > \end{bmatrix} \quad (6\text{-}63)$$

$$R_p = (N_p, \ ZZ_i, \ V_{pi}) = \begin{bmatrix} ZZ_{22} & ZZ_{221} & < 0, \ 1 > \\ & ZZ_{222} & < 0, \ 1 > \\ & ZZ_{225} & < 0, \ 1 > \end{bmatrix} \quad (6\text{-}64)$$

$$R_p = (N_p, \ ZZ_i, \ V_{pi}) = \begin{bmatrix} ZZ_{23} & ZZ_{231} & < 0, \ 1 > \\ & ZZ_{232} & < 0, \ 1 > \\ & ZZ_{235} & < 0, \ 1 > \end{bmatrix} \quad (6\text{-}65)$$

$$R_p = (N_p, ZZ_i, V_{pi}) = \begin{bmatrix} ZZ_{24} & ZZ_{241} & < 0, 1 > \\ & ZZ_{242} & < 0, 1 > \\ & ZZ_{244} & < 0, 1 > \end{bmatrix} \tag{6-66}$$

$$R_p = (N_p, ZZ_i, V_{pi}) = \begin{bmatrix} ZZ_{25} & ZZ_{251} & < 0, 1 > \\ & ZZ_{252} & < 0, 1 > \end{bmatrix} \tag{6-67}$$

$$R_p = (N_p, ZZ_i, V_{pi}) = \begin{bmatrix} ZZ_{31} & ZZ_{311} & < 0, 1 > \\ & ZZ_{312} & < 0, 1 > \\ & ZZ_{315} & < 0, 1 > \end{bmatrix} \tag{6-68}$$

（3）建立待评物元。

$$R_O = (N_O, ZZ_i, V_i) = \begin{bmatrix} ZZ_{111} & 0.91 \\ ZZ_{112} & 0.88 \\ ZZ_{121} & 0.78 \\ ZZ_{123} & 0.81 \\ ZZ_{211} & 0.84 \\ ZZ_{212} & 0.82 \\ ZZ_{215} & 0.57 \\ ZZ_{221} & 0.62 \\ ZZ_{222} & 0.51 \\ ZZ_{225} & 0.71 \\ ZZ_{231} & 0.32 \\ ZZ_{232} & 0.43 \\ ZZ_{235} & 0.44 \\ ZZ_{241} & 0.76 \\ ZZ_{242} & 0.62 \\ ZZ_{245} & 0.73 \\ ZZ_{251} & 0.72 \\ ZZ_{252} & 0.70 \\ ZZ_{311} & 0.65 \\ ZZ_{312} & 0.61 \\ ZZ_{315} & 0.69 \end{bmatrix} \tag{6-69}$$

（4）关联度矩阵的建立。结合所建立的经典域物元和待评物元，根据关联函数计算式（6-20a）~式（6-20d）计算出相应评定指标对各评定等级的关联度，得下列各关联函数矩阵：

1）地基

$$\boldsymbol{r}_{11} = \begin{bmatrix} r_{111} \\ r_{112} \\ r_{113} \end{bmatrix} = \begin{matrix} & \quad a \quad\quad b \quad\quad c \quad\quad d \\ \begin{array}{c} ZZ_{111} \\ ZZ_{112} \\ ZZ_{113} \end{array} \begin{bmatrix} 0.25 & -0.74 & -0.76 & -0.78 \\ -0.02 & 0.18 & -0.60 & -0.76 \\ -0.25 & 0.25 & -0.25 & -0.50 \end{bmatrix} \end{matrix} \quad (6\text{-}70)$$

2）基础

$$\boldsymbol{r}_{12} = \begin{bmatrix} r_{121} \\ r_{122} \\ r_{123} \end{bmatrix} = \begin{matrix} & \quad a \quad\quad b \quad\quad c \quad\quad d \\ \begin{array}{c} ZZ_{121} \\ ZZ_{122} \\ ZZ_{123} \end{array} \begin{bmatrix} 0.11 & -0.32 & -0.38 & -0.43 \\ 0.25 & 0.25 & -0.25 & -0.50 \\ 0.02 & -0.10 & -0.40 & -0.55 \end{bmatrix} \end{matrix} \quad (6\text{-}71)$$

3）主要传力构件

$$\boldsymbol{r}_{21} = \begin{bmatrix} r_{211} \\ r_{212} \\ r_{213} \\ r_{214} \\ r_{215} \end{bmatrix} = \begin{matrix} & \quad a \quad\quad b \quad\quad c \quad\quad d \\ \begin{array}{c} ZZ_{211} \\ ZZ_{212} \\ ZZ_{213} \\ ZZ_{214} \\ ZZ_{215} \end{array} \begin{bmatrix} 0.18 & -0.53 & -0.57 & -0.60 \\ 0.15 & -0.46 & -0.64 & -0.73 \\ -0.25 & 0.25 & -0.25 & -0.50 \\ -0.25 & 0.25 & -0.25 & -0.50 \\ -0.38 & -0.02 & 0.40 & -0.48 \end{bmatrix} \end{matrix} \quad (6\text{-}72)$$

4）次要传力构件

$$\boldsymbol{r}_{22} = \begin{bmatrix} r_{221} \\ r_{222} \\ r_{223} \\ r_{224} \\ r_{225} \end{bmatrix} = \begin{matrix} & \quad a \quad\quad b \quad\quad c \quad\quad d \\ \begin{array}{c} ZZ_{221} \\ ZZ_{222} \\ ZZ_{223} \\ ZZ_{224} \\ ZZ_{225} \end{array} \begin{bmatrix} -0.06 & -0.02 & 0.02 & -0.50 \\ -0.24 & 0.01 & -0.02 & -0.27 \\ -0.25 & 0.25 & -0.25 & -0.50 \\ -0.25 & 0.25 & 0.25 & -0.50 \\ -0.23 & 0.13 & -0.31 & -0.65 \end{bmatrix} \end{matrix} \quad (6\text{-}73)$$

5）一般传力构件

$$\boldsymbol{r}_{23} = \begin{bmatrix} r_{231} \\ r_{232} \\ r_{233} \\ r_{234} \\ r_{235} \end{bmatrix} = \begin{matrix} & \quad a \quad\quad b \quad\quad c \quad\quad d \\ \begin{array}{c} ZZ_{231} \\ ZZ_{232} \\ ZZ_{233} \\ ZZ_{234} \\ ZZ_{235} \end{array} \begin{bmatrix} -0.61 & -0.58 & -0.56 & 0.32 \\ -0.43 & -0.25 & 0.10 & -0.15 \\ -0.25 & 0.25 & -0.25 & -0.50 \\ -0.25 & 0.25 & 0.25 & -0.50 \\ -0.45 & -0.24 & 0.27 & -0.33 \end{bmatrix} \end{matrix} \quad (6\text{-}74)$$

6）支撑结构

$$\boldsymbol{r}_{24} = \begin{bmatrix} r_{241} \\ r_{242} \\ r_{243} \\ r_{244} \\ r_{245} \end{bmatrix} = \begin{matrix} & \quad a \quad\quad b \quad\quad c \quad\quad d \\ \begin{array}{c} ZZ_{241} \\ ZZ_{242} \\ ZZ_{243} \\ ZZ_{244} \\ ZZ_{245} \end{array} \begin{bmatrix} 0.10 & -0.29 & -0.35 & -0.40 \\ -0.08 & 0.12 & -0.24 & -0.43 \\ -0.25 & 0.25 & -0.25 & -0.50 \\ -0.25 & 0.25 & -0.25 & -0.50 \\ -0.21 & 0.15 & -0.36 & -0.68 \end{bmatrix} \end{matrix} \quad (6\text{-}75)$$

7）结构稳定性

$$
\boldsymbol{r}_{25} = \begin{bmatrix} r_{251} \\ r_{252} \\ r_{253} \end{bmatrix} = \begin{bmatrix} ZZ_{251} & \overset{a}{-0.11} & \overset{b}{-0.07} & \overset{c}{0.19} & \overset{d}{-0.40} \\ ZZ_{252} & -0.16 & 0.03 & -0.09 & -0.47 \\ ZZ_{253} & -0.25 & 0.25 & -0.25 & -0.50 \end{bmatrix} \quad (6-76)
$$

8）屋盖板

$$
\boldsymbol{r}_{31} = \begin{bmatrix} r_{311} \\ r_{312} \\ r_{313} \\ r_{314} \\ r_{315} \end{bmatrix} = \begin{bmatrix} ZZ_{311} & \overset{a}{-0.22} & \overset{b}{-0.16} & \overset{c}{-0.11} & \overset{d}{0.65} \\ ZZ_{312} & -0.09 & 0.05 & -0.11 & -0.32 \\ ZZ_{313} & -0.25 & 0.25 & -0.25 & -0.50 \\ ZZ_{314} & -0.25 & 0.25 & -0.25 & -0.50 \\ ZZ_{315} & -0.25 & 0.11 & -0.26 & -0.63 \end{bmatrix} \quad (6-77)
$$

6.3.3 评定结果分析

（1）确定一级可拓评定物元。根据公式（6-21）和 6.1.3 中的各指标权重值，可确定评定指标体系中各一级评定指标的一级可拓评定物元，分别如下（当某项指标缺失，权重重分配）：

1）地基

$$
\begin{aligned}
K_{11j}(N) &= \alpha_{11l} \cdot \boldsymbol{r}_{11} \\
&= \begin{bmatrix} 0.61 & 0.26 & 0.13 \end{bmatrix} \cdot \\
&\quad \begin{bmatrix} 0.25 & -0.735 & -0.757 & -0.775 \\ -0.022 & 0.18 & -0.6 & -0.76 \\ -0.25 & 0.25 & -0.25 & -0.5 \end{bmatrix} \\
&= \begin{bmatrix} 0.11 & -0.37 & -0.65 & -0.74 \end{bmatrix} \quad (6-78)
\end{aligned}
$$

2）基础

$$
\begin{aligned}
K_{12j}(N) &= \alpha_{12l} \cdot \boldsymbol{r}_{12} \\
&= \begin{bmatrix} 0.64 & 0.26 & 0.10 \end{bmatrix} \cdot \\
&\quad \begin{bmatrix} 0.12 & -0.353 & -0.405 & -0.45 \\ -0.25 & 0.25 & -0.25 & -0.5 \\ 0.01 & -0.05 & -0.367 & -0.525 \end{bmatrix} \\
&= \begin{bmatrix} 0.01 & -0.17 & -0.36 & -0.47 \end{bmatrix} \quad (6-79)
\end{aligned}
$$

3）主要传力构件

$$
K_{21j}(N) = \alpha_{21l} \cdot \boldsymbol{r}_{21} = \begin{bmatrix} -0.03 & -0.20 & -0.36 & -0.57 \end{bmatrix} \quad (6-80)
$$

4）次要传力构件

$$
K_{22j}(N) = \alpha_{22l} \cdot \boldsymbol{r}_{22} = \begin{bmatrix} -0.17 & 0.09 & 0.01 & -0.30 \end{bmatrix} \quad (6-81)
$$

5）一般传力构件

$$K_{23j}(N) = \alpha_{23l} \cdot r_{23} = \begin{bmatrix} -0.44 & -0.21 & -0.26 & -0.10 \end{bmatrix} \tag{6-82}$$

6）支撑结构

$$K_{24j}(N) = \alpha_{24l} \cdot r_{24} = \begin{bmatrix} -0.09 & 0.03 & -0.29 & -0.47 \end{bmatrix} \tag{6-83}$$

7）结构稳定性

$$K_{25j}(N) = \alpha_{25l} \cdot r_{25} = \begin{bmatrix} -0.15 & 0.01 & 0.04 & -0.44 \end{bmatrix} \tag{6-84}$$

8）屋盖板

$$K_{31j}(N) = \alpha_{31l} \cdot r_{31} = \begin{bmatrix} -0.21 & 0.05 & -0.17 & -0.03 \end{bmatrix} \tag{6-85}$$

综上，可得到一级可拓评定物元，记作：

1）地基基础 $K_{1kj}(N)$

$$K_{1kj}(N) = \begin{bmatrix} K_{11j}(N) \\ K_{12j}(N) \end{bmatrix} = \begin{matrix} a & b & c & d \\ \begin{bmatrix} 0.11 & -0.37 & -0.65 & -0.74 \\ 0.01 & -0.17 & -0.36 & -0.47 \end{bmatrix} \end{matrix} \tag{6-86}$$

2）上部结构 $K_{2kj}(N)$

$$K_{2kj}(N) = \begin{bmatrix} K_{21j}(N) \\ K_{22j}(N) \\ K_{23j}(N) \\ K_{24j}(N) \\ K_{25j}(N) \end{bmatrix} = \begin{matrix} a & b & c & d \\ \begin{bmatrix} -0.03 & -0.02 & -0.36 & -0.57 \\ -0.17 & 0.09 & 0.01 & -0.30 \\ -0.44 & -0.21 & -0.26 & -0.10 \\ -0.09 & 0.03 & -0.29 & -0.47 \\ -0.15 & 0.01 & 0.04 & -0.44 \end{bmatrix} \end{matrix} \tag{6-87}$$

3）围护结构 $K_{3kj}(N)$

$$K_{3kj}(N) = \begin{bmatrix} K_{31j}(N) \end{bmatrix} = \begin{matrix} a & b & c & d \\ \begin{bmatrix} -0.21 & 0.05 & -0.17 & -0.03 \end{bmatrix} \end{matrix} \tag{6-88}$$

（2）确定二级可拓评定物元。根据公式（6-23）和6.1.3节中各指标的权重值，可确定评定指标体系中各级评定指标的物元，分别如下：

1）地基基础

$$K_{1j}(N) = \alpha_1 \cdot K_{1kj}(N) = \begin{bmatrix} 0.55 & 0.45 \end{bmatrix} \cdot \begin{matrix} a & b & c & d \\ \begin{bmatrix} 0.11 & -0.37 & -0.65 & -0.74 \\ 0.01 & -0.17 & -0.36 & -0.47 \end{bmatrix} \end{matrix}$$

$$= \begin{bmatrix} 0.07 & -0.28 & -0.52 & -0.62 \end{bmatrix} \tag{6-89}$$

2）上部结构

$$K_{2j}(N) = \alpha_2 \cdot K_{2kj}(N) = \begin{bmatrix} 0.37 & 0.18 & 0.08 & 0.21 & 0.16 \end{bmatrix} \cdot$$

$$\begin{bmatrix} -0.03 & -0.20 & -0.36 & -0.57 \\ -0.17 & 0.09 & 0.01 & -0.30 \\ -0.44 & -0.21 & -0.26 & -0.10 \\ -0.09 & 0.03 & -0.29 & -0.47 \\ -0.15 & 0.01 & 0.04 & -0.44 \end{bmatrix}$$

$$= \begin{bmatrix} -0.12 & -0.06 & -0.21 & -0.44 \end{bmatrix} \tag{6-90}$$

3）围护结构

$$K_{3j}(N) = \begin{bmatrix} -0.21 & 0.05 & -0.17 & -0.03 \end{bmatrix} \qquad (6\text{-}91)$$

综合以上一级评定指标的一级可拓评定物元可得到二级可拓评定物元，记作：

$$K_{ij}(N) = \begin{bmatrix} k_{1j}(N) \\ K_{2j}(N) \\ K_{3j}(N) \end{bmatrix} = \begin{matrix} a & b & c & d \\ \begin{bmatrix} 0.07 & -0.28 & -0.52 & -0.62 \\ -0.12 & -0.06 & -0.21 & -0.44 \\ -0.21 & 0.05 & -0.17 & -0.03 \end{bmatrix} \end{matrix} \qquad (6\text{-}92)$$

（3）确定三级可拓评定物元。根据公式（6-25）和 6.1.3 节中各指标的权重值，可确定评定指标体系中各级评定指标的物元，分别如下：

$$K_j(N) = \alpha \cdot K_{ij}(N) = \begin{bmatrix} 0.32 & 0.63 & 0.05 \end{bmatrix} \cdot \begin{bmatrix} 0.07 & -0.28 & -0.52 & -0.62 \\ -0.12 & -0.06 & -0.21 & -0.44 \\ -0.21 & 0.05 & -0.17 & -0.03 \end{bmatrix}$$

$$= \begin{bmatrix} -0.06 & -0.13 & -0.31 & -0.48 \end{bmatrix} \qquad (6\text{-}93)$$

综合以上一级评定指标的二级可拓评定物元可得到三级可拓评定物元，记作：

$$K_j(N) = \begin{bmatrix} K_j(N) \end{bmatrix} = \begin{matrix} a & b & c & d \\ \begin{bmatrix} -0.06 & -0.13 & -0.31 & -0.48 \end{bmatrix} \end{matrix} \qquad (6\text{-}94)$$

（4）三级物元可拓综合评定。

1）构件级可拓综合评判。根据公式（6-21）~式（6-25）和 6.1.3 节中各指标的权重值，可确定评定构件级的各类构件的等级，在此不再赘述。

2）子单元级可拓综合评定

$$K_{ij}(N) = \begin{bmatrix} K_{1j}(N) \\ K_{2j}(N) \\ K_{3j}(N) \end{bmatrix} = \begin{matrix} a & b & c & d \\ \begin{bmatrix} 0.07 & -0.28 & -0.52 & -0.62 \\ -0.12 & -0.06 & -0.21 & -0.44 \\ -0.21 & 0.05 & -0.17 & -0.03 \end{bmatrix} \end{matrix} \qquad (6\text{-}95)$$

$\text{Max}K_{1j}(N) = 0.07$，　地基基础子单元评级为 a 级。

$\text{Max}K_{2j}(N) = -0.06$，　上部结构子单元评级为 a 级。

$\text{Max}K_{3j}(N) = 0.05$，围护结构子单元评级为 b 级。

3）单元级可拓综合评定。根据三级可拓评定物元：

$$K_j(N) = \begin{bmatrix} K_j(N) \end{bmatrix} = \begin{matrix} a & b & c & d \\ \begin{bmatrix} -0.06 & 0.13 & -0.31 & -0.48 \end{bmatrix} \end{matrix} \qquad (6\text{-}96)$$

可知：a 等级 $K_j(N) = -0.06$，b 等级 $K_j(N) = -0.13$，c 等级 $K_j(N) = -0.31$，d 等级 $K_j(N) = -0.48$。

根据式（6-26）求得 $\max K_{j0}(N) = -0.06$，该评定等级为 j_0 级。

将 $\max K_{j0}(N)$ 代入式（6-27）、式（6-28），得 $j* = 1.74$。即单元级可拓综合评定等级为 B 级。

通过评定过程可以看出，该项目单元级可拓综合评定等级为 B 级，表明该模型运算过程清晰、可靠。

此外，该项目各工况评定信息汇总见表 6-19。从评定过程可以看出，评定结果与现场实际情况吻合度较高，误差在可接受范围内，评定结果可靠。

表 6-19　评定项目各工况信息汇总

序号	工况名称	评定结果	结构安全性描述
1	小型 LED 荷载作用（荷载工况一）	B	结构基本安全
2	中型 LED 荷载作用（荷载工况二）	B	结构基本安全
3	大型 LED 荷载作用（荷载工况三）	C	结构不安全

6.4　某大跨度钢桁架结构安全性评定实例

6.4.1　工程安全评定指标

6.4.1.1　评定信息

该体育馆目前处于正常运营状态，在日常维护过程中发现部分钢构件存在局部锈蚀、变形及机械损伤缺陷，此外，该工程屋盖主体结构建设阶段进行了一次设计变更，竣工后进行了两次加固。为保证结构安全，特进行结构安全性检测与评定工作。

结合第 3 章及第 4 章关于该项目结构安全性检测与损伤识别的研究成果，本实例分析过程分别考虑对工况一至工况四分别做结构安全性评定分析，由于篇幅有限，此处以工况一为例，详细阐述基于物元可拓法的在役大跨度钢桁架结构安全性评定模型的计算过程，其中各工况汇总结果见表 6-20。

表 6-20　评定项目各工况信息汇总

序	工况名称	项目工况描述
1	小型 LED 荷载作用（荷载工况一）	施加荷载 = 12.8t 进行试算
2	中型 LED 荷载作用（荷载工况二）	施加荷载 = 14.7t 进行试算
3	大型 LED 荷载作用（荷载工况三）	施加荷载 = 17.9t 进行试算
4	巨型 LED 荷载作用（荷载工况四）	施加荷载 = 19.4t 进行试算

6.4.1.2　传感器等数据收集汇总

该项目按传感器优化布置方法布置了若干个检测点，如图 6-5 所示。其中，支座变形检测按第三方长期监测数据分析得到。

传感器布置   现场全站仪测量

图 6-5 现场数据收集

6.4.2 构建评定模型

（1）建立经典域物元。

1）地基经典域物元

$$R_{oa} = (N_{oa}, ZZ_i, V_{oai}) = \begin{bmatrix} a \text{ 级} & ZZ_{111} & <0.66, 1.00> \\ & ZZ_{112} & <0.90, 1.00> \end{bmatrix} \tag{6-97}$$

$$R_{ob} = (N_{ob}, ZZ_i, V_{obi}) = \begin{bmatrix} b \text{ 级} & ZZ_{111} & <0.63, 0.66> \\ & ZZ_{112} & <0.70, 0.90> \end{bmatrix} \tag{6-98}$$

$$R_{oc} = (N_{oc}, ZZ_i, V_{oci}) = \begin{bmatrix} c \text{ 级} & ZZ_{111} & <0.60, 0.63> \\ & ZZ_{112} & <0.50, 0.70> \end{bmatrix} \tag{6-99}$$

$$R_{od} = (N_{od}, ZZ_i, V_{odi}) = \begin{bmatrix} d \text{ 级} & ZZ_{111} & <0.00, 0.60> \\ & ZZ_{112} & <0.00, 0.50> \end{bmatrix} \tag{6-100}$$

2）基础经典域物元

$$R_{oa} = (N_{oa}, ZZ_i, V_{oai}) = \begin{bmatrix} a \text{ 级} & ZZ_{121} & <0.66, 1.00> \\ & ZZ_{123} & <0.80, 1.00> \end{bmatrix} \tag{6-101}$$

$$R_{ob} = (N_{ob}, ZZ_i, V_{obi}) = \begin{bmatrix} b \text{ 级} & ZZ_{121} & <0.63, 0.66> \\ & ZZ_{123} & <0.70, 0.80> \end{bmatrix} \tag{6-102}$$

$$R_{oc} = (N_{oc}, ZZ_i, V_{oci}) = \begin{bmatrix} c \text{ 级} & ZZ_{121} & <0.60, 0.66> \\ & ZZ_{123} & <0.60, 0.70> \end{bmatrix} \tag{6-103}$$

$$R_{od} = (N_{od}, ZZ, V_{odi}] = \begin{bmatrix} d \text{ 级} & ZZ_{121} & <0.00, 0.60> \\ & ZZ_{123} & <0.00, 0.60> \end{bmatrix} \tag{6-104}$$

3）主要传力构件经典域物元

$$R_{oa} = (N_{oa}, SS_i, V_{oai}) = \begin{bmatrix} a \text{ 级} & ZZ_{211} & <0.66, 1.00> \\ & ZZ_{212} & <0.67, 1.00> \\ & ZZ_{215} & <0.92, 1.00> \end{bmatrix} \quad (6\text{-}105)$$

$$R_{ob} = (N_{ob}, SS_i, V_{obi}) = \begin{bmatrix} b \text{ 级} & ZZ_{211} & <0.63, 0.66> \\ & ZZ_{212} & <0.50, 0.67> \\ & ZZ_{215} & <0.58, 0.92> \end{bmatrix} \quad (6\text{-}106)$$

$$R_{oc} = (N_{oc}, SS_i, V_{oci}) = \begin{bmatrix} c \text{ 级} & ZZ_{211} & <0.60, 0.63> \\ & ZZ_{212} & <0.33, 0.50> \\ & ZZ_{215} & <0.17, 0.58> \end{bmatrix} \quad (6\text{-}107)$$

$$R_{od} = (N_{od}, SS_i, V_{odi}) = \begin{bmatrix} d \text{ 级} & ZZ_{211} & <0.00, 0.60> \\ & ZZ_{212} & <0.00, 0.33> \\ & ZZ_{215} & <0.00, 0.17> \end{bmatrix} \quad (6\text{-}108)$$

4) 次要传力构件经典域物元

$$R_{oa} = (N_{oa}, SS_i, V_{oai}) = \begin{bmatrix} a \text{ 级} & ZZ_{221} & <0.66, 1.00> \\ & ZZ_{222} & <0.67, 1.00> \\ & ZZ_{225} & <0.92, 1.00> \end{bmatrix} \quad (6\text{-}109)$$

$$R_{ob} = (N_{ob}, SS_i, V_{obi}) = \begin{bmatrix} b \text{ 级} & SS_{221} & <0.63, 0.66> \\ & SS_{222} & <0.50, 0.67> \\ & SS_{225} & <0.58, 0.92> \end{bmatrix} \quad (6\text{-}110)$$

$$R_{oc} = (N_{oc}, SS_i, V_{oci}) = \begin{bmatrix} c \text{ 级} & ZZ_{221} & <0.60, 0.63> \\ & ZZ_{222} & <0.33, 0.50> \\ & ZZ_{225} & <0.17, 0.58> \end{bmatrix} \quad (6\text{-}111)$$

$$R_{od} = (N_{od}, SS_i, V_{odi}) = \begin{bmatrix} d \text{ 级} & ZZ_{221} & <0.00, 0.60> \\ & ZZ_{222} & <0.00, 0.33> \\ & ZZ_{225} & <0.00, 0.17> \end{bmatrix} \quad (6\text{-}112)$$

5) 一般传力构件经典域物元

$$R_{oa} = (N_{oa}, SS_i, V_{oai}) = \begin{bmatrix} a \text{ 级} & ZZ_{231} & <0.83, 1.00> \\ & ZZ_{232} & <0.75, 1.00> \\ & ZZ_{235} & <0.80, 1.00> \end{bmatrix} \quad (6\text{-}113)$$

$$R_{ob} = (N_{ob}, SS_i, V_{obi}) = \begin{bmatrix} b \text{ 级} & ZZ_{231} & <0.77, 0.83> \\ & ZZ_{232} & <0.57, 0.75> \\ & ZZ_{235} & <0.58, 0.80> \end{bmatrix} \quad (6\text{-}114)$$

$$R_{oc} = (N_{oc},\ SS_i,\ V_{oci}) = \begin{bmatrix} \text{c 级} & ZZ_{231} & <0.73,\ 0.77> \\ & ZZ_{232} & <0.33,\ 0.57> \\ & ZZ_{235} & <0.17,\ 0.58> \end{bmatrix} \quad (6\text{-}115)$$

$$R_{od} = (N_{od},\ SS_i,\ V_{odi}) = \begin{bmatrix} \text{d 级} & ZZ_{231} & <0.00,\ 0.73> \\ & ZZ_{232} & <0.00,\ 0.33> \\ & ZZ_{235} & <0.00,\ 0.17> \end{bmatrix} \quad (6\text{-}116)$$

6) 支撑结构经典域物元

$$R_{oa} = (N_{oa},\ ZZ_i,\ V_{oai}) = \begin{bmatrix} \text{a 级} & ZZ_{241} & <0.66,\ 1.00> \\ & ZZ_{242} & <0.67,\ 1.00> \\ & ZZ_{245} & <0.92,\ 1.00> \end{bmatrix} \quad (6\text{-}117)$$

$$R_{ob} = (N_{ob},\ ZZ_i,\ V_{obi}) = \begin{bmatrix} \text{b 级} & ZZ_{241} & <0.63,\ 0.66> \\ & ZZ_{242} & <0.50,\ 0.67> \\ & ZZ_{245} & <0.58,\ 0.92> \end{bmatrix} \quad (6\text{-}118)$$

$$R_{oc} = (N_{oc},\ ZZ_i,\ V_{oci}) = \begin{bmatrix} \text{c 级} & ZZ_{241} & <0.60,\ 0.63> \\ & ZZ_{242} & <0.33,\ 0.05> \\ & ZZ_{245} & <0.17,\ 0.58> \end{bmatrix} \quad (6\text{-}119)$$

$$R_{od} = (N_{od},\ ZZ_i,\ V_{odi}) = \begin{bmatrix} \text{d 级} & ZZ_{241} & <0.00,\ 0.06> \\ & ZZ_{242} & <0.00,\ 0.33> \\ & ZZ_{245} & <0.00,\ 0.17> \end{bmatrix} \quad (6\text{-}120)$$

7) 结构稳定性经典域物元

$$R_{oa} = (N_{oa},\ ZZ_i,\ V_{oai}) = \begin{bmatrix} \text{a 级} & ZZ_{251} & <0.81,\ 1.00> \\ & ZZ_{252} & <0.83,\ 1.00> \end{bmatrix} \quad (6\text{-}121)$$

$$R_{ob} = (N_{ob},\ ZZ_i,\ V_{obi}) = \begin{bmatrix} \text{b 级} & ZZ_{251} & <0.77,\ 0.81> \\ & ZZ_{252} & <0.67,\ 0.83> \end{bmatrix} \quad (6\text{-}122)$$

$$R_{oc} = (N_{oc},\ ZZ_i,\ V_{oci}) = \begin{bmatrix} \text{c 级} & ZZ_{251} & <0.53,\ 0.77> \\ & ZZ_{252} & <0.43,\ 0.67> \end{bmatrix} \quad (6\text{-}123)$$

$$R_{od} = (N_{od},\ ZZ_i,\ V_{odi}) = \begin{bmatrix} \text{d 级} & ZZ_{251} & <0.00,\ 0.83> \\ & ZZ_{252} & <0.00,\ 0.43> \end{bmatrix} \quad (6\text{-}124)$$

8) 屋盖板经典域物元

$$R_{oa} = (N_{oa},\ ZZ_t,\ V_{oai}) = \begin{bmatrix} \text{a 级} & ZZ_{311} & <0.83,\ 1.00> \\ & ZZ_{312} & <0.67,\ 1.00> \\ & ZZ_{315} & <0.92,\ 1.00> \end{bmatrix} \quad (6\text{-}125)$$

$$R_{ob} = (N_{ob}, \ ZZ_i, \ V_{obi}) = \begin{bmatrix} \text{b 级} & ZZ_{311} & <0.77, \ 0.83> \\ & ZZ_{312} & <0.56, \ 0.67> \\ & ZZ_{315} & <0.58, \ 0.92> \end{bmatrix} \quad (6\text{-}126)$$

$$R_{oc} = (N_{oc}, \ ZZ_i, \ V_{oci}) = \begin{bmatrix} \text{c 级} & ZZ_{311} & <0.73, \ 0.77> \\ & ZZ_{312} & <0.43, \ 0.56> \\ & ZZ_{315} & <0.17, \ 0.58> \end{bmatrix} \quad (6\text{-}127)$$

$$R_{od} = (N_{od}, \ ZZ_t, \ V_{odi}) = \begin{bmatrix} \text{d 级} & ZZ_{311} & <0.00, \ 0.73> \\ & ZZ_{312} & <0.00, \ 0.43> \\ & ZZ_{315} & <0.00, \ 0.17> \end{bmatrix} \quad (6\text{-}128)$$

（2）建立节域

$$R_p = (N_p, \ ZZ_i, \ V_{pi}) = \begin{bmatrix} ZZ_{11} & ZZ_{111} & <0, \ 1> \\ & ZZ_{112} & <0, \ 1> \end{bmatrix} \quad (6\text{-}129)$$

$$R_p = (N_p, \ ZZ_i, \ V_{pi}) = \begin{bmatrix} ZZ_{12} & ZZ_{121} & <0, \ 1> \\ & ZZ_{123} & <0, \ 1> \end{bmatrix} \quad (6\text{-}130)$$

$$R_p = (N_p, \ ZZ_i, \ V_{pi}) = \begin{bmatrix} ZZ_{21} & ZZ_{211} & <0, \ 1> \\ & ZZ_{212} & <0, \ 1> \\ & ZZ_{215} & <0, \ 1> \end{bmatrix} \quad (6\text{-}131)$$

$$R_p = (N_p, \ ZZ_i, \ V_{pi}) = \begin{bmatrix} ZZ_{22} & ZZ_{221} & <0, \ 1> \\ & ZZ_{222} & <0, \ 1> \\ & ZZ_{225} & <0, \ 1> \end{bmatrix} \quad (6\text{-}132)$$

$$R_p = (N_p, \ ZZ_i, \ V_{pi}) = \begin{bmatrix} ZZ_{23} & ZZ_{231} & <0, \ 1> \\ & ZZ_{232} & <0, \ 1> \\ & ZZ_{235} & <0, \ 1> \end{bmatrix} \quad (6\text{-}133)$$

$$R_p = (N_p, \ ZZ_i, \ V_{pi}) = \begin{bmatrix} ZZ_{24} & ZZ_{241} & <0, \ 1> \\ & ZZ_{242} & <0, \ 1> \\ & ZZ_{245} & <0, \ 1> \end{bmatrix} \quad (6\text{-}134)$$

$$R_p = (N_p, \ ZZ_i, \ V_{pi}) = \begin{bmatrix} ZZ_{25} & ZZ_{251} & <0, \ 1> \\ & ZZ_{252} & <0, \ 1> \end{bmatrix} \quad (6\text{-}135)$$

$$R_p = (N_p, \ ZZ_i, \ V_{pi}) = \begin{bmatrix} ZZ_{31} & ZZ_{311} & <0, \ 1> \\ & ZZ_{312} & <0, \ 1> \\ & ZZ_{315} & <0, \ 1> \end{bmatrix} \quad (6\text{-}136)$$

（3）建立待评物元。

$$R_O = (N_O, \ ZZ_i, \ V_i) = \begin{bmatrix} ZZ_{111} & 0.90 \\ ZZ_{112} & 0.89 \\ ZZ_{121} & 0.74 \\ ZZ_{123} & 0.85 \\ ZZ_{211}^1 & 0.84 \\ ZZ_{211}^2 & 0.83 \\ ZZ_{212}^1 & 0.58 \\ ZZ_{212}^2 & 0.51 \\ ZZ_{215}^1 & 0.73 \\ ZZ_{215}^2 & 0.65 \\ ZZ_{221}^1 & 0.51 \\ ZZ_{221}^2 & 0.69 \\ ZZ_{222}^1 & 0.52 \\ ZZ_{222}^2 & 0.47 \\ ZZ_{225}^1 & 0.70 \\ ZZ_{225}^2 & 0.73 \\ ZZ_{231} & 0.42 \\ ZZ_{232} & 0.30 \\ ZZ_{235} & 0.47 \\ ZZ_{241} & 0.78 \\ ZZ_{242} & 0.64 \\ ZZ_{245} & 0.71 \\ ZZ_{251} & 0.73 \\ ZZ_{252} & 0.71 \\ ZZ_{311} & 0.67 \\ ZZ_{312} & 0.64 \\ ZZ_{315} & 0.74 \end{bmatrix} \tag{6-137}$$

（4）关联度矩阵的建立。结合所建立的经典域物元和待评物元，根据关联函数计算式（6-20a）~式（6-20d）计算出相应评定指标对各评定等级的关联度，得下列各关联函数矩阵：

1）地基

$$\boldsymbol{r}_{11} = \begin{bmatrix} r_{111} \\ r_{112} \\ r_{113} \end{bmatrix} = \begin{bmatrix} ZZ_{111} & 0.24 & -0.71 & -0.73 & -0.75 \\ ZZ_{112} & -0.01 & 0.19 & -0.63 & -0.78 \\ ZZ_{113} & -0.25 & 0.25 & -0.25 & -0.50 \end{bmatrix} \quad (6\text{-}138)$$

2）基础

$$\boldsymbol{r}_{12} = \begin{bmatrix} r_{121} \\ r_{122} \\ r_{123} \end{bmatrix} = \begin{bmatrix} ZZ_{121} & 0.08 & -0.24 & -0.30 & -0.35 \\ ZZ_{122} & -0.25 & 0.25 & -0.25 & -0.50 \\ ZZ_{123} & 0.05 & -0.25 & -0.50 & -0.63 \end{bmatrix} \quad (6\text{-}139)$$

3）主要传力构件

$$\boldsymbol{r}_{21}^1 = \begin{bmatrix} r_{211}^1 \\ r_{212}^1 \\ r_{213}^1 \\ r_{214}^1 \\ r_{215}^1 \end{bmatrix} = \begin{bmatrix} ZZ_{211}^1 & 0.18 & -0.53 & -0.57 & -0.60 \\ ZZ_{212}^1 & -0.13 & 0.08 & -0.16 & -0.37 \\ ZZ_{213}^1 & -0.25 & 0.25 & -0.25 & -0.50 \\ ZZ_{214}^1 & -0.25 & 0.25 & -0.25 & -0.50 \\ ZZ_{215}^1 & -0.21 & 0.15 & -0.36 & -0.68 \end{bmatrix} \quad (6\text{-}140)$$

$$\boldsymbol{r}_{21}^2 = \begin{bmatrix} r_{211}^2 \\ r_{212}^2 \\ r_{213}^2 \\ r_{214}^2 \\ r_{215}^2 \end{bmatrix} = \begin{bmatrix} ZZ_{211}^2 & 0.17 & -0.50 & -0.54 & -0.58 \\ ZZ_{212}^2 & -0.24 & 0.01 & -0.02 & -0.27 \\ ZZ_{213}^2 & -0.25 & 0.25 & -0.25 & -0.50 \\ ZZ_{214}^2 & 0.25 & 0.25 & -0.25 & -0.50 \\ ZZ_{215}^2 & -0.29 & 0.07 & -0.17 & 0.58 \end{bmatrix} \quad (6\text{-}141)$$

4）次要传力构件

$$\boldsymbol{r}_{22}^1 = \begin{bmatrix} r_{221}^1 \\ r_{222}^1 \\ r_{223}^1 \\ r_{224}^1 \\ r_{225}^1 \end{bmatrix} = \begin{bmatrix} ZZ_{221}^1 & -0.23 & -0.19 & -0.15 & 0.51 \\ ZZ_{222}^1 & -0.22 & 0.02 & -0.04 & -0.28 \\ ZZ_{223}^1 & -0.25 & 0.25 & -0.25 & -0.50 \\ ZZ_{224}^1 & -0.25 & 0.25 & -0.25 & -0.50 \\ ZZ_{225}^1 & -0.24 & 0.12 & -0.29 & -0.64 \end{bmatrix} \quad (6\text{-}142)$$

$$\boldsymbol{r}_{22}^2 = \begin{bmatrix} r_{221}^2 \\ r_{222}^2 \\ r_{223}^2 \\ r_{224}^2 \\ r_{225}^2 \end{bmatrix} = \begin{bmatrix} ZZ_{221}^2 & \begin{matrix} a & b & c & d \\ 0.03 & -0.88 & -0.16 & -0.08 \end{matrix} \\ ZZ_{222}^2 & -0.30 & -0.06 & 0.14 & -0.21 \\ ZZ_{223}^2 & -0.25 & 0.25 & -0.25 & -0.50 \\ ZZ_{224}^2 & -0.25 & 0.25 & -0.25 & -0.50 \\ ZZ_{225}^2 & -0.21 & 0.15 & -0.36 & -0.68 \end{bmatrix} \qquad (6\text{-}143)$$

5) 一般传力构件

$$\boldsymbol{r}_{23} = \begin{bmatrix} r_{231} \\ r_{232} \\ r_{233} \\ r_{234} \\ r_{235} \end{bmatrix} = \begin{bmatrix} ZZ_{231} & \begin{matrix} a & b & c & d \\ -0.49 & -0.46 & -0.43 & 0.42 \end{matrix} \\ ZZ_{232} & -0.60 & -0.47 & -0.09 & 0.30 \\ ZZ_{233} & -0.25 & 0.25 & -0.25 & -0.50 \\ ZZ_{234} & -0.25 & 0.25 & -0.25 & -0.50 \\ ZZ_{235} & 0.33 & -0.19 & 0.30 & -0.36 \end{bmatrix} \qquad (6\text{-}144)$$

6) 支撑结构

$$\boldsymbol{r}_{24} = \begin{bmatrix} r_{241} \\ r_{242} \\ r_{243} \\ r_{244} \\ r_{245} \end{bmatrix} = \begin{bmatrix} ZZ_{241} & \begin{matrix} a & b & c & d \\ 0.12 & -0.35 & -0.41 & -0.45 \end{matrix} \\ ZZ_{242} & -0.05 & 0.14 & -0.28 & -0.51 \\ ZZ_{243} & -0.25 & 0.25 & -0.25 & -0.50 \\ ZZ_{244} & -0.25 & 0.25 & -0.25 & -0.50 \\ ZZ_{245} & -0.23 & 0.13 & -0.31 & -0.65 \end{bmatrix} \qquad (6\text{-}145)$$

7) 结构稳定性

$$\boldsymbol{r}_{25} = \begin{bmatrix} r_{251} \\ r_{252} \\ r_{253} \end{bmatrix} = \begin{bmatrix} ZZ_{251} & \begin{matrix} a & b & c & d \\ -0.10 & -0.52 & 0.20 & -0.43 \end{matrix} \\ ZZ_{252} & -0.15 & 0.04 & -0.12 & -0.49 \\ ZZ_{253} & -0.25 & 0.25 & -0.25 & -0.50 \end{bmatrix} \qquad (6\text{-}146)$$

8) 屋盖板

$$\boldsymbol{r}_{31} = \begin{bmatrix} r_{311} \\ r_{312} \\ r_{313} \\ r_{314} \\ r_{315} \end{bmatrix} = \begin{bmatrix} ZZ_{311} & \begin{matrix} a & b & c & d \\ -0.19 & -0.13 & -0.08 & 0.67 \end{matrix} \\ ZZ_{312} & -0.05 & 0.08 & -0.18 & -0.37 \\ ZZ_{313} & -0.25 & 0.25 & -0.25 & -0.50 \\ ZZ_{314} & -0.25 & 0.25 & -0.25 & -0.50 \\ ZZ_{315} & -0.20 & 0.16 & -0.38 & -0.69 \end{bmatrix} \qquad (6\text{-}147)$$

6.4.3 评定结果分析

（1）确定一级可拓评定物元。根据公式（6-21）和 6.1.3 节中的各指标权重值，可确定评定指标体系中各一级评定指标的一级可拓评定物元，分别如下（当某项指标缺失，权重重分配）：

1）地基

$$K_{11j}(N) = \alpha_{11l} \cdot r_{11} = \begin{bmatrix} 0.61 & 0.26 & 0.13 \end{bmatrix} \cdot \begin{bmatrix} 0.24 & -0.71 & -0.73 & -0.75 \\ -0.01 & 0.19 & -0.63 & -0.78 \\ -0.25 & 0.25 & -0.25 & -0.50 \end{bmatrix}$$

$$= \begin{bmatrix} 0.11 & -0.35 & -0.64 & -0.73 \end{bmatrix} \tag{6-148}$$

2）基础

$$K_{12j}(N) = \alpha_{12l} \cdot r_{12} = \begin{bmatrix} 0.64 & 0.26 & 0.10 \end{bmatrix} \cdot \begin{bmatrix} 0.08 & -0.24 & -0.30 & -0.35 \\ -0.25 & 0.25 & -0.25 & -0.50 \\ 0.05 & -0.25 & -0.50 & -0.63 \end{bmatrix}$$

$$= \begin{bmatrix} -0.01 & -0.11 & -0.31 & -0.42 \end{bmatrix} \tag{6-149}$$

3）主要传力构件

$$K_{21j}^1(N) = \alpha_{21l} \cdot r_{21}^1 = \begin{bmatrix} -0.06 & -0.09 & -0.37 & -0.54 \end{bmatrix} \tag{6-150}$$

$$K_{21j}^2(N) = \alpha_{21l} \cdot r_{21}^2 = \begin{bmatrix} -0.09 & -0.10 & -0.32 & -0.52 \end{bmatrix} \tag{6-151}$$

4）次要传力构件

$$K_{22j}^1(N) = \alpha_{22l} \cdot r_{22}^1 = \begin{bmatrix} -0.24 & 0.03 & -0.18 & -0.09 \end{bmatrix} \tag{6-152}$$

$$K_{22j}^2(N) = \alpha_{22l} \cdot r_{22}^2 = \begin{bmatrix} -0.14 & -0.25 & -0.17 & -0.31 \end{bmatrix} \tag{6-153}$$

5）一般传力构件

$$K_{23j}(N) = \alpha_{23l} \cdot r_{23} = \begin{bmatrix} -0.34 & -0.19 & -0.23 & 0.00 \end{bmatrix} \tag{6-154}$$

6）支撑结构

$$K_{24j}(N) = \alpha_{24l} \cdot r_{24} = \begin{bmatrix} -0.08 & 0.01 & -0.31 & -0.50 \end{bmatrix} \tag{6-155}$$

7）结构稳定性

$$K_{25j}(N) = \alpha_{25l} \cdot r_{25} = \begin{bmatrix} -0.14 & -0.23 & 0.03 & -0.46 \end{bmatrix} \tag{6-156}$$

8）屋盖板

$$K_{31j}(N) = \alpha_{31l} \cdot r_{31} = \begin{bmatrix} -0.19 & 0.07 & -0.18 & -0.03 \end{bmatrix} \tag{6-157}$$

在评定构件安全性的过程中，存在若干构件，需对该类构件作出评定，按照取大取小原则得出该类构件的评定结论。

例如，计算次要传力构件的评定结论：

已知：

$$K_{22j}^1(N) = \alpha_{22l} \cdot r_{22}^1 = \begin{bmatrix} -0.24 & 0.03 & -0.18 & -0.09 \end{bmatrix} \tag{6-158}$$

$$K_{22j}^2(N) = \alpha_{22l} \cdot r_{22}^2 = \begin{bmatrix} -0.14 & -0.25 & -0.17 & -0.31 \end{bmatrix} \tag{6-159}$$

按照 $M(\wedge ,\ \vee ,\ \vee ,\ \vee)$ 表示 $M($ 取小，取大，取大，取大 $)$ 运算结果得：

$$K_{22j}(N) = \alpha_{22l} \cdot r_{22} = [-0.24 \quad 0.03 \quad -0.17 \quad -0.09] \qquad (6\text{-}160)$$

同理计算出其他类构件同种情况的评定结论。

综上，可得到一级可拓评定物元，记作：

1）地基基础 $K_{1kj}(N)$

$$K_{1kj}(N) = \begin{bmatrix} k_{11j}(N) \\ k_{12j}(N) \end{bmatrix} = \begin{matrix} a & b & c & d \\ \begin{bmatrix} 0.11 & -0.35 & -0.64 & -0.73 \\ -0.01 & -0.11 & -0.31 & -0.42 \end{bmatrix} \end{matrix} \qquad (6\text{-}161)$$

2）上部结构 $K_{2kj}(N)$

$$K_{2kj}(N) = \begin{bmatrix} K_{21j}(N) \\ K_{22j}(N) \\ K_{23j}(N) \\ K_{24j}(N) \\ K_{25j}(N) \end{bmatrix} = \begin{matrix} a & b & c & d \\ \begin{bmatrix} -0.09 & -0.09 & -0.32 & -0.50 \\ -0.24 & 0.03 & -0.18 & -0.09 \\ -0.34 & -0.19 & -0.23 & 0.00 \\ -0.08 & 0.01 & -0.31 & -0.50 \\ -0.14 & -0.23 & 0.03 & -0.46 \end{bmatrix} \end{matrix} \qquad (6\text{-}162)$$

3）围护结构 $K_{3kj}(N)$

$$K_{3kj}(N) = \begin{matrix} a & b & c & d \\ [K_{31j}(N)] = [-0.19 & 0.07 & -0.18 & -0.13] \end{matrix} \qquad (6\text{-}163)$$

（2）确定二级可拓评定物元。根据公式（6-23）和 6.1.3 节中各指标的权重值，可确定评定指标体系中各级评定指标的物元，分别如下：

1）地基基础

$$\begin{aligned} K_{1j}(N) = \alpha_1 \cdot K_{1kj}(N) &= [0.55 \quad 0.45] \cdot \begin{bmatrix} 0.11 & -0.35 & -0.64 & -0.73 \\ -0.01 & -0.11 & -0.31 & -0.42 \end{bmatrix} \\ &= [0.06 \quad -0.24 \quad -0.49 \quad -0.59] \end{aligned} \qquad (6\text{-}164)$$

2）上部结构

$$\begin{aligned} K_{2j}(N) = \alpha_2 \cdot K_{2kj}(N) &= [0.37 \quad 0.18 \quad 0.08 \quad 0.21 \quad 0.16] \cdot \\ &\quad \begin{bmatrix} -0.09 & -0.09 & -0.32 & -0.50 \\ -0.24 & 0.03 & -0.18 & -0.09 \\ -0.34 & -0.19 & -0.23 & 0.00 \\ -0.08 & 0.01 & -0.31 & -0.50 \\ -0.14 & 0.23 & 0.03 & -0.46 \end{bmatrix} \\ &= [-0.14 \quad -0.08 \quad -0.23 \quad -0.38] \end{aligned} \qquad (6\text{-}165)$$

3）围护结构

$$K_{3j}(N) = [-0.19 \quad 0.07 \quad -0.18 \quad -0.03] \qquad (6\text{-}166)$$

综合以上一级评定指标的一级可拓评定物元可得到二级可拓评定物元，

记作：

$$
K_{ij}(N) = \begin{bmatrix} K_{1j}(N) \\ K_{2j}(N) \\ K_{3j}(N) \end{bmatrix} = \begin{matrix} a & b & c & d \\ \begin{bmatrix} 0.06 & -0.24 & -0.49 & -0.59 \\ -0.14 & -0.08 & -0.23 & -0.38 \\ -0.19 & 0.07 & -0.18 & -0.03 \end{bmatrix} \end{matrix} \qquad (6\text{-}167)
$$

（3）确定三级可拓评定物元。根据公式（6-25）和6.1.3节中各指标的权重值，可确定评定指标体系中各级评定指标的物元，分别如下：

$$
K_j(N) = \alpha \cdot K_{ij}(N) = \begin{bmatrix} 0.32 & 0.63 & 0.05 \end{bmatrix} \cdot \begin{bmatrix} 0.06 & -0.24 & -0.49 & -0.59 \\ -0.14 & -0.08 & -0.23 & -0.38 \\ -0.19 & 0.07 & -0.18 & -0.03 \end{bmatrix}
$$

$$
= \begin{bmatrix} -0.08 & -0.12 & -0.31 & -0.43 \end{bmatrix} \qquad (6\text{-}168)
$$

综合以上一级评定指标的二级可拓评定物元可得到三级可拓评定物元，记作：

$$
K_j(N) = \begin{bmatrix} K_j(N) \end{bmatrix} = \begin{matrix} a & b & c & d \\ [-0.08 & -0.12 & -0.31 & -0.43] \end{matrix} \qquad (6\text{-}169)
$$

（4）三级物元可拓综合评定。

1）构件级可拓综合评判。根据式（6-21）~式（6-25）和6.1.3节中各指标的权重值，可确定评定构件级的各类构件的等级，在此不再赘述。

2）子单元级可拓综合评定

$$
K_{ij}(N) = \begin{bmatrix} K_{1j}(N) \\ K_{2j}(N) \\ K_{3j}(N) \end{bmatrix} = \begin{matrix} a & b & c & d \\ \begin{bmatrix} 0.06 & -0.24 & -0.49 & -0.59 \\ -0.14 & -0.08 & -0.23 & -0.38 \\ -0.19 & 0.07 & -0.18 & -0.03 \end{bmatrix} \end{matrix} \qquad (6\text{-}170)
$$

$\mathrm{Max}K_{1j}(N) = 0.06$，地基基础子单元评级为 a 级。

$\mathrm{max}K_{2j}(N) = -0.08$，上部结构子单元评级为 b 级。

$\mathrm{Max}K_{3j}(N) = 0.07$，围护结构子单元评级为 b 级。

3）单元级可拓综合评定。根据三级可拓评定物元：

$$
K_j(N) = \begin{bmatrix} K_j(N) \end{bmatrix} = \begin{matrix} a & b & c & d \\ [-0.08 & -0.12 & -0.31 & -0.43] \end{matrix} \qquad (6\text{-}171)
$$

可知：a 等级 $K_j(N) = -0.08$，b 等级 $K_j(N) = -0.12$，c 等级 $K_j(N) = -0.31$，d 等级 $K_j(N) = -0.43$。

根据式（5-26）求得 $\mathrm{max}K_j(N) = -0.08$，该评定等级为 j_0 级。

将 $\mathrm{max}K_{j0}(N)$ 代入式（6-27）、式（6-28），得 $j=1.70$，即单元级可拓综合评定等级为 B 级。

通过评定过程可以看出，该项目单元级可拓综合评定等级为 B 级，表明该模型运算过程清晰、可靠。

此外，该项目各工况评定信息汇总见表 6-21。从评定过程可以看出，评定结果与现场实际情况吻合度较高，误差在可接受范围内，评定结果可靠。

表 6-21   评定项目各工况信息汇总

序号	工况名称	评定结果	结构安全性描述
1	小型 LED 荷载作用（荷载工况一）	B	结构基本安全
2	中型 LED 荷载作用（荷载工况二）	B	结构基本安全
3	大型 LED 荷载作用（荷载工况三）	C	结构不安全
4	巨型 LED 荷载作用（荷载工况四）	C	结构不安全

6.5   某大跨度弦支穹顶结构安全性评定实例

6.5.1   工程安全评定指标

6.5.1.1   评定信息

该体育馆目前处于正常运营状态，经过对屋盖系统的现场普查，结构钢构件未见明显锈蚀、变形及机械损伤等可能影响构件结构性能的缺陷。该工程屋盖主体结构建设阶段进行了一次设计变更，竣工后进行了两次加固。经现场检查，实际竣工情况中设计变更有准确实施。现场结构检测如图 6-6 所示。

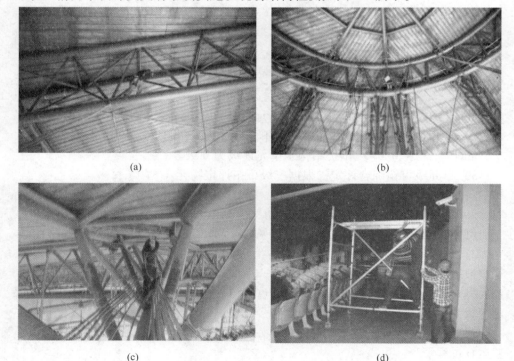

(a)　　　　　　　　　　　　　　(b)

(c)　　　　　　　　　　　　　　(d)

 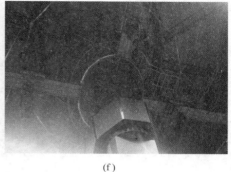

(e)　　　　　　　　　　　　　　　　(f)

图 6-6　现场结构现状检查

（a）主要杆件结构现状抽查；（b）环形杆件结构现状抽查；（c）主要杆件结构现状抽查；
（d）支撑体系检查；（e）马道整体结构检查；（f）马道中部与斗屏连接处连接检查

　　结合第 3 章及第 4 章关于该项目结构安全性检测与损伤识别的研究成果，本次实例分析过程分别考虑对工况一至工况七分别做结构安全性评定分析，由于篇幅有限，此处以工况一为例，详细阐述基于物元可拓法的在役大跨度弦支穹顶结构安全性评定模型的计算过程，其中各工况汇总结果见表 6-22。

表 6-22　评定项目各工况信息汇总

序号	工况名称	项目工况描述
1	仅近端舞台荷载作用（荷载工况一）	每点施加吊挂荷载（含吊挂设备）= 1.5t。每点施加吊挂荷载（含吊挂设备）= 2.3t。每点施加吊挂荷载（含吊挂设备）= 3.0t
2	近端+远端+中央舞台荷载（荷载工况二）	按照 27%、19%、54% 的荷载比例，远端舞台 17.6t，中央舞台吊顶 12t，近端舞台吊顶 34.8t，总计 64.4t，将进行试算
3	使用母架的最大容许吊挂荷载仅近端舞台荷载作用（荷载工况三）	重点分析"在 80t 母架荷载作用下"，结构的安全性。实际工程中，母架共设有 17 个吊点，每个吊点力为 80t/17 = 4.7t，在研究 80t 母架荷载作用后，研究 55t 母架荷载
4	仅中央舞台 30t 荷载作用（荷载工况四）	在近端舞台区域存在 23t 母架自重的情况下，计算中央舞台、屋顶结构能承受的最大荷载。中央舞台区域内 30t 荷载，共 30 个吊点，每个吊点荷载值为 30t/30 = 1t；母架自重 23t 荷载，共 17 个吊点，每个吊点荷载值为 1.4t
5	远端舞台荷载作用（荷载工况五）	在近端舞台区域存在母架自重的情况下，将计算远端区域内，屋顶结构能承受的最大荷载。远端舞台区域内 40t 荷载，共 16 个吊点，每个吊点荷载值为 40t/16 = 2.5t。母架自重 23t 荷载，共 17 个吊点，每个吊点荷载值为 1.4t
6	近端+远端+中央舞台荷载（荷载工况六）	按 20%、30%、50% 的荷载比例，远端舞台 12t，中央舞台吊顶 20t，近端舞台吊顶 33t，总计 65t。远端舞台区域内 12t 荷载，中央舞台区域内 20t 荷载，近端舞台区域内 33t 荷载
7	屋盖使用极限荷载分析说明（荷载工况七）	将屋顶的最大承重荷载 W，按 20%、30%、50% 的比例，分别布置在"远端+中央+近端"等三个区域内。加载位置在下弦杆。试算 $W = 172t$、160t、140t、120t、100t、80t、70t 等 7 种情况

6.5.1.2　传感器等数据收集汇总

　　该项目按传感器优化布置方法布置了若干个检测点，其中，杆件应变检测点、支座变形检测点、索力检测点等如图 6-7 所示。其中，支座变形检测依靠原结构上建成初期长期进行的支座位移数据监测数据与初始设计数据进行对比分析得到。

(a)

(b)

(c)

(d)

(e)

(f)

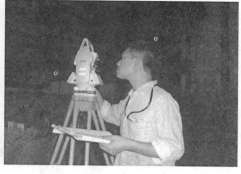

（g）   （h）

图 6-7　现场数据收集

（a），（b）杆件应变检测点；（c），（d）支座变形检测点；
（e），（f）索力检测点；（g），（h）挠度实测点

6.5.2　构建评定模型

（1）建立经典域物元。

1）地基经典域物元

$$R_{oa} = (N_{oa},\ ZZ_i,\ V_{oai}) = \begin{bmatrix} a\ 级 & ZZ_{111} & <0.66,\ 1.00> \\ & ZZ_{112} & <0.90,\ 1.00> \end{bmatrix} \tag{6-172}$$

$$R_{ob} = (N_{ob},\ ZZ_i,\ V_{obi}) = \begin{bmatrix} b\ 级 & ZZ_{111} & <0.63,\ 0.66> \\ & ZZ_{112} & <0.70,\ 0.90> \end{bmatrix} \tag{6-173}$$

$$R_{oc} = (N_{oc},\ ZZ_i,\ V_{oci}) = \begin{bmatrix} c\ 级 & ZZ_{111} & <0.60,\ 0.63> \\ & ZZ_{112} & <0.50,\ 0.70> \end{bmatrix} \tag{6-174}$$

$$R_{od} = (N_{od},\ ZZ_i,\ V_{odi}) = \begin{bmatrix} d\ 级 & ZZ_{111} & <0.00,\ 0.60> \\ & ZZ_{112} & <0.00,\ 0.50> \end{bmatrix} \tag{6-175}$$

2）基础经典域物元

$$R_{oa} = (N_{oa},\ ZZ_i,\ V_{oai}) = \begin{bmatrix} a\ 级 & ZZ_{121} & <0.66,\ 1.00> \\ & ZZ_{123} & <0.80,\ 1.00> \end{bmatrix} \tag{6-176}$$

$$R_{ob} = (N_{ob},\ ZZ_i,\ V_{obi}) = \begin{bmatrix} b\ 级 & ZZ_{121} & <0.63,\ 0.66> \\ & ZZ_{123} & <0.70,\ 0.80> \end{bmatrix} \tag{6-177}$$

$$R_{oc} = (N_{oc},\ ZZ_i,\ V_{oci}) = \begin{bmatrix} c\ 级 & ZZ_{121} & <0.60,\ 0.66> \\ & ZZ_{123} & <0.60,\ 0.70> \end{bmatrix} \tag{6-178}$$

$$R_{od} = (N_{od},\ ZZ,\ V_{odi}) = \begin{bmatrix} d\ 级 & ZZ_{121} & <0.00,\ 0.60> \\ & ZZ_{123} & <0.00,\ 0.60> \end{bmatrix} \tag{6-179}$$

3) 主要传力构件经典域物元

$$R_{oa} = (N_{oa}, SS_i, V_{oai}) = \begin{bmatrix} a \text{ 级} & ZZ_{211} & < 0.66, 1.00 > \\ & ZZ_{212} & < 0.67, 1.00 > \\ & ZZ_{215} & < 0.92, 1.00 > \end{bmatrix} \quad (6\text{-}180)$$

$$R_{ob} = (N_{ob}, SS_i, V_{obi}) = \begin{bmatrix} b \text{ 级} & ZZ_{211} & < 0.63, 0.66 > \\ & ZZ_{212} & < 0.50, 0.67 > \\ & ZZ_{215} & < 0.58, 0.92 > \end{bmatrix} \quad (6\text{-}181)$$

$$R_{oc} = (N_{oc}, SS_i, V_{oci}) = \begin{bmatrix} c \text{ 级} & ZZ_{211} & < 0.60, 0.63 > \\ & ZZ_{212} & < 0.33, 0.50 > \\ & ZZ_{215} & < 0.17, 0.58 > \end{bmatrix} \quad (6\text{-}182)$$

$$R_{od} = (N_{od}, SS_i, V_{odi}) = \begin{bmatrix} d \text{ 级} & ZZ_{211} & < 0.00, 0.60 > \\ & ZZ_{212} & < 0.00, 0.33 > \\ & ZZ_{215} & < 0.00, 0.17 > \end{bmatrix} \quad (6\text{-}183)$$

4) 次要传力构件经典域物元

$$R_{oa} = (N_{oa}, SS_i, V_{oai}) = \begin{bmatrix} a \text{ 级} & ZZ_{221} & < 0.66, 1.00 > \\ & ZZ_{222} & < 0.67, 1.00 > \\ & ZZ_{225} & < 0.92, 1.00 > \end{bmatrix} \quad (6\text{-}184)$$

$$R_{ob} = (N_{ob}, SS_i, V_{obi}) = \begin{bmatrix} b \text{ 级} & SS_{221} & < 0.63, 0.66 > \\ & SS_{222} & < 0.50, 0.67 > \\ & SS_{225} & < 0.58, 0.92 > \end{bmatrix} \quad (6\text{-}185)$$

$$R_{oc} = (N_{oc}, SS_i, V_{oci}) = \begin{bmatrix} c \text{ 级} & ZZ_{221} & < 0.60, 0.63 > \\ & ZZ_{222} & < 0.33, 0.50 > \\ & ZZ_{225} & < 0.17, 0.58 > \end{bmatrix} \quad (6\text{-}186)$$

$$R_{od} = (N_{od}, SS_i, V_{odi}) = \begin{bmatrix} d \text{ 级} & ZZ_{221} & < 0.00, 0.60 > \\ & ZZ_{222} & < 0.00, 0.33 > \\ & ZZ_{225} & < 0.00, 0.17 > \end{bmatrix} \quad (6\text{-}187)$$

5) 一般传力构件经典域物元

$$R_{oa} = (N_{oa}, SS_i, V_{oai}) = \begin{bmatrix} a \text{ 级} & ZZ_{231} & < 0.83, 1.00 > \\ & ZZ_{232} & < 0.75, 1.00 > \\ & ZZ_{235} & < 0.80, 1.00 > \end{bmatrix} \quad (6\text{-}188)$$

$$R_{ob} = (N_{ob}, SS_i, V_{obi}) = \begin{bmatrix} b \text{ 级} & ZZ_{231} & < 0.77, 0.83 > \\ & ZZ_{232} & < 0.57, 0.75 > \\ & ZZ_{235} & < 0.58, 0.80 > \end{bmatrix} \quad (6\text{-}189)$$

$$R_{oc} = (N_{oc}, \ SS_i, \ V_{oci}) = \begin{bmatrix} c\ 级 & ZZ_{231} & <0.73, \ 0.77> \\ & ZZ_{232} & <0.33, \ 0.57> \\ & ZZ_{235} & <0.17, \ 0.58> \end{bmatrix} \quad (6\text{-}190)$$

$$R_{od} = (N_{od}, \ SS_i, \ V_{odi}) = \begin{bmatrix} d\ 级 & ZZ_{231} & <0.00, \ 0.73> \\ & ZZ_{232} & <0.00, \ 0.33> \\ & ZZ_{235} & <0.00, \ 0.17> \end{bmatrix} \quad (6\text{-}191)$$

6）支撑结构经典域物元

$$R_{oa} = (N_{oa}, \ ZZ_i, \ V_{oai}) = \begin{bmatrix} a\ 级 & ZZ_{241} & <0.66, \ 1.00> \\ & ZZ_{242} & <0.67, \ 1.00> \\ & ZZ_{245} & <0.92, \ 1.00> \end{bmatrix} \quad (6\text{-}192)$$

$$R_{ob} = (N_{ob}, \ ZZ_i, \ V_{obi}) = \begin{bmatrix} b\ 级 & ZZ_{241} & <0.63, \ 0.66> \\ & ZZ_{242} & <0.50, \ 0.67> \\ & ZZ_{245} & <0.58, \ 0.92> \end{bmatrix} \quad (6\text{-}193)$$

$$R_{oc} = (N_{oc}, \ ZZ_i, \ V_{oci}) = \begin{bmatrix} c\ 级 & ZZ_{241} & <0.60, \ 0.63> \\ & ZZ_{242} & <0.33, \ 0.05> \\ & ZZ_{245} & <0.17, \ 0.58> \end{bmatrix} \quad (6\text{-}194)$$

$$R_{od} = (N_{od}, \ ZZ_i, \ V_{odi}) = \begin{bmatrix} d\ 级 & ZZ_{241} & <0.00, \ 0.06> \\ & ZZ_{242} & <0.00, \ 0.33> \\ & ZZ_{245} & <0.00, \ 0.17> \end{bmatrix} \quad (6\text{-}195)$$

7）结构稳定性经典域物元

$$R_{oa} = (N_{oa}, \ ZZ_i, \ V_{oai}) = \begin{bmatrix} a\ 级 & ZZ_{251} & <0.81, \ 1.00> \\ & ZZ_{252} & <0.83, \ 1.00> \end{bmatrix} \quad (6\text{-}196)$$

$$R_{ob} = (N_{ob}, \ ZZ_i, \ V_{obi}) = \begin{bmatrix} b\ 级 & ZZ_{251} & <0.77, \ 0.81> \\ & ZZ_{252} & <0.67, \ 0.83> \end{bmatrix} \quad (6\text{-}197)$$

$$R_{oc} = (N_{oc}, \ ZZ_i, \ V_{oci}) = \begin{bmatrix} c\ 级 & ZZ_{251} & <0.53, \ 0.77> \\ & ZZ_{252} & <0.43, \ 0.67> \end{bmatrix} \quad (6\text{-}198)$$

$$R_{od} = (N_{od}, \ ZZ_i, \ V_{odi}) = \begin{bmatrix} d\ 级 & ZZ_{251} & <0.00, \ 0.83> \\ & ZZ_{252} & <0.00, \ 0.43> \end{bmatrix} \quad (6\text{-}199)$$

8）屋盖板经典域物元

$$R_{oa} = (N_{oa}, \ ZZ_i, \ V_{oai}) = \begin{bmatrix} a\ 级 & ZZ_{311} & <0.83, \ 1.00> \\ & ZZ_{312} & <0.67, \ 1.00> \\ & ZZ_{315} & <0.92, \ 1.00> \end{bmatrix} \quad (6\text{-}200)$$

$$R_{ob} = (N_{ob}, \ ZZ_i, \ Z_{obi}) = \begin{bmatrix} \text{b 级} & ZZ_{311} & < 0.77, \ 0.83 > \\ & ZZ_{312} & < 0.56, \ 0.67 > \\ & ZZ_{315} & < 0.58, \ 0.92 > \end{bmatrix} \quad (6\text{-}201)$$

$$R_{oc} = (N_{oc}, \ ZZ_i, \ V_{oci}) = \begin{bmatrix} \text{c 级} & ZZ_{311} & < 0.73, \ 0.77 > \\ & ZZ_{312} & < 0.43, \ 0.56 > \\ & ZZ_{315} & < 0.17, \ 0.58 > \end{bmatrix} \quad (6\text{-}202)$$

$$R_{od} = (N_{od}, \ ZZ_i, \ V_{odi}) = \begin{bmatrix} \text{d 级} & ZZ_{311} & < 0.00, \ 0.73 > \\ & ZZ_{312} & < 0.00, \ 0.43 > \\ & ZZ_{315} & < 0.00, \ 0.17 > \end{bmatrix} \quad (6\text{-}203)$$

（2）建立节域

$$R_p = (N_p, \ ZZ_i, \ V_{pi}) = \begin{bmatrix} ZZ_{11} & ZZ_{111} & < 0, \ 1 > \\ & ZZ_{112} & < 0, \ 1 > \end{bmatrix} \quad (6\text{-}204)$$

$$R_p = (N_p, \ ZZ_i, \ V_{pi}) = \begin{bmatrix} ZZ_{12} & ZZ_{121} & < 0, \ 1 > \\ & ZZ_{123} & < 0, \ 1 > \end{bmatrix} \quad (6\text{-}205)$$

$$R_p = (N_p, \ ZZ_i, \ V_{pi}) = \begin{bmatrix} ZZ_{21} & ZZ_{211} & < 0, \ 1 > \\ & ZZ_{212} & < 0, \ 1 > \\ & ZZ_{215} & < 0, \ 1 > \end{bmatrix} \quad (6\text{-}206)$$

$$R_p = (N_p, \ ZZ_i, \ V_{pi}) = \begin{bmatrix} ZZ_{22} & ZZ_{221} & < 0, \ 1 > \\ & ZZ_{222} & < 0, \ 1 > \\ & ZZ_{225} & < 0, \ 1 > \end{bmatrix} \quad (6\text{-}207)$$

$$R_p = (N_p, \ ZZ_i, \ V_{pi}) = \begin{bmatrix} ZZ_{23} & ZZ_{231} & < 0, \ 1 > \\ & ZZ_{232} & < 0, \ 1 > \\ & ZZ_{235} & < 0, \ 1 > \end{bmatrix} \quad (6\text{-}208)$$

$$R_p = (N_p, \ ZZ_i, \ V_{pi}) = \begin{bmatrix} ZZ_{24} & ZZ_{241} & < 0, \ 1 > \\ & ZZ_{242} & < 0, \ 1 > \\ & ZZ_{245} & < 0, \ 1 > \end{bmatrix} \quad (6\text{-}209)$$

$$R_p = (N_p, \ ZZ_i, \ V_{pi}) = \begin{bmatrix} ZZ_{25} & ZZ_{251} & < 0, \ 1 > \\ & ZZ_{252} & < 0, \ 1 > \end{bmatrix} \quad (6\text{-}210)$$

$$R_p = (N_p, \ ZZ_i, \ V_{pi}) = \begin{bmatrix} ZZ_{31} & ZZ_{311} & < 0, \ 1 > \\ & ZZ_{312} & < 0, \ 1 > \\ & ZZ_{315} & < 0, \ 1 > \end{bmatrix} \quad (6\text{-}211)$$

（3）建立待评物元

$$R_0 = (N_0, \ ZZ_i, \ V_i) = \begin{bmatrix} ZZ_{111} & 0.92 \\ ZZ_{112} & 0.89 \\ ZZ_{121} & 0.77 \\ ZZ_{123} & 0.82 \\ ZZ_{211}^1 & 0.86 \\ ZZ_{211}^2 & 0.88 \\ ZZ_{212}^1 & 0.60 \\ ZZ_{212}^2 & 0.62 \\ ZZ_{215}^1 & 0.61 \\ ZZ_{215}^2 & 0.81 \\ ZZ_{221} & 0.51 \\ ZZ_{222} & 0.43 \\ ZZ_{225} & 0.71 \\ ZZ_{231}^1 & 0.33 \\ ZZ_{231}^2 & 0.42 \\ ZZ_{232}^1 & 0.24 \\ ZZ_{232}^2 & 0.51 \\ ZZ_{235}^1 & 0.34 \\ ZZ_{235}^2 & 0.52 \\ ZZ_{241} & 0.77 \\ ZZ_{242} & 0.64 \\ ZZ_{245} & 0.71 \\ ZZ_{251} & 0.78 \\ ZZ_{252} & 0.66 \\ ZZ_{311}^1 & 0.68 \\ ZZ_{311}^2 & 0.72 \\ ZZ_{312}^1 & 0.70 \\ ZZ_{312}^2 & 0.64 \\ ZZ_{315}^1 & 0.78 \\ ZZ_{315}^2 & 0.77 \end{bmatrix} \tag{6-212}$$

（4）关联度矩阵的建立。结合所建立的经典域物元和待评物元，根据关联函数计算式（6-20a）~式（6-20d）计算出相应评定指标对各评定等级的关联度，得下列各关联函数矩阵：

1）地基

$$\boldsymbol{r}_{11} = \begin{bmatrix} r_{111} \\ r_{112} \\ r_{113} \end{bmatrix} = \begin{bmatrix} ZZ_{111} & \overset{a}{0.26} & \overset{b}{-0.77} & \overset{c}{-0.78} & \overset{d}{-0.80} \\ ZZ_{112} & -0.01 & 0.19 & -0.63 & -0.78 \\ ZZ_{113} & -0.25 & 0.25 & -0.25 & -0.50 \end{bmatrix} \qquad (6\text{-}213)$$

2）基础

$$\boldsymbol{r}_{12} = \begin{bmatrix} r_{121} \\ r_{122} \\ r_{123} \end{bmatrix} = \begin{bmatrix} ZZ_{121} & \overset{a}{0.11} & \overset{b}{-0.32} & \overset{c}{-0.38} & \overset{d}{-0.43} \\ ZZ_{122} & 0.25 & 0.25 & -0.25 & -0.50 \\ ZZ_{123} & 0.02 & -0.10 & -0.40 & -0.55 \end{bmatrix} \qquad (6\text{-}214)$$

3）主要传力构件

$$\boldsymbol{r}_{21}^{1} = \begin{bmatrix} r_{211}^{1} \\ r_{212}^{1} \\ r_{213}^{1} \\ r_{214}^{1} \\ r_{215}^{1} \end{bmatrix} = \begin{bmatrix} ZZ_{211}^{1} & \overset{a}{0.20} & \overset{b}{-0.50} & \overset{c}{-0.62} & \overset{d}{-0.65} \\ ZZ_{212}^{1} & -0.10 & 0.10 & -0.20 & -0.40 \\ ZZ_{213}^{1} & -0.25 & 0.25 & -0.25 & -0.50 \\ ZZ_{214}^{1} & -0.25 & 0.25 & -0.25 & -0.50 \\ ZZ_{215}^{1} & -0.34 & 0.03 & -0.07 & -0.53 \end{bmatrix} \qquad (6\text{-}215)$$

$$\boldsymbol{r}_{21}^{2} = \begin{bmatrix} r_{211}^{2} \\ r_{212}^{2} \\ r_{213}^{2} \\ r_{214}^{2} \\ r_{215}^{2} \end{bmatrix} = \begin{bmatrix} ZZ_{211}^{2} & \overset{a}{0.22} & \overset{b}{0.05} & \overset{c}{-0.68} & \overset{d}{-0.70} \\ ZZ_{212}^{2} & -0.08 & 0.12 & -0.24 & -0.43 \\ ZZ_{213}^{2} & -0.25 & 0.25 & -0.25 & -0.50 \\ ZZ_{214}^{2} & 0.25 & 0.25 & -0.25 & -0.50 \\ ZZ_{215}^{2} & -0.12 & 0.23 & -0.62 & -0.77 \end{bmatrix} \qquad (6\text{-}216)$$

4）次要传力构件

$$\boldsymbol{r}_{22} = \begin{bmatrix} r_{221} \\ r_{222} \\ r_{223} \\ r_{224} \\ r_{225} \end{bmatrix} = \begin{bmatrix} ZZ_{221} & \overset{a}{-0.23} & \overset{b}{-0.19} & \overset{c}{-0.15} & \overset{d}{0.51} \\ ZZ_{222} & -0.36 & -0.14 & 0.10 & -0.15 \\ ZZ_{223} & -0.25 & 0.25 & -0.25 & -0.50 \\ ZZ_{224} & -0.25 & 0.25 & -0.25 & -0.50 \\ ZZ_{225} & -0.23 & 0.13 & -0.31 & -0.65 \end{bmatrix} \qquad (6\text{-}217)$$

5）一般传力构件

$$\boldsymbol{r}_{23}^1 = \begin{bmatrix} r_{231}^1 \\ r_{232}^1 \\ r_{233}^1 \\ r_{234}^1 \\ r_{235}^1 \end{bmatrix} = \begin{bmatrix} ZZ_{231}^1 & 0.60 & -0.57 & -0.55 & 0.33 \\ ZZ_{232}^1 & -0.68 & -0.58 & -0.27 & 0.24 \\ ZZ_{233}^1 & -0.25 & 0.25 & -0.25 & -0.50 \\ ZZ_{234}^1 & -0.25 & 0.25 & -0.25 & -0.50 \\ ZZ_{235}^1 & -0.58 & -0.41 & 0.17 & -0.21 \end{bmatrix} \qquad (6\text{-}218)$$

（a b c d）

$$\boldsymbol{r}_{23}^2 = \begin{bmatrix} r_{231}^2 \\ r_{232}^2 \\ r_{233}^2 \\ r_{234}^2 \\ r_{235}^2 \end{bmatrix} = \begin{bmatrix} ZZ_{231}^2 & -0.49 & -0.46 & -0.43 & -0.42 \\ ZZ_{232}^2 & -0.32 & -0.11 & 0.18 & -0.27 \\ ZZ_{233}^2 & -0.25 & 0.25 & -0.25 & -0.50 \\ ZZ_{234}^2 & -0.25 & 0.25 & -0.25 & -0.50 \\ ZZ_{235}^2 & -0.35 & -0.10 & 0.35 & -0.42 \end{bmatrix} \qquad (6\text{-}219)$$

（a b c d）

6）支撑结构

$$\boldsymbol{r}_{24} = \begin{bmatrix} r_{241} \\ r_{242} \\ r_{243} \\ r_{244} \\ r_{245} \end{bmatrix} = \begin{bmatrix} ZZ_{241} & 0.11 & -0.32 & -0.38 & -0.43 \\ ZZ_{242} & -0.05 & 0.14 & -0.28 & -0.46 \\ ZZ_{243} & -0.25 & 0.25 & -0.25 & -0.50 \\ ZZ_{244} & -0.25 & 0.25 & -0.25 & -0.50 \\ ZZ_{245} & -0.14 & 0.01 & -0.04 & -0.05 \end{bmatrix} \qquad (6\text{-}220)$$

（a b c d）

7）结构稳定性

$$\boldsymbol{r}_{25} = \begin{bmatrix} r_{251} \\ r_{252} \\ r_{253} \end{bmatrix} = \begin{bmatrix} ZZ_{251} & -0.04 & 0.01 & -0.04 & -0.50 \\ ZZ_{252} & -0.21 & -0.02 & 0.23 & -0.40 \\ ZZ_{253} & -0.25 & 0.25 & -0.25 & -0.50 \end{bmatrix} \qquad (6\text{-}221)$$

（a b c d）

8）屋盖板

$$\boldsymbol{r}_{31}^1 = \begin{bmatrix} r_{311}^1 \\ r_{312}^1 \\ r_{313}^1 \\ r_{314}^1 \\ r_{315}^1 \end{bmatrix} = \begin{bmatrix} ZZ_{311}^1 & -0.18 & -0.12 & -0.07 & 0.68 \\ ZZ_{312}^1 & 0.03 & -0.08 & -0.32 & 0.47 \\ ZZ_{313}^1 & -0.25 & 0.25 & -0.25 & -0.50 \\ ZZ_{314}^1 & -0.25 & 0.25 & -0.25 & -0.50 \\ ZZ_{315}^1 & -0.15 & 0.20 & -0.48 & -0.50 \end{bmatrix} \qquad (6\text{-}222)$$

（a b c d）

$$\boldsymbol{r}_{31}^2 = \begin{bmatrix} r_{311}^2 \\ r_{312}^2 \\ r_{313}^2 \\ r_{314}^2 \\ r_{315}^2 \end{bmatrix} = \begin{bmatrix} ZZ_{311}^2 & -0.13 & -0.07 & -0.01 & 0.72 \\ ZZ_{312}^2 & -0.05 & 0.08 & -0.18 & -0.37 \\ ZZ_{313}^2 & -0.25 & 0.25 & -0.25 & -0.50 \\ ZZ_{314}^2 & -0.25 & 0.25 & -0.25 & -0.50 \\ ZZ_{315}^2 & -0.16 & 0.19 & -0.45 & -0.72 \end{bmatrix} \quad (6\text{-}223)$$

6.5.3　评定结果分析

（1）确定一级可拓评定物元。根据式（6-21）和 6.1.3 节中的各指标权重值，可确定评定指标体系中各一级评定指标的一级可拓评定物元，分别如下（当某项指标缺失，权重重分配）：

1）地基

$$K_{11j}(N) = \alpha_{11l} \cdot \boldsymbol{r}_{11} = \begin{bmatrix} 0.61 & 0.26 & 0.13 \end{bmatrix} \cdot \begin{bmatrix} 0.26 & -0.77 & 0.78 & -0.80 \\ -0.01 & 0.19 & -0.63 & -0.78 \\ -0.25 & 0.25 & -0.25 & -0.50 \end{bmatrix}$$
$$= \begin{bmatrix} 0.12 & -0.39 & -0.67 & -0.76 \end{bmatrix} \quad (6\text{-}224)$$

2）基础

$$K_{12j}(N) = \alpha_{12l} \cdot \boldsymbol{r}_{12} = \begin{bmatrix} 0.64 & 0.26 & 0.10 \end{bmatrix} \cdot \begin{bmatrix} 0.11 & -0.32 & -0.38 & -0.43 \\ 0.25 & 0.25 & -0.25 & -0.50 \\ 0.02 & -0.10 & -0.40 & -0.55 \end{bmatrix}$$
$$= \begin{bmatrix} 0.14 & -0.15 & -0.35 & -0.46 \end{bmatrix} \quad (6\text{-}225)$$

3）主要传力构件

$$K_{21j}^1(N) = \alpha_{21l} \cdot \boldsymbol{r}_{21}^1 = \begin{bmatrix} -0.06 & -0.09 & -0.37 & -0.55 \end{bmatrix} \quad (6\text{-}226)$$
$$K_{21j}^2(N) = \alpha_{21l} \cdot \boldsymbol{r}_{21}^2 = \begin{bmatrix} 0.10 & 0.15 & 0.46 & 0.60 \end{bmatrix} \quad (6\text{-}227)$$

4）次要传力构件

$$K_{22j}(N) = \alpha_{22l} \cdot \boldsymbol{r}_{22} = \begin{bmatrix} -0.26 & 0.00 & -0.16 & -0.07 \end{bmatrix} \quad (6\text{-}228)$$

5）一般传力构件

$$K_{23j}^1(N) = \alpha_{23l} \cdot \boldsymbol{r}_{23}^1 = \begin{bmatrix} -0.49 & -0.28 & -0.32 & -0.03 \end{bmatrix} \quad (6\text{-}229)$$
$$K_{23j}^2(N) = \alpha_{23l} \cdot \boldsymbol{r}_{23}^2 = \begin{bmatrix} -0.37 & -0.12 & -0.19 & -0.10 \end{bmatrix} \quad (6\text{-}230)$$

6）支撑结构

$$K_{24j}(N) = \alpha_{24l} \cdot \boldsymbol{r}_{24} = \begin{bmatrix} -0.08 & 0.01 & -0.28 & -0.42 \end{bmatrix} \quad (6\text{-}231)$$

7）结构稳定性

$$K_{25j}(N) = \alpha_{25l} \cdot \boldsymbol{r}_{25} = \begin{bmatrix} -0.12 & 0.04 & 0.01 & -0.47 \end{bmatrix} \quad (6\text{-}232)$$

8）屋盖板

$$K_{31j}^1(N) = \alpha_{31l} \cdot r_{31}^1 = [-0.17 \quad 0.05 \quad -0.21 \quad 0.13] \tag{6-233}$$

$$K_{31j}^2(N) = \alpha_{31l} \cdot r_{31}^2 = [-0.16 \quad 0.19 \quad -0.45 \quad -0.72] \tag{6-234}$$

在评定构件安全性的过程中，存在若干构件，需对该类构件作出评定，按照取大取小原则得出该类构件的评定结论。

例如，计算一般传力构件的评定结论：

已知：$K_{23j}^1(N) = \alpha_{23l} \cdot r_{23}^1 = [-0.49 \quad -0.28 \quad -0.32 \quad 0.03]$ (6-235)

$$K_{23j}^2(N) = \alpha_{23l} \cdot r_{23}^2 = [-0.37 \quad -0.12 \quad -0.19 \quad -0.10] \tag{6-236}$$

按照 $M(\wedge, \ \vee, \ \vee, \ \vee)$ 表示 M（取小，取大，取大，取大）运算结果得：

$$K_{23j}(N) = \alpha_{23l} \cdot r_{23} = [-0.37 \quad -0.12 \quad -0.19 \quad -0.03] \tag{6-237}$$

同理计算出其他类构件同种情况的评定结论。

综上，可得到一级可拓评定物元，记作：

1）地基基础 $K_{1kj}(N)$

$$K_{1kj}(N) = \begin{bmatrix} K_{11j}(N) \\ K_{12j}(N) \end{bmatrix} = \begin{matrix} a & b & c & d \\ \begin{bmatrix} 0.12 & -0.39 & -0.67 & -0.76 \\ 0.14 & -0.15 & -0.35 & -0.46 \end{bmatrix} \end{matrix} \tag{6-238}$$

2）上部结构 $k_{2kj}(N)$

$$K_{2kj}(N) = \begin{bmatrix} K_{21j}(N) \\ K_{22j}(N) \\ K_{23j}(N) \\ K_{24j}(N) \\ K_{25j}(N) \end{bmatrix} = \begin{matrix} a & b & c & d \\ \begin{bmatrix} -0.06 & 0.15 & -0.37 & -0.55 \\ -0.26 & 0.00 & -0.16 & -0.07 \\ -0.49 & -0.12 & -0.19 & -0.03 \\ -0.08 & 0.01 & -0.28 & -0.42 \\ -0.12 & 0.04 & 0.01 & -0.47 \end{bmatrix} \end{matrix} \tag{6-239}$$

3）围护结构 $k_{3kj}(N)$

$$K_{3kj}(N) = [K_{31j}(N)] = \begin{matrix} a & b & c & d \\ [-0.17 & 0.09 & -0.16 & 0.13] \end{matrix} \tag{6-240}$$

（2）确定二级可拓评定物元。根据式（6-23）和 6.1.3 节中各指标的权重值，可确定评定指标体系中各级评定指标的物元，分别如下：

1）地基基础

$$K_{1j}(N) = \alpha_1 \cdot K_{1kj}(N) = [0.55 \quad 0.45] \cdot \begin{bmatrix} 0.12 & -0.39 & -0.67 & -0.76 \\ 0.14 & -0.15 & -0.35 & -0.46 \end{bmatrix}$$

$$= [0.13 \quad -0.28 \quad -0.53 \quad -0.62] \tag{6-241}$$

2）上部结构

$$K_{2j}(N) = \alpha_2 \cdot K_{2kj}(N) = [0.37 \quad 0.18 \quad 0.08 \quad 0.21 \quad 0.16] \cdot$$

$$
\begin{bmatrix}
-0.06 & 0.15 & -0.37 & -0.55 \\
-0.26 & 0.00 & -0.16 & -0.07 \\
-0.49 & -0.12 & -0.19 & -0.03 \\
-0.08 & 0.01 & -0.28 & -0.42 \\
-0.12 & 0.04 & 0.01 & -0.47
\end{bmatrix}
$$

$$
= \begin{bmatrix} 0.14 & 0.05 & -0.24 & 0.21 \end{bmatrix} \tag{6-242}
$$

3）围护结构

$$
K_{3j}(N) = \begin{bmatrix} -0.17 & 0.09 & -0.16 & 0.13 \end{bmatrix} \tag{6-243}
$$

综合以上一级评定指标的一级可拓评定物元可得到二级可拓评定物元，记作：

$$
K_{ij}(N) = \begin{bmatrix} K_{1j}(N) \\ K_{2j}(N) \\ K_{3j}(N) \end{bmatrix} = \begin{array}{cccc} a & b & c & d \\ \begin{bmatrix} 0.13 & -0.28 & -0.53 & -0.62 \\ -0.14 & 0.05 & -0.24 & -0.38 \\ -0.17 & 0.09 & -0.16 & 0.13 \end{bmatrix} \end{array} \tag{6-244}
$$

（3）确定三级可拓评定物元。根据式（6-25）和 6.1.3 节中各指标的权重值，可确定评定指标体系中各级评定指标的物元，分别如下：

$$
K_j(N) = \alpha \cdot K_{ij}(N) = \begin{bmatrix} 0.32 & 0.63 & 0.05 \end{bmatrix} \cdot \begin{bmatrix} 0.13 & 0.28 & -0.53 & 0.62 \\ -0.14 & 0.05 & -0.24 & -0.38 \\ -0.17 & 0.09 & -0.16 & 0.13 \end{bmatrix}
$$

$$
= \begin{bmatrix} -0.06 & -0.05 & -0.33 & -0.43 \end{bmatrix} \tag{6-245}
$$

综合以上一级评定指标的二级可拓评定物元可得到三级可拓评定物元，记作：

$$
K_j(N) = \begin{bmatrix} K_j(N) \end{bmatrix} = \begin{array}{cccc} a & b & c & d \end{array} \\
= [-0.06 \quad -0.05 \quad -0.33 \quad -0.43] \tag{6-246}
$$

（4）三级物元可拓综合评定

1）构件级可拓综合评判。根据式（6-21）~式（6-25）和 6.1.3 节中各指标的权重值，可确定评定构件级的各类构件的等级，在此不做赘述。

2）子单元级可拓综合评定

$$
K_{ij}(N) = \begin{bmatrix} K_{1j}(N) \\ K_{2j}(N) \\ K_{3j}(N) \end{bmatrix} = \begin{array}{cccc} a & b & c & d \\ \begin{bmatrix} 0.13 & -0.28 & -0.53 & -0.62 \\ -0.14 & 0.05 & -0.24 & -0.38 \\ -0.17 & 0.09 & -0.16 & 0.13 \end{bmatrix} \end{array} \tag{6-247}
$$

$\mathrm{Max}K_{1j}(N) = 0.13$，地基基础子单元评级为 a 级。

$\mathrm{Max}K_{2j}(N) = 0.05$，上部结构子单元评级为 b 级。

$\mathrm{Max}K_{3j}(N) = 0.13$，围护结构子单元评级为 d 级。

3）单元级可拓综合评定。根据三级可拓评定物元：

$$K_j(N) = [K_j(N)] = \begin{bmatrix} a & b & c & d \\ -0.06 & -0.05 & -0.33 & -0.43 \end{bmatrix} \quad (6\text{-}248)$$

可知：a 等级 $K_j(N) = -0.06$，b 等级 $K_j(N) = -0.05$，c 等级 $K_j(N) = -0.33$，d 等级 $K_j(N) = -0.43$。

根据式（6-26）求得 $\max K_{j0}(N) = -0.05$，该评定等级为 j_0 级。

将 $\max K_{j0}(N)$ 代入式（6-27）、式（6-28），得 $j* = 1.69$，即单元级可拓综合评定等级为 B 级。

通过评定过程可以看出，该项目单元级可拓综合评定等级为 B 级，表明该模型运算过程清晰、可靠。

此外，该项目各工况评定信息汇总见表 6-23。从评定过程可以看出，七种工况下的评定结果与现场实际情况吻合度较高，误差在可接受范围内，评定结果可靠。

表 6-23 评定项目各工况信息汇总

序号	工况名称	评定结果	结构安全性描述
1	仅近端舞台荷载作用（荷载工况一）	B	结构基本安全
2	近端+远端+中央舞台荷载（荷载工况二）	B	结构基本安全
3	使用母架的最大容许吊挂荷载仅近端舞台荷载作用（荷载工况三）	C	结构不安全
4	仅中央舞台 30t 荷载作用（荷载工况四）	C	结构不安全
5	远端舞台荷载作用（荷载工况五）	C	结构不安全
6	近端+远端+中央舞台荷载（荷载工况六）	C	结构不安全
7	屋盖使用极限荷载分析说明（荷载工况七）	D	结构严重不安全

参 考 文 献

[1] 李慧民. 土木工程安全管理教程 [M]. 北京：冶金工业出版社，2013.

[2] 李慧民. 土木工程安全检测与鉴定 [M]. 北京：冶金工业出版社，2014.

[3] 李慧民. 土木工程安全生产与事故案例分析 [M]. 北京：冶金工业出版社，2015.

[4] 孟海，李慧民. 土木工程安全检测、鉴定、加固修复案例分析 [M]. 北京：冶金工业出版社，2016.

[5] 李慧民，裴兴旺，孟海，陈旭. 旧工业建筑再生利用结构安全检测与评定 [M]. 北京：中国建筑工业出版社，2017.

[6] 李慧民，裴兴旺，孟海，陈旭. 旧工业建筑再生利用施工技术 [M]. 北京：中国建筑工业出版社，2018.

[7] 刘光强. 大直径筒仓滑模施工中心井架支撑体系的受力分析 [J]. 工程质量，2011（1）：28，31~34.

[8] 吴春杰. 22m 仓顶锥壳板施工技术 [J]. 科技信息，2010，26：711~712.

[9] 郑中锋，朱振强，赵晓园. 大直径超高筒仓仓顶锥壳支撑技术 [J]. 科技信息，2011（23）：23~24.

[10] 张玲，肖继忠. 22 米直径配煤仓仓顶锥壳支撑系统的创新应用 [J]. 科技视界，2013（11）：61~62.

[11] 段红杰，周文玉，蒋玮. 大直径筒仓结构的有限元分析 [J]. 工业建筑，2000，30（9）：38~42.

[12] 倪时华，胡庆刚，王振辉，康西伟. 大直径预应力筒仓滑模施工技术 [J]. 施工技术，2013（2）：54，57.

[13] 夏军武，周勇利. 大直径筒仓仓顶钢桁架施工支撑平台设计 [J]. 钢结构，2011，26（8）：40~42.

[14] 彭雪平. 巨型贮煤筒仓的有限元分析 [J]. 特种结构，2005，22（4）：41~42.

[15] 吕西林，金国芳. 钢筋混凝土结构非线性有限元理论与应用 [M]. 上海：同济大学出版社，1997.

[16] 付建宝. 复杂条件下大型筒仓侧压力的极限分析与弹塑性有限元分析 [D]. 大连：大连理工大学，2006.

[17] 陈诒豪. 大直径预应力混凝土筒仓仓壁的受力有限元分析 [D]. 武汉：武汉理工大学，2007.

[18] 姜东. 浅圆仓仓壁侧压力的有限元分析 [J]. 特种结构，2007，24（4）：7~12.

[19] 周勇强，高政国. 巨型贮煤筒仓有限元分析 [J]. 工业建筑，2007（z1）：351~355.

[20] 张少坤. 大直径钢筋砼筒仓温度荷载和贮料荷载作用有限元分析 [D]. 武汉：武汉理工大学，2008.